現場でかならず使われている
WordPress
デザインのメソッド
[アップデート版]

WP-D　監修

相原知栄子、石川栄和、大串 肇、大曲 仁、北村 崇、後藤賢司、土肥牧人、
鳥山優子、服部久純、星野邦敏、松田千尋、吉澤富美、吉田裕介　共著

エムディエヌコーポレーション

はじめに

本書を手にとっていただきましてありがとうございます。本書は2013年に発売された「現場でかならず使われているWordPressデザインのメソッド」のアップデート版です。

WordPressを利用したWebサイト制作の需要はますます増加しています。要望の多くは「だれでも更新できるようにしたい」、「効率よく成果の出るサイトを構築したい」といったものです。

そこで本書では、WordPressでWebサイト構築を行う際に、よく使われるテクニックをまとめました。オリジナルのサンプルテーマを用意しましたので、これを編集しながら、テクニックを学ぶことができます。

それぞれのテクニックは独立していますので、必要な箇所だけを拾い読みしながら、自分のサイトをカスタマイズするといったことも可能です。

本書の著者はWP-D（http://wp-d.org）というブログの執筆メンバーで構成されています。WP-DはWordPressコミュニティで知り合った現役のWebディレクター・デザイナー・アフィリエイター・プログラマーたちが共同執筆しているブログです。執筆陣が紹介する数々のテクニックが読者のみなさまのお役に立てば幸いです。

最後になりますが、本書の制作にあたり、編集を担当された株式会社三馬力の小関 匡氏にたいへんなご尽力をいただきました。この場をお借りして感謝申し上げます。

2016年8月　著者を代表して
大串 肇

CONTENTS

本書の使い方 —— 008

Part 1
環境構築とテーマの準備
009

本書のサンプルテーマを組み込む —— 010

サンプルテーマのテンプレート構造 —— 018

サンプルテーマの各ページ紹介 —— 022

サンプルテーマで利用されているWordPressの投稿タイプと機能 —— 028

カスタマイズのベースとなる_s（Underscores）テーマ —— 032

レスポンシブレイアウトを手軽に実装できる「Foundation」 —— 036

[Column] WordPressのバックアップ —— 042

Part 2
WordPressサイトの基本構築

043

001	ループでデータベースのコンテンツを表示する	044
002	メインナビゲーションを設定する	048
003	メイン画像（カスタムヘッダー）を設定する	054
004	パンくずリストとページナビを表示する	058
005	サイドバーにウィジェットを設定する	062
006	サブナビゲーションを設定する	066
007	年ごとに表示が変わるcopyrightを設定する	070
008	サイトマップを表示させる	072
009	検索機能を導入する	074
010	404ページを設置する	080
011	記事にアイキャッチを設定する	082
012	コメント欄の設置とコメント機能の停止	086
013	お問い合わせフォームを作成する	088
014	アクセスページにグーグルマップを使う	098
015	カスタムフィールドを応用した商品メニューの作成	100
016	カスタム投稿タイプによるスタッフ紹介ページの登録	108
	[Column] セキュリティ対策を考えよう	118

Part 3
多彩なカスタマイズ

119

001	基本SEO&SMO対策 —— 120
002	トップページに表示する情報を別の固定ページで管理する —— 124
003	特定のカテゴリーの最新記事をトップページに表示する —— 130
004	OGPを設定しSNSで表示される情報を最適化 —— 134
005	SNSのソーシャルボタンを記事本文に表示する —— 138
006	ソーシャルウィジェットをウィジェットエリアに表示 —— 142
007	記事の投稿と同時に、自動的にSNSにも投稿する —— 144
008	WordPressのコメント欄をFacebookと連携する —— 148
009	定型作業用にショートコードをつくる —— 152
010	Infinite Scrollを組み込む —— 156
011	メインビジュアルをスライドショーに —— 160
012	タブインターフェイスを導入する —— 166
013	Lightbox系プラグインで画像を見栄えよく表示 —— 170

014	おしゃれな写真ギャラリーを設置 —— 174	
015	上部固定ナビゲーション —— 178	
016	Pinterst風に画像を一覧表示 —— 182	
017	ページトップへ戻るボタンの導入する —— 188	
018	Webフォントを利用する —— 192	
019	アイキャッチ画像をカッコよくするCSS —— 196	
020	レスポンシブ対応した動画の埋め込み —— 200	
021	スマートフォン閲覧時のメニュー表示のバリエーション —— 202	
022	レスポンシブ対応の表組みを作成する —— 206	

よく使うテンプレートタグリファレンス —— 210

索引 —— 218

著者プロフィール —— 222

本書の使い方

本書はWordPressのテーマを自分で制作していく際に必要な手法を
ステップ・バイ・ステップ方式で解説した書籍です。
知りたいことから調べられる逆引きテクニック集として構成されています。
本書は下記の3つのPARTに分かれています。

Part 1　環境構築とテーマの準備

本書を使用するための準備を行います。本書のサンプルテーマや使用プラグインの組み込み方とベースになっている技術について解説しています。

Part 2　WordPressサイトの基本構築

コンテンツの表示方法やナビゲーションの作成など、WordPressでサイトを制作する際の基本テクニックを解説しています。本章の解説内容はサンプルテーマにすでに反映されていますので、ファイルと対照しながら学習できます。

Part 3　環境構築とテーマの準備

本書のサンプルテーマをベースに、さまざまなカスタマイズを加える手法を解説しています。本章の解説内容はサンプルテーマの初期状態では反映されていません。コードを追記したり、プラグインをインストールするなど、実際に手を動かしながらカスタマイズの手法を学んでいきます。

本書のサンプルテーマ

サンプルデータについて

本書のサンプルテーマ、および掲載コード類は、弊社Webサイトの本書のページよりダウンロードできます。

URL http://dl.MdN.co.jp/3216203003/

- ダウンロードしたファイルはZIP形式で保存されています。
- Windows、Macintoshそれぞれの解凍ソフトを使って圧縮ファイルを解凍してください。
- サンプルファイルには「はじめにお読みください.html」ファイルが同梱されていますので、ご使用の前に必ずお読みください。

サンプルデータに関するご注意

- 弊社Webサイトからダウンロードできるサンプルデータは、GPLに基づいて配布されています。
  GPLについての詳しい内容は"テーマもGPLライセンス"（http://ja.wordpress.org/2009/07/03/themes-are-gpl-too/）をご覧ください。
- 弊社Webサイトからダウンロードできるサンプルデータを実行した結果につきましては、
  著者および株式会社エムディエヌコーポレーションは一切の責任を負いかねます。お客様の責任においてご利用ください。
- 本書に掲載されているPHP、HTML、CSS、JavaScript等のコメントや改行位置等は、
  紙面掲載用として加工していることがあります。ダウンロードしたサンプルデータとは異なる場合がありますので、あらかじめご了承ください。

※本書に掲載されている情報は2016年7月現在のものです。可能な限り最新の情報を掲載するよう努めましたが、以降のアップデート等にともなう仕様変更などにより、記載された内容が実際と異なる場合があります。

Part 1
環境構築とテーマの準備

本書のサンプルテーマを組み込む
サンプルテーマのテンプレート構造
サンプルテーマの各ページ紹介
サンプルテーマで利用されているWordPressの投稿タイプと機能
カスタマイズのベースとなる_s（Underscores）テーマ
レスポンシブレイアウトを手軽に実装できる「Foundation」

環境構築

本書のサンプルテーマを組み込む

本書では、本書専用のサンプルテーマにもとづいてWordPressのデザインの手法について解説を行っています。まず、サンプルテーマをダウンロードし、テーマやプラグインを有効化して本書を利用できる環境を整えましょう。少し手順が長いので、ステップ・バイ・ステップ形式で解説していきます。

▶テーマとプラグインのインストール

1 まず、本書で使用するファイル一式「wp-dcafe」をP8のURLからダウンロードします。ダウンロードしたファイルを解凍すると **1-1** のような構成になっています。「themes」フォルダ内の「wp-dcafe」フォルダをWordPressのフォルダの「wp-content」→「themes」に設置します。次に「plugins」フォルダ内にあるすべてのプラグインを、WordPressのフォルダの「wp-content」→「plugins」に設置します。ここに含まれているプラグインは **1-2** のとおりです。

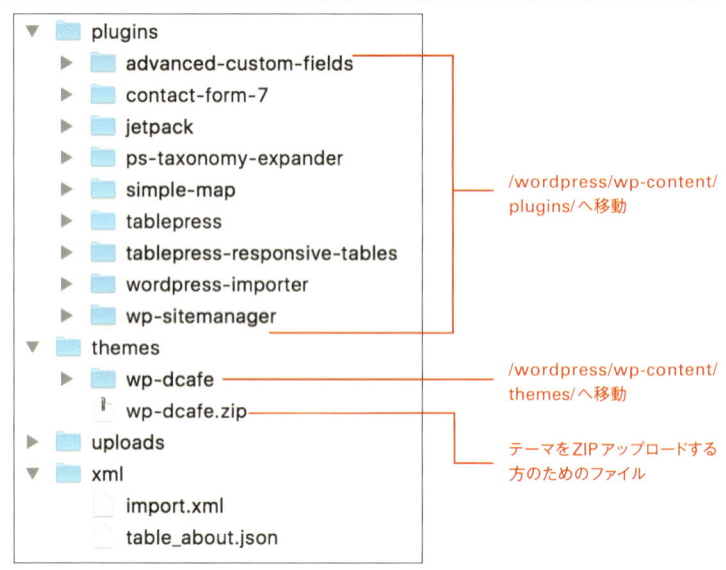

1-1 サンプルテーマのファイル群

⚠ ATTENTION

本書では、WordPressがすでにWebサーバーにインストールされていて、初期状態になっていることを前提に解説しています。WordPressのサーバーへのインストール方法については触れていませんのでご注意ください。WordPressのインストール方法については、ご利用のレンタルサーバー事業者によっても異なりますので、詳しくは各事業者が用意しているマニュアル等をご参照ください。

プラグイン	用途
Advenced custom fields	カスタムフィールドを作成
Contact Form 7	お問い合わせフォーム
Jetpack by WordPress.com	wordpress.comの便利な機能を複数使える
PS Taxonomy Expander	タクソノミーの並び替え
Simple Map	グーグルマップ貼り付け
TablePress	表組み制作と貼り付け
TablePress Extension: Responsive Tables	表組みのレスポンシブ対応
WordPress Importer	WordPressのエクスポートデータXMLをインポートする
WP SiteManager	企業サイトに構築に必要な機能を複数提供

1-2 含まれるプラグインリスト

▶テーマとプラグインの有効化

2 次に管理画面で[外観＞テーマ]から、「wp-dcafe」のテーマを有効化します **2-1**。さらに管理画面の[プラグイン＞インストール済みのプラグイン]から、先ほどの表にある、すべてのプラグインを有効化します **2-2**。バージョンアップ通知のあるプラグインがあったときは、アップデートしましょう。それぞれのプラグインの使い方については Part2、Part3 で詳しく説明します。

なお、「Simple Map」は「Google Map APIキー」の取得と設定（P98参照）が、「Jetpack by Wordpress.com」は「Wordpress.com」との連携（P135参照）が必要となります。

2-1 テーマ「wp-dcafe」を有効化

2-2 プラグインを有効化

▶コンテンツのインポート

3 次に、WordPress にデフォルトで用意されているコンテンツを削除し、サンプルサイトで表示する記事や画像のデータをインポートします。

まず、管理画面の[投稿＞投稿一覧]で「Hello World!」の投稿を **3-1**、[固定ページ＞固定ページ一覧]で「サンプルページ」の固定ページを削除します **3-2**。

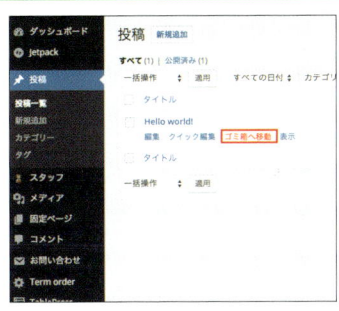

3-1 Hello World を削除

3-2 サンプルページを削除

4 続けてコンテンツのデータをインポートします。管理画面の［ツール＞インポート］から「WordPress」をクリックします 4-1 。次に表示される画面で「ファイルを選択」をクリックします。サンプルデータ内の「xml」フォルダにある「import.xml」を選択し「ファイルをアップロードしてインポート」をクリックします 4-2 。続けて表示される設定画面で「添付ファイルをダウンロードしてインポートする」にチェックを入れて「実行」ボタンをクリックします 4-3 。成功すると管理画面の投稿一覧や固定ページ一覧でコンテンツがインポートされていることがわかります 4-4 。

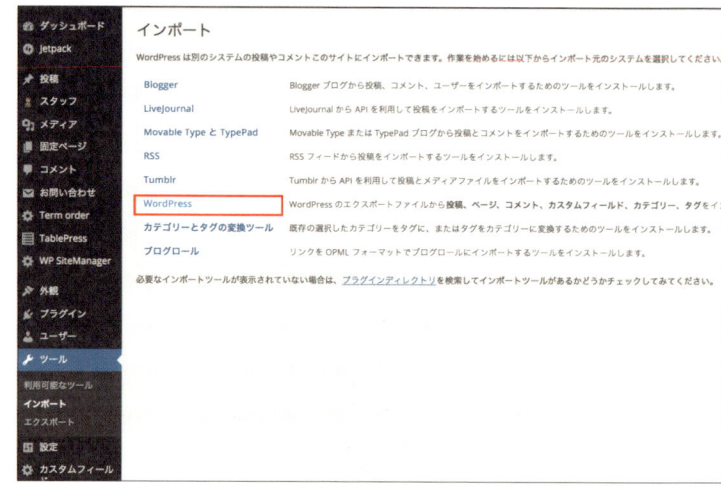

4-1 「WordPress」を選択

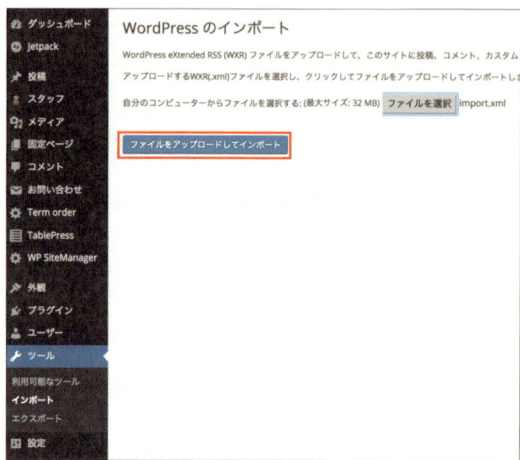

4-2 インポートするファイル（import.xml）を選択

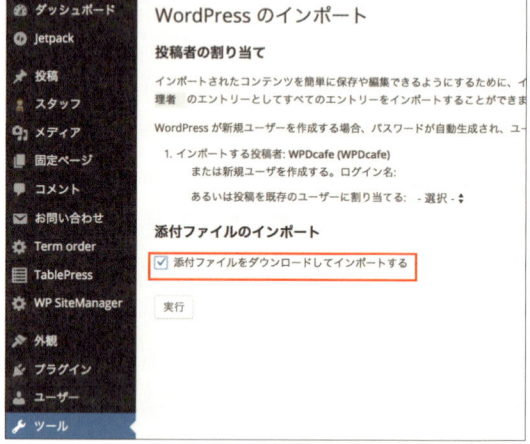

4-3 「添付ファイルをダウンロードしてインポートする」にチェックを入れてアップロード

4-4 投稿一覧や固定ページ一覧にコンテンツがインポートされる

5 さらにテーブルのデータもインポートしておきます。本書のサンプルテーマではテーブルを「TablePress」プラグインを利用して作成しているため、別途コンテンツをインポートする必要があります。管理画面の［TablePress＞テーブルをインポート］から、「ファイルを選択」ボタンをクリックして、サンプルデータ内の「xml」フォルダにある「table_about.json」を選びます 5-1 。「インポート」ボタンをクリックするとテーブルのデータがインポートされます 5-2 。インポート形式は自動的にJSONに変わります。もし変わらない場合はJSONに変更してインポートしましょう。また、管理画面に［TablePress］の項目が表示されていない場合は、TablePressのプラグインが有効化されているか確認しましょう。

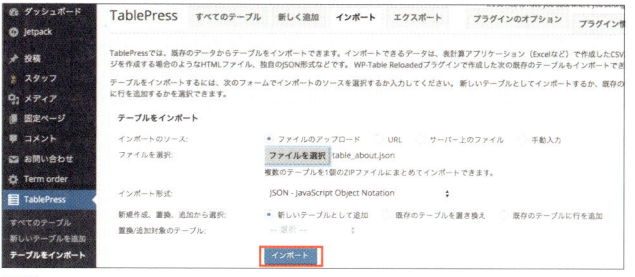

5-1 「table_about.json」をインポート

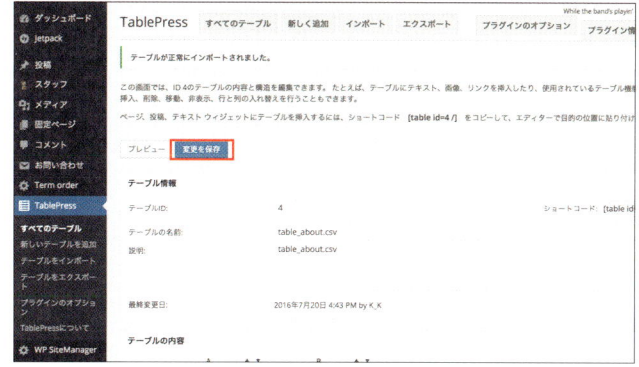

5-2 表がインポートされる。「変更を保存」をクリック

▶サイトタイトルの設定

6 管理画面の［設定＞一般］でサイトのタイトルとキャッチフレーズを設定します。ここではサイト名を「WP-DCAFE」、キャッチフレーズはデフォルトのままにします 6-1 。「変更を保存」ボタンをクリックすると、サイトを表示した際にタイトルバーにサイト名とキャッチフレーズが表示されます 6-2 。

6-1 サイト名とキャッチフレーズを入力

6-2 タイトルバーにサイト名とキャッチフレーズが表示される

▶パーマリンクの設定

7 WordPressの基本設定では、各記事のURLなどは「?p=1976」といった番号になります。この状態ではわかりづらいので、URLが記事タイトルになるように設定します。これをパーマリンク設定といいます。管理画面の［設定＞パーマリンク設定］をクリックし、「共通設定」の「カスタム構造」をクリックして、テキスト入力欄に「/%category%/%postname%/」と記述します **7-1** 。これで、記事タイトルがURLになりました **7-2** 。

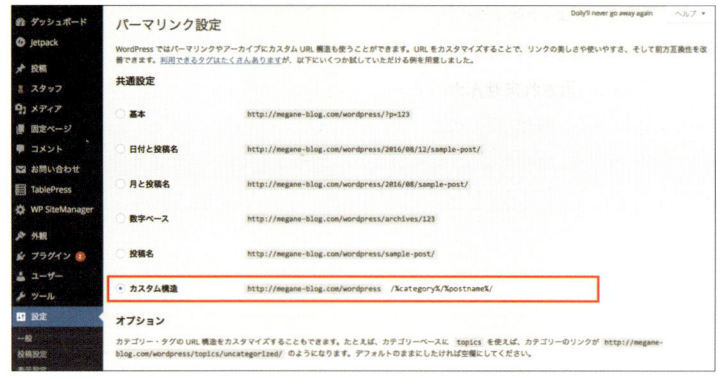

7-1 「カスタム」にチェックを入れ「/%category%/%postname%/」と記述

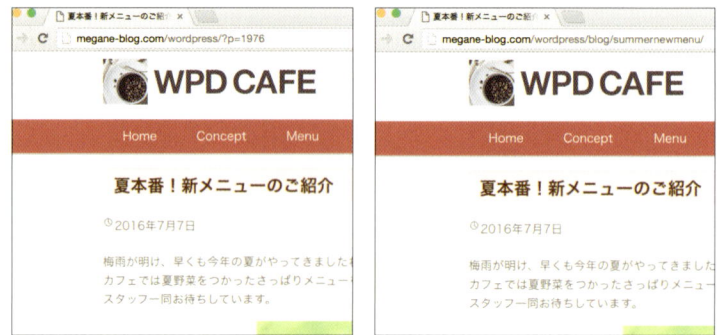

7-2 パーマリンク設定により記事タイトルがURLになる

▶ウィジェットの設定

8 ウィジェットもデフォルトのものを外し、サイトにあわせたものに入れ替えます。まず、管理画面の［外観＞ウィジェット］をクリックし、「サイドバー」に入っている項目をすべて「利用できるウィジェット」のボックスへドラッグ＆ドロップして外します **8-1** 。

8-1 既存のウィジェットをドラッグ＆ドロップで外す

次に、「利用できるウィジェット」にある「サブナビ」「検索」「最近の投稿」などのウィジェットを「サイドバー」に登録します **8-2** 。サイドバーはトップページには表示されませんが、下位ページを表示した際 **8-3** のように表示されます。

8-2 「サブナビ」「検索」「最近の投稿」のウィジェットを登録

8-3 Conceptページなどでサイドバーが表示される

▶カスタムメニューの設定

9 現状ではデフォルトのメニューが表示されているため、「Menu」の下階層や、「Blog」などの項目は表示されていません。これらはカスタムメニュー機能を利用してメニュー項目に組み込みます。サンプルテーマではすでにカスタムメニューの作成自体は行ってあるので次のように設定してください。

管理画面の[外観>メニュー]をクリックすると、サンプルサイト用のメニューである「メニュー1」がすでに登録されています。「位置の管理」で「メニュー1」を選択し、保存をクリックすると **9-1** 、メニュー部分がカスタムメニューに切り替わります **9-2** 。

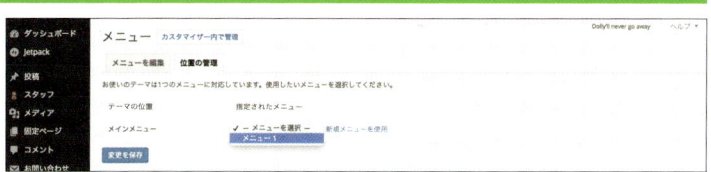

9-1 「メインメニュー」を「メニュー1」に設定して保存

9-2 カスタムメニューに切り替わり、「Menu」の下階層などが表示される

本書のサンプルテーマを組み込む **015**

なお、「Home」と「Staff」、および「Menu」の下階層にある「Food」「Sweets」「Alchohol」「Coffee&Tea」のメニュー項目については、「カスタムリンク」機能を利用してURLを直接記載して登録しています。サンプルテーマでは「http://www.●●●●.com/」といった形のドメイン直下のURLになっていることを前提にURLを入力していますが、たとえば「http://www.●●●●.com/wordpress/」などにサイトを設置している場合は正しく動作しません。このような場合は「カスタムリンク」と表示されている「Home」などのメニュー項目の右の▼のマークをクリックし、 9-3 のようにディレクトリ名を前に付ける必要があります。

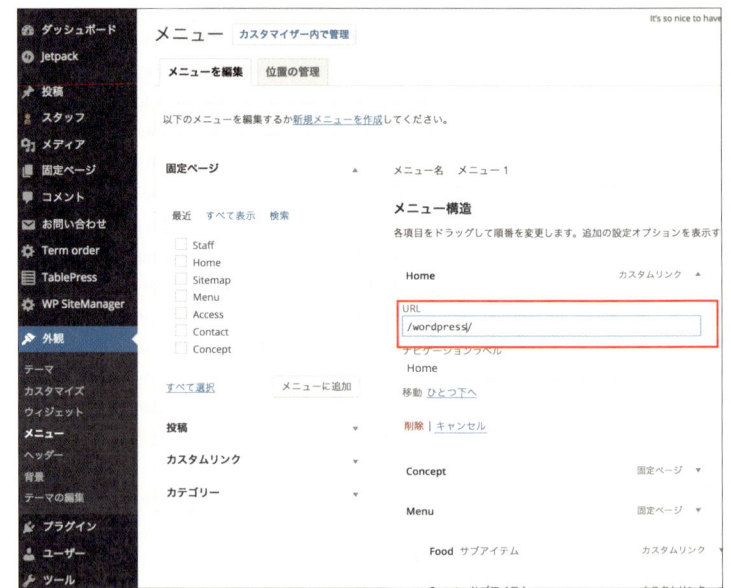

9-3「Home」、「Stuff」、「Menu」の下階層についてURLを登録
「http://www.●●●●.com/wordpress/」の場合、「Home」は「/wordpress/」、「Menu」の「food」は「/wordpress/menu/#food」」、「Staff」は「/wordpress/staff/」などと設定する

▶Menuページの固定ページを「カスタムフィールド」に差し替える

10 管理画面の[固定ページ>固定ページ一覧]を見ると、サンプルにはMenu用の固定ページが2つ用意されています 10-1 。

一覧で上にあるものは通常の固定ページで作成しているMenuページで、デフォルトではこちらが表示されています。

「下書き」となっているものは、P100の「カスタムフィールドを応用した商品メニューの作成」で作成した状態のMenuページで、このページを表示するには「Advanced Custom Fields:Repeater Field」という有料のプラグインが必要です。このため、「Advanced Custom Fields:Repeater Field」を導入していない方にもページが見えるように、デフォルトでは通常の固定ページを表示させています。「Advanced Custom Fields:Repeater Field」を購入した場合は、次のような手順で「Menu」の固定ページを「Advanced Custom Fields:Repeater Field」を使用した状態のものに入れ替えます。

10-1 固定ページ一覧

> ⚠ **ATTENTION**
> 以下の手順は「Advanced Custom Fields:Repeater Field」を購入していない場合は行う必要はありません。

11 「Advanced Custom Fields:Repeater Field」をインストールして有効化したあと、公開されていたMenuページをクイック編集で開きます。「スラッグ」を「menu__」などと変え、「ステータス」を「下書き」に設定して「更新」ボタンをクリックします **11-1**。

次に下書きになっていた下のMenuページをクイック編集で開き、「スラッグ」を「menu-custom」から「menu」に変更し、「ステータス」を「公開済み」に設定して「更新」ボタンをクリックします **11-2**。

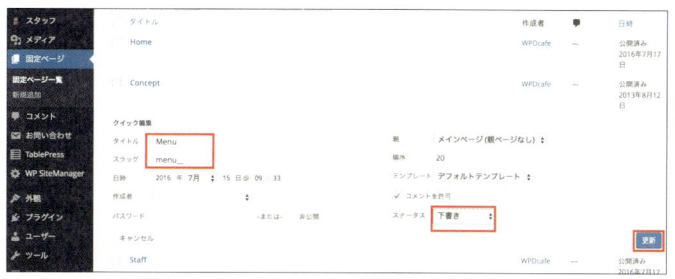

11-1 公開されていた「Menu」のステータスとスラッグを変更

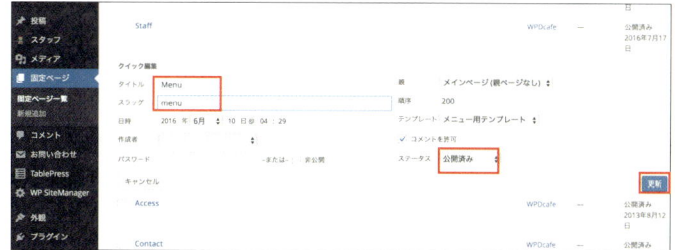

11-2 下書きになっていた「Menu」のステータスとスラッグを変更

---

12 このままだとナビゲーションメニューが前の固定ページにリンクされているため、リンクをリセットする必要があります。まず、管理画面の［外観＞メニュー］を開き、「Menu」の項目を開いて、「削除」をクリックして削除します **12-1**。

次に「固定ページ」のボックスで「Menu」にチェックを入れ、「メニューに追加」ボタンをクリックして項目を追加します **12-2**。一番下に追加されるので、順番を「Food」の上にし、「Food」、「Sweets」、「Alcohol」、「Coffee&Tea」の各項目を一段右にずらして階層構造を元通りに戻せば完成です **12-3**。

12-1 「メニュー構造」から「Menu」を削除

12-2 「Menu」の固定ページを追加しなおす

12-3 元通りに配置

まとめ

これでサンプルテーマの準備は完了です。本書のPart2では、サンプルサイトが実際にはどのように制作されているかを、拾い読みできるようにサイトのパートごとに抜き出して解説しています。Part3ではこの状態のサンプルテーマに対して無限スクロールやスライドショーを組み込むといったさまざまなカスタマイズを施していきます。

サンプルテーマの仕組み❶
サンプルテーマの
テンプレートの構造

WordPressのテーマでは、トップページであれば「front-page.php」、カテゴリー一覧であれば「archive.php」、個別投稿記事であれば「single.php」と、表示させるテーマテンプレートのファイル名や役割が決まっています。本書のサンプルサイトのテーマテンプレートの構造について確認しておきましょう。

テーマテンプレートの仕組み

サンプルテーマのフォルダを開いてみると、たくさんのPHPファイルが中に格納されていることがわかります。これらは「テーマテンプレートファイル」、および「モジュールテンプレートファイル」と呼ばれるファイルですが、それぞれどのような役割をもっているかについてここで確認しておきましょう。

WordPressは、サイトにアクセスがあった場合、URLから要求されているページ（フロントページ、アーカイブページ、投稿ページなど）を判別します。たとえばサンプルテーマの場合、URLが「http://●●●.com/wordpress/concept/」であれば「Concept」のページの表示が要求されていることになります。この際、固定ページ（→P29）である「Concept」を表示するために、固定ページ表示用のテーマテンプレート「page.php」が読み込まれます。このようにコンテンツを表示する際には、ページの種類に応じたテーマテンプレートが利用される仕組みになっています 01 。

テーマテンプレートの優先順位

要求されたページを表示する際に選択されるテーマテンプレートには、ファイル名と優先順位のルールがあります。たとえばカテゴリー一覧ページが要求された場合のファイル名と優先順位は 02 のようになります。カテゴリー一覧を表示するとき、まずcategory-slug.phpを探し、なければcategory-ID.phpを探します。それもなければcategory.php、archive.php、index.phpと順に探していき、ファイルが見つかった時点でそのファイルを利用して表示することになります。

このファイル名と優先順位のことを「テンプレート階層」といいます。テンプレート階層の詳細についてはWordPress Codex（https://wpdocs.osdn.jp/テンプレート階層）に記載されているので目を通しておきましょう。

サンプルテーマのテンプレート構造

本書のサンプルテーマにおいて、どのページがどのテンプレートで表示されるかをまとめると 03 のようになります。たとえば、検索結果を表示するURL（/?s=キーワード）へのアクセスがあった場合にはsearch.phpが呼び出されます。検索結果がある場合はsearch.phpからさらにcontent.phpを読み込んで結果を表示します。検索結果がない場合はno-results.php

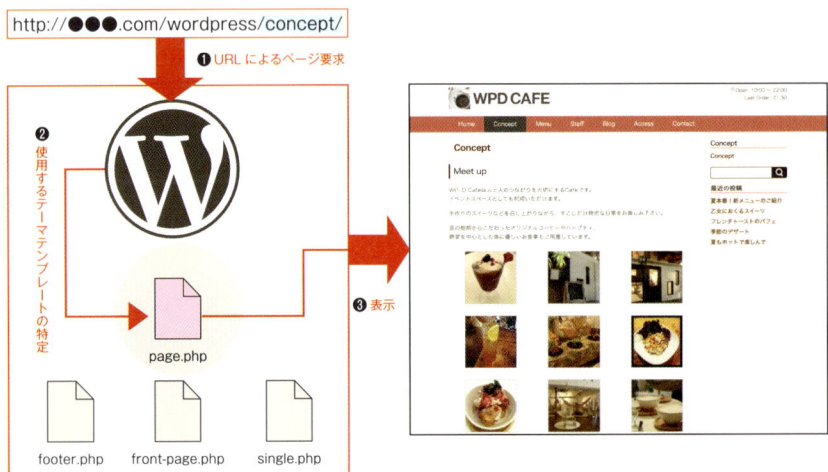

01 テーマテンプレートの仕組み

を読み込んで見つからなかった旨を表示します。なお、実際のサンプルでは、たとえばsearch.phpはheader.php（ヘッダー表示）、sidebar.php（サイドバー表示）、footer.php（フッター表示）も読み込んでいますが、この3つはすべてのページに共通しているため、図からは省略しています。

優先順位	テンプレート名	概要
1	category-slug.php	特定のカテゴリー（スラッグ指定）用テンプレート
2	category-ID.php	特定のカテゴリー（ID指定）用テンプレート
3	category.php	カテゴリーの汎用テンプレート
4	archive.php	汎用アーカイブテンプレート（タグ・日別アーカイブなどと共用）
5	index.php	ほかに優先順位上位のテンプレートがない場合

02 カテゴリー一覧を表示するテーマテンプレートのファイル名と優先順位

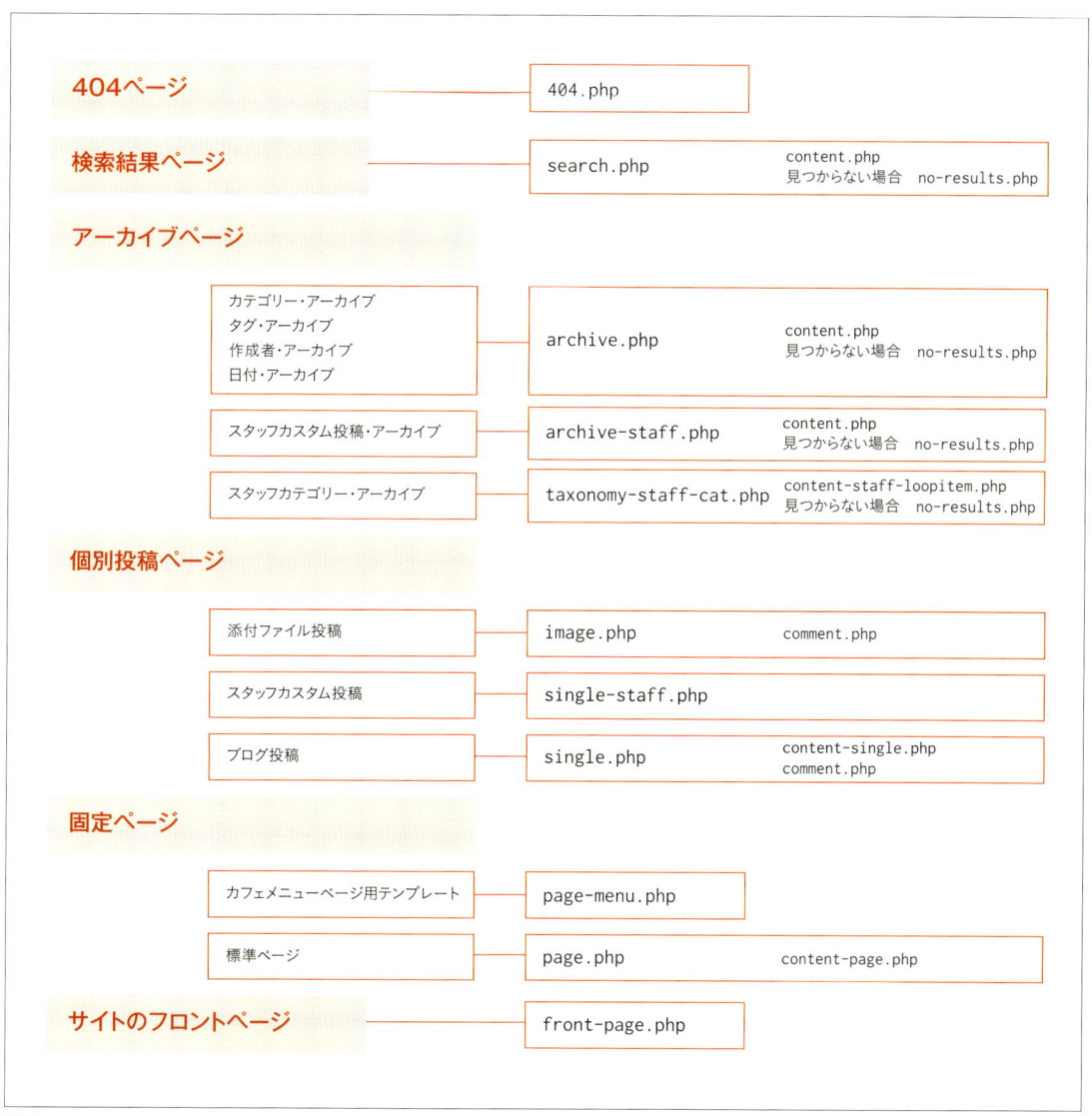

03 各ページごとに読み込まれるテンプレート（ヘッダー、フッター、サイドバーは除く）

テーマテンプレートと
モジュールテンプレート

前述した「page.php」のように、WordPressがURLの要求に従って読み込むファイルを「テーマテンプレート」といいますが、このほかに「モジュールテンプレート」と呼ばれるファイルも存在します。モジュールテンプレートはページのパーツの表示を担当するファイルです。

たとえばheader.phpはページのヘッダー部分を表示するモジュールテンプレート、footer.phpはフッター部分を表示するモジュールテンプレートです。テーマテンプレートがURLに応じてWordPressから直接呼び出されるのに対し、モジュールテンプレートはテーマテンプレートから呼び出されます。たとえば、サンプルテーマのブログの最初の個別記事（/blog/summernewmenu/）を呼び出す場合、読み込まれるテーマテンプレートは「single.php」です。そして、single.phpからはモジュールテンプレートの「header.php」、「content-single.php」、「comment.php」、「sidebar.php」、「footer.php」を呼び出して、ひとつのページを表示します 04 。

header.phpの場合なら「get_header()」、footer.phpの場合なら「get_footer()」というように、モジュールテンプレートを呼び出すときは「テンプレートタグ」というコードをテーマテンプレートに記述します。テンプレートタグについてはWordPress Codex（http://wpdocs.osdn.jp/ テンプレートタグ）や、巻末に掲載のリファレンスを参考にしましょう。

なお、本書のサンプルテーマでは、検索結果やブログ記事の一覧などの定型的なコンテンツの表示コードは、「content.php」としてモジュールテンプレート化しています。これはサンプルテーマのベースとなっている「_s」テーマ（→P32）の構造に沿った手法ですが、共通化できるコードをモジュールテンプレート化しておくことで、それぞれのテーマテンプレートに同じ内容を記載するよりもメンテナンス性が向上します。

本書のサンプルテーマは 05 のようなフォルダ構造になっています。また、ここに含まれているすべてのテンプレートファイル、およびモジュールテンプレートファイルは 06 のような役割をもっています。

04 テーマテンプレートとモジュールテンプレート（single.php）
テーマテンプレートのsingle.phpを読み込むと、5つのモジュールテンプレートを呼び出してページを表示する

05 サンプルテーマのフォルダ構造

項目			ファイル名	内容
テーマの関数ファイル			functions.php	テーマ内の関数を定義
テーマテンプレート			front-page.php	サイトのフロントページにて表示
			archive.php	一覧ページ（日・月・年別、カテゴリー別、タグ別、作成者別）で表示
			archive-staff.php	カスタム投稿タイプ「スタッフ」の一覧ページ表示
			page.php	個別の固定ページで表示
			page-menu.php	カフェメニュー用のページテンプレート
			single.php	個別の投稿で表示
			image.php	画像の添付ファイル投稿ページで表示
			single-staff.php	カスタム投稿タイプ「スタッフ」での個別投稿ページ表示
			search.php	検索結果のページで表示
			404.php	存在しないページにアクセスがあった場合に表示
			index.php	どのテンプレートファイルも該当しない場合に表示
モジュールテンプレート			comments.php	コメント部分。comments_template() で読み込まれる
			content-page.php	ページ内のコンテンツ表示。page.php において get_template_part('content', 'page') で読み込まれる。ない場合は content.php が読み込まれる
			content-single.php	個別投稿でのコンテンツ表示。single.php において get_template_part('content', 'single') で読み込まれる。ない場合は content.php が読み込まれる
			content.php	一覧ページや検索結果ページなどでのループ内で表示。get_template_part('content') で読み込まれる
			content-staff-loopitem.php	「スタッフ」でのループ内で読み込まれる
			footer.php	フッター部分。get_footer() で読み込まれる
			header.php	ヘッダー部分。get_header() で読み込まれる
			no-results.php	検索やカテゴリー一覧等、その条件に投稿がない場合に表示。get_template_part('no-results') で読み込まれる
			sidebar.php	サイドバー部分。get_sidebar() で読み込まれる
			searchform.php	検索フォームの表示。get_search_form() で読み込まれる
CSSファイル			style.css	サイトのスタイル
			rtl.css	右から左に書く言語（アラビア語）などにおいて利用するCSS。rtl は right to left の略（今回のテーマでは使用していません）
assetsフォルダ（「_s」から新たに追加したテンプレート以外のファイルを、管理しやすくするためにひとまとめにしています）	cssフォルダ		config.rb	Compass の設定ファイル（P40参照）
			foundation-ie.min.css	IE8用のグリッドレイアウト
			genericons.css	genericons の表示用
			style.css	scssフォルダ内のファイルのコンパイル結果
	fontフォルダ		genericons-regular-webfont.ttf等	genericons のアイコンフォントファイル群
	imgフォルダ		404.png等	テーマ内で利用する画像群
	jsフォルダ		custom.modernizr.js	ブラウザによる表示の違いを軽減
			customizer.js	テーマカスタマイザーで利用
			html5.js	IEにHTML5を認識させる
			keyboard-image-navigation.js	添付ファイルの投稿ページにおいてキーボードの左右での操作可能にする
			navigation.js	レスポンシブに対応したナビゲーションのボタンクリック時にclassを付与する
incフォルダ（サンプルテーマで使用している設定用のファイルなどを格納しています）			custom-header.php	カスタムヘッダーの利用
			customizer.php	テーマカスタマイザーの利用
			extras.php	body への class の追加等
			jetpack.php	jetpack が提供する Infinite Scroll を利用するため
			template-tags.php	記事の前後のページ遷移、コメントのカスタマイズ、投稿日の表示等
languagesフォルダ			ja.mo等	日本語ファイル群

06「wp-dcafe」テーマに含まれるファイルの役割
assetsフォルダにあるscssフォルダは、サンプルテーマでは未使用のファイルを収納

サンプルテーマの仕組み❷
サンプルテーマの
各ページ紹介

サンプルテーマの各ページをPC／スマートフォンで表示した状態を、使用しているテーマテンプレート・モジュールテンプレートとあわせて紹介します。また、早見表としても利用できるように、各ページで利用しているテクニックについてもPart2の関連項目と参照ページを記しています。

Home（フロントページ）

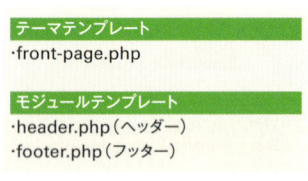

サイトのトップページです。テーマテンプレートは「front-page.php」で、モジュールテンプレート「header.php」、「footer.php」を読み込んでいます。また、このページのみ、ヘッダー画像が表示されるように設定しています。

テーマテンプレート
・front-page.php

モジュールテンプレート
・header.php（ヘッダー）
・footer.php（フッター）

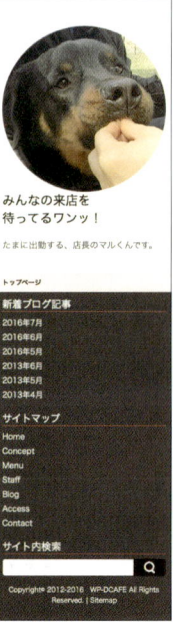

Concept / Access / Contact / Sitemap ページ

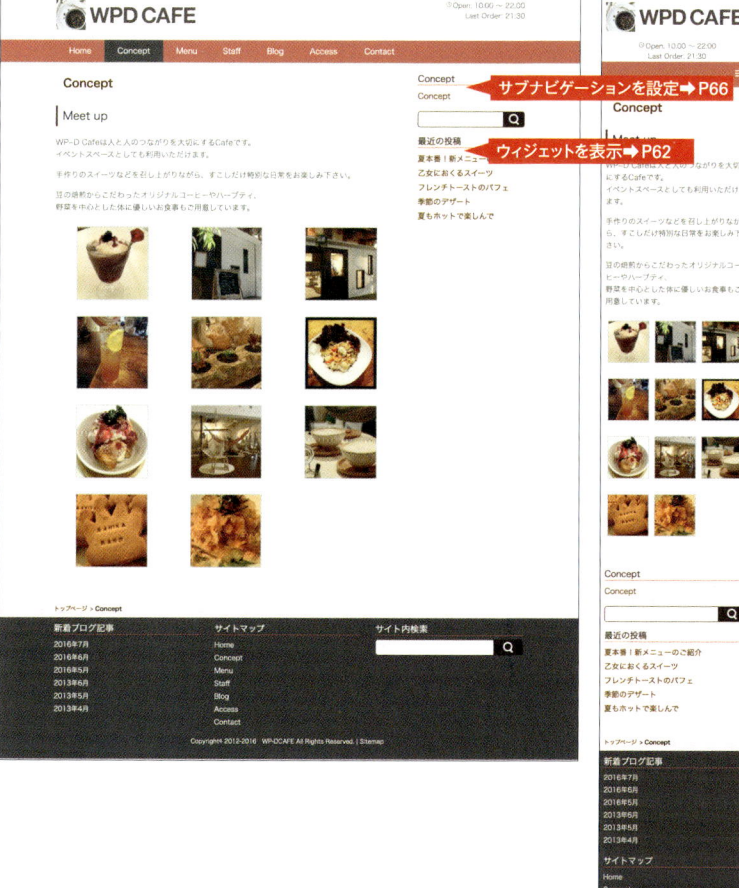

お店のコンセプト紹介、アクセス情報、問い合わせフォーム、サイトマップのページで、これらは更新頻度が低いため、固定ページを使用しています。テーマテンプレートはすべて「page.php」で、モジュールテンプレートファイル「header.php」、「footer.php」、「sidebar.php」を読み込んでいます。

テーマテンプレート
・page.php

モジュールテンプレート
・header.php（ヘッダー）
・sidebar.php（サイドバー）
・footer.php（フッター）

Access ページ

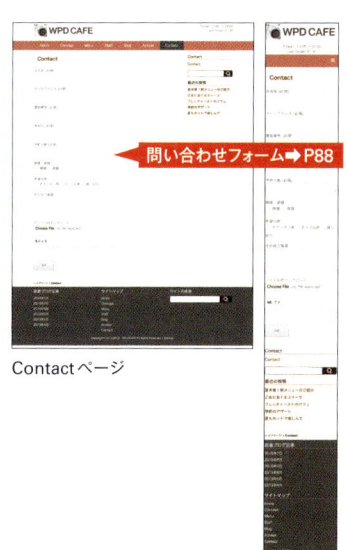

Contact ページ

Sitemap ページ

サンプルテーマの各ページ紹介 **023**

Menuページ

カスタムフィールドで商品メニューを作成 ➡ P100

お店のメニューを紹介するページです。定型的な入力が行えるカスタムフィールドを利用しています。スラッグを「menu」に設定しており、テーマテンプレートはpage.phpではなく、このページ専用の「page-menu.php」を利用しています。
ただし、カスタムフィールドの作成と表示には有料のプラグイン「Advanced Custom Fields:Repeater Field」が必要なため、デフォルトでは通常の固定ページとして作成したMenuページを表示しています。詳しくはP16、およびP100をご覧ください。

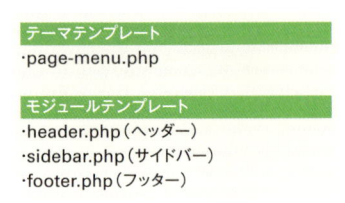

テーマテンプレート
・page-menu.php

モジュールテンプレート
・header.php（ヘッダー）
・sidebar.php（サイドバー）
・footer.php（フッター）

Staffページ

お店のスタッフを紹介するページです。このページではカスタム投稿タイプ「スタッフ」を利用しています。スタッフは「店長」「ホール」「キッチン」の3つのカテゴリーが設けられており、それぞれで抽出できるようになっています。テーマテンプレートは「arcive-staff.php」、モジュールテンプレートはヘッダー等のほか、スタッフを一覧表示する「content-staff-loopitem.php」も利用しています。また、それぞれの写真は「Staff詳細ページ」にリンクしています。

テーマテンプレート
・archive-staff.php

モジュールテンプレート
・header.php（ヘッダー）
・content-staff-loopitem.php
（スタッフ一覧表示）
・sidebar.php（サイドバー）
・footer.php（フッター）

Staff詳細ページ

各スタッフの詳細情報を紹介するページです。カスタム投稿タイプ「スタッフ」の個別投稿を表示するページとなります。テーマテンプレートには通常の個別投稿用のsingle.phpではなく、専用の「single-staff.php」を利用しています。

テーマテンプレート
・single-staff.php

モジュールテンプレート
・header.php（ヘッダー）
・sidebar.php（サイドバー）
・footer.php（フッター）

Blogアーカイブページ

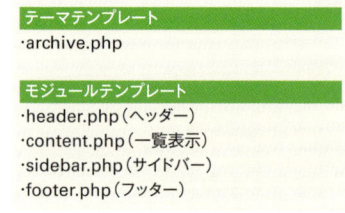

お店のブログの記事一覧表示です。管理画面の［投稿＞投稿一覧］に表示されている記事はこのブログ記事です。テーマテンプレートは「archive.php」で、一覧の表示にモジュールテンプレート「content.php」を使用しています。

テーマテンプレート
・archive.php

モジュールテンプレート
・header.php（ヘッダー）
・content.php（一覧表示）
・sidebar.php（サイドバー）
・footer.php（フッター）

Blog詳細ページ

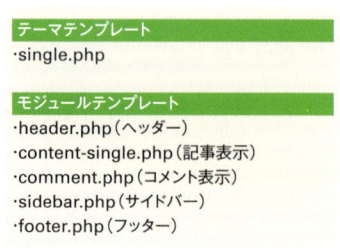

ブログの各投稿記事の表示ページです。テーマテンプレートは「single.php」で、モジュールテンプレートの「content-single.php」を記事の内容表示に、「comment.php」をコメント表示に利用しています。

テーマテンプレート
・single.php

モジュールテンプレート
・header.php（ヘッダー）
・content-single.php（記事表示）
・comment.php（コメント表示）
・sidebar.php（サイドバー）
・footer.php（フッター）

検索結果ページ

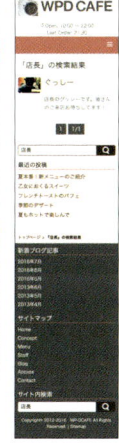

検索フォームからキーワード検索した際の検索結果を表示するページです。テーマテンプレートは「search.php」で、検索結果がある場合はモジュールテンプレート「content.php」を呼び出して一覧で表示します。検索結果がない場合は「no-results.php」が呼び出されます。

テーマテンプレート
- search.php

モジュールテンプレート
- header.php（ヘッダー）
- content.php（一覧表示）
- no-results.php（検索結果なしの表示）
- sidebar.php（サイドバー）
- footer.php（フッター）

404ページ

存在しないページにアクセスがあった場合に表示するページです。テーマテンプレートは「404.php」です。

テーマテンプレート
- 404.php

モジュールテンプレート
- header.php（ヘッダー）
- sidebar.php（サイドバー）
- footer.php（フッター）

添付画像表示ページ

画像の添付ファイルとしてアップロードした際の、画像表示ページです。サンプルテーマでは添付ファイルとしてアップされた画像はないため、このページは表示されません。

テーマテンプレート
- image.php

モジュールテンプレート
- header.php（ヘッダー）
- comments.php（コメント表示）
- sidebar.php（サイドバー）
- footer.php（フッター）

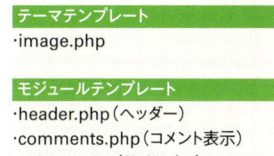

サンプルテーマの仕組み❸
サンプルテーマで利用されている WordPressの投稿タイプと機能

WordPressには、投稿、固定ページ、カスタムフィールド、カスタム投稿タイプなどの、たくさんの機能があります。ここではサンプルテーマの前提となっている一般的なショップサイトを例に、どのようなページにWordPressのどの機能を利用するとよいかについて見ていきましょう。

フロントページ（HOME）

サイトの表紙ともなるフロントページでは、大きなカバー画像を掲載したり、最新のトピックを紹介したり、ユニークな仕掛けで楽しませたりと、定型的な下位ページとは異なるデザインの自由度が求められます **01**。このため、front-page.php や home.php といったフロントページ専用のテンプレートファイルを作成して表示させる手法が一般的です。

front-page.phpとhome.phpの違い

WordPressのフロントページ用のテンプレートファイルにはfront-page.phpとhome.phpの2つがあります。本書のサンプルのような店舗や企業などのサイトではfront-page.phpを、ブログサイトではhome.phpを利用するのが基本です。なお、フロントページにおけるテンプレートファイルの優先順位は「front-page.php→home.php→index.php」となります。

通常、フロントページは管理画面の［設定＞表示設定］ **02** で設定します。ただし、front-page.phpがある場合は、表示設定が変更されてもフロントページは影響を受けず、そのまま表示されます。一方、home.phpの場合は、選択された固定ページ（page.php、page-○○.php、index.phpなど）が優先されます。

front-page.phpを設定しておけ

01 サンプルのフロントページ

02 フロントページの設定画面

ば、home.phpをほかの固定ページとして利用することができます。選択肢を広げる意味でも、店舗や企業サイトなどのフロントページにはfront-page.phpを利用することをおすすめします。

固定ページ

固定ページは主に、更新頻度が低いページ、一定の内容を表示するページに使います。「ニュース」や「最近のトピック」のように時系列に沿ってコンテンツを追加していくタイプのページには向きません。

固定ページには「ページ属性」で「親」を指定して階層をもたせたり、表示順序を指定できるというメリットもあります **03** 。これらの構造が必要なページに利用するとよいでしょう。本書のサンプルテーマでは「Menu（カフェメニュー）」、「Concept（コンセプト紹介）」、「Access（店舗アクセス）」、「Sitemap（サイトマップ）」、「Contact（予約、問い合わせフォーム）」に固定ページを利用しています **04** 。

なお本書のテーマでは「Menu（カフェメニュー）」を固定ページとして用意していますが、タグを利用してメニューから「飲み物」だけを抽出して表示するといったケースも考慮して、固定ページではなく、後述する「投稿」もしくは「カスタム投稿タイプ」で作成するケースもあるでしょう。

投稿

投稿は、いわゆる「ニュース」や「最新トピック」など、日常的に追加され、時系列で並ばせたいようなコンテンツに利用します。投稿記事をカテゴリーで分類したり、タグを付けることで、抽出して一覧表示することが可能です。本書のサンプルテーマでは「Blog」のページに利用しています **05** 。

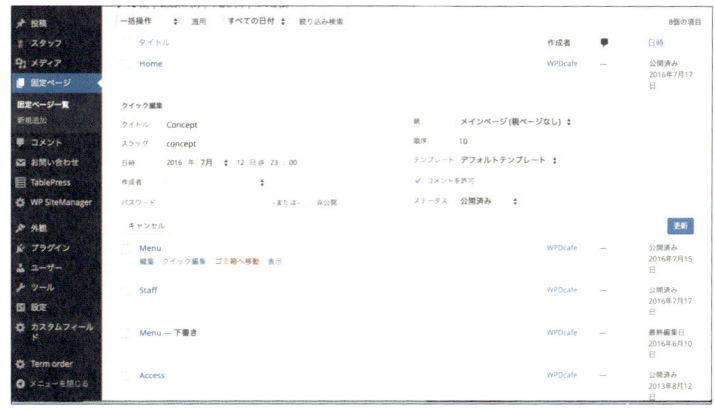
03 固定ページ一覧のクイック編集で階層や表示順序を指定可能

04 サンプルの固定ページ

05 サンプルの投稿ページ（Blog）

カスタムフィールド

定型的な繰り返しの項目で構成されるコンテンツは、カスタムフィールドを利用すると入力が簡単になります。カスタムフィールドに入力された項目を表示するためには専用のページテンプレートが必要です。本書のサンプルでは、固定ページを利用した「Menu」（カフェメニュー）の項目の入力にカスタムフィールドを利用しています **06**。なお、本書では「Advanced Custom Fields: Repeater Field」という有料のプラグインを利用してカスタムフィールドを作成する手法を紹介しています（詳細はP100を参照）。そのため本テーマのデフォルトの状態では、カスタムフィールドは利用せず、コンテンツにHTMLとして情報を入力した固定ページ（Menu）が表示されている点にご注意ください。なお、カスタムフィールドを表示させるには、「Advanced Custom Fields: Repeater Field」をインストールして有効化した後、P16の手順を実行する必要があります。

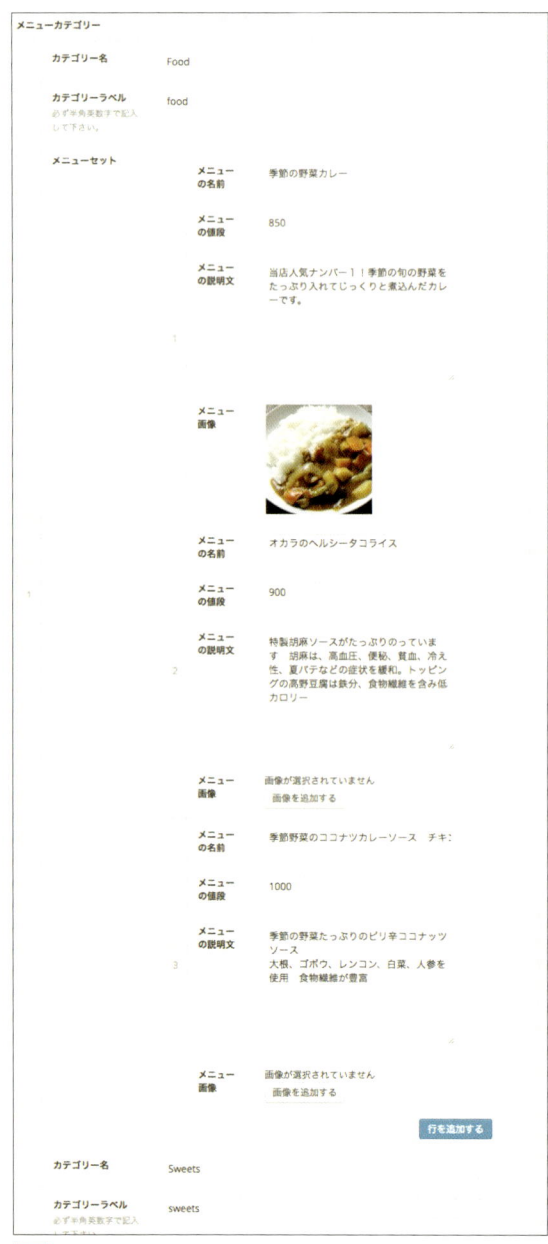

06 カスタムフィールド
固定ページ編集画面において入力画面が表示される（Advanced Custom Fields プラグイン利用）（左）

カスタム投稿タイプ

通常の投稿やページとは異なるカテゴリ分けを行なったり、特別な一覧や詳細ページを利用したい場合は「カスタム投稿タイプ」が便利です。

WordPressの「投稿」、「固定ページ」といった、コンテンツを投稿する種別を「投稿タイプ」といいますが、カスタム投稿タイプはこれを自分で作成する機能です。設定すると管理画面の左側に独自の項目が追加されます 07 。本書のサンプルテーマでは「Staff」のコンテンツにカスタム投稿タイプを利用することで、一覧ページ 08 、カテゴリーによる抽出 09 、詳細ページの表示 10 を行っています（詳細はP108を参照）。

07 カスタム投稿画面
「スタッフ」という専用の投稿タイプが追加される

08 一覧ページ

09 カテゴリーによる抽出

10 詳細ページ

サンプルテーマに利用されている技術❶

カスタマイズのベースとなる _s（Underscores）テーマ

_s（Underscores）はAutomattic社が開発したスターターテーマのひとつです。スターターテーマは、WordPressのデフォルトテーマである「Twenty Sixteen」などとは異なり、非常にシンプルな最低限の構造のみを備えています。

_sを使用するメリット

本書のサンプルテーマは、_sというテーマをカスタマイズする方法で制作されています。この_sはスターターテーマ、またはベーステーマと呼ばれ、基本的には自分でテーマを作るユーザーのために、サイトのベースとなる基盤の部分を提供してくれるものです。

WordPressでサイトのデザインをオリジナルのものにしたい場合は、テーマを制作、もしくはカスタマイズする必要があり、この場合は大きく2つの方向があります。

❶完全に自作で1から作る
❷既存のテーマをもとにカスタマイズもしくは、子テーマとして作る

❶は非常に手間がかかりますが、❷の場合は必要な箇所のみに手を入れていくだけですみます。その際、自分でHTML、CSS、PHPを書けるのであれば、ベースにするテーマは必要最低限の機能に抑えたシンプルなものがよいでしょう。そんな時に_sをおすすめします 01 。

_sに含まれるおもな機能

デフォルトの_sは非常にシンプルで、ほぼ何も設定されていないように見えます 02 。

ただし、WordPressで最低限必要になるPHPの記述や機能は実装されており、ナビゲーションがレスポンシブデザインになっていたり 03 、404ページが用意されているなど 04 、テーマを構築するうえでベースとするには十分な機能が備わっています。おもな機能は 05 のとおりです。

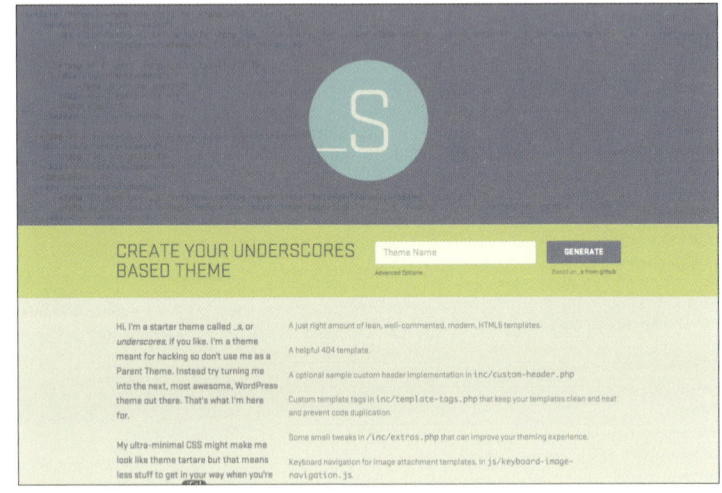

01 http://underscores.me/

> **COLUMN**
>
> ### スターターテーマとは
>
> スターターテーマとは、テーマを制作していく際のベースとしやすいように、シンプルで汎用的な構造のみを備えたテーマです。「ベーステーマ」と呼ばれることもあります。
>
> スターターテーマの場合、基本的にはテンプレートファイル群を直接書き換えながら、必要な記述を加えてテーマを作成していく前提となっています。元テーマの子テーマとしてカスタマイズする場合と違い、元テーマにバグフィックスなどが行われても、カスタマイズされたテーマには反映されない点に注意しましょう。
>
> 【参考】
> http://ja.naoko.cc/2012/12/02/wordpress-theme-development-approach/

サンプルテーマの特徴

本書のサンプルテーマでは、「_s」テーマをベースとしていることから、いくつかの特徴があります。

ひとつめは、P44で解説しているようなコンテンツ表示用のループ内の処理を「content.php」、「content-page.php」、「content-single.php」といったモジュールテンプレートに分離している点です。共通の処理を分離することで、各所で使いまわすことができ、メンテナンス性が向上するなどのメリットがあります。

もうひとつは、「_s」テーマに由来するコードやファイルに、「_s」の接頭辞がついている点です。サンプルテーマのコードに「_s_○○」といった関数名などが出てきたときは、これらのコードは「_s」をベースに記述を行っていることを示しています。

02 サンプルに_sを適用させた表示
ほぼCSSが当たっていないことがわかる。なお、_sテーマは子テーマとして利用するのではなく、テーマのファイル自体を直接編集して制作を行うことが推奨されている

03 スマートフォンにおける表示例
画面が小さくなった場合に、ナビゲーションを「Primary Menu」ボタンに収納する

04 _sの404ページ
見つからないページにユーザが訪れた場合、検索フォーム、最新の投稿、カテゴリーリストなどが表示される

おもな機能
HTML5対応
高機能な404ページ
レスポンシブに対応したナビゲーション
テーマカスタマイザー
カスタムヘッダーを簡単に利用できるためのファイル
5種類のレイアウトが行えるCSSサンプル

05 _sテーマに備わっているおもな機能

_sを利用してテーマを作成

それでは、_sテーマを利用してテーマを作成していく一連の流れを見てみましょう。まず、_sテーマの公式サイト（http://underscores.me/）にアクセスします。

「CREATE YOUR UNDERSCORES BASED THEME」の入力欄にテーマの名前を半角英数字で入力し（任意の名前でかまいません）、「GENERATE」ボタンをクリックするとダウンロードがはじまります **06**。入力欄の下の「Advanced Options」をクリックすれば、テーマの作者名などの追加設定も行えます **07**。なお、_sはGitHubからもダウンロードできます **08**。

これらはstyel.cssにも自動的に記述されます。ダウンロードしたファイルは **09** のようなファイル構成になっています。

CSSの適用

「_s」テーマをインストールして有効化したうえで、カスタマイズを始め

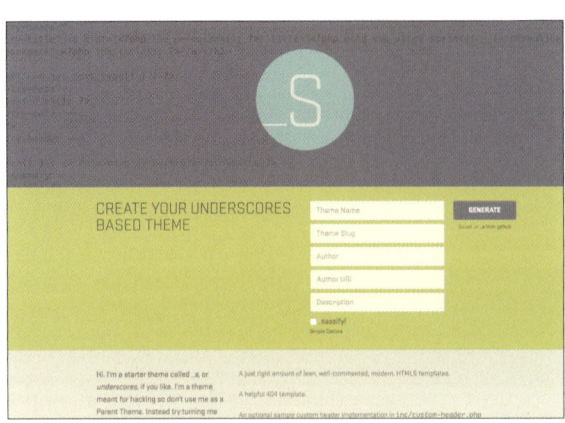

06「GENERATE」をクリック
_sassify チェックをつけると関連のSassファイルの同梱される

項目	内容
Theme Slug	テーマファイルが格納されるフォルダ名（ディレクトリ名）
Author	テーマ作者名
Author URI	テーマ作者のURL
Description	テーマの説明

07「CREATE YOUR UNDERSCORES BASED THEME」の入力項目

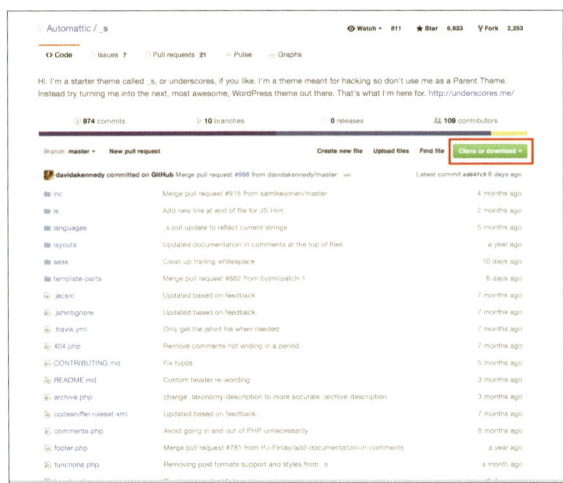

08 GitHubの_sページ
https://github.com/Automattic/_s/

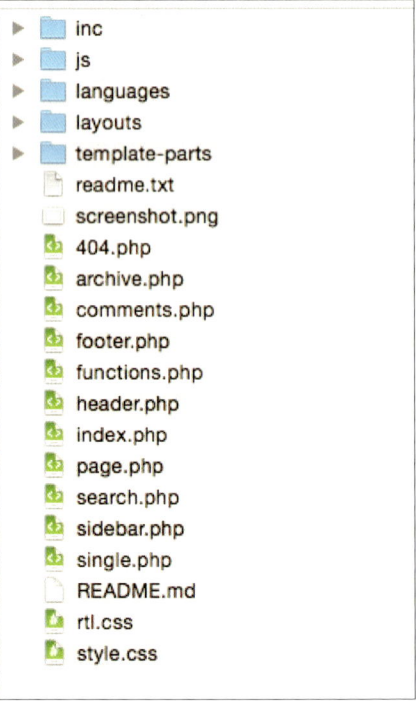

09 _sのファイル構成

ていきます **10** 。

　_sにはレイアウト用のCSSがもともと同封されているので、そちらを利用するのがひとまず簡単でしょう。レイアウト用のCSSはlayoutsフォルダの中にあります。その中にあるcontent-sidebar.css を使ってみましょう。

　content-sidebar.css にあるソース **11** をそのまま style.css の最下部に貼り付け保存すると **12** のように表示されます。

　このようにCSSをstyle.cssに直接追加しながらカスタマイズを行っていきましょう。

　なお、サンプルテーマでは「_s」のもつCSSコードのうち、メインナビゲーションの折りたたみ部分、およびプルダウンメニュー部分のコードを中心に利用しています。レスポンシブレイアウトに関しては、次ページから紹介するCSSフレームワーク「Foundation」がベースになっています。

10 _sテーマを有効化

12 content-sidebar.cssを適用
サイドバーが表示される

```
/*
Theme Name: _s
Layout: Content-Sidebar
*/

.content-area {
float: left;
margin: 0 -25% 0 0;
width: 100%;
}
.site-content {
margin: 0 25% 0 0;
}
.site-main .widget-area {
float: right;
overflow: hidden;
width: 25%;
}
.site-footer {
clear: both;
width: 100%;
}
```

11 content-sidebar.css
これを管理画面からstyle.cssに追記。
floatの方向やマージン値は変えている

サンプルテーマに利用されている技術❷
レスポンシブレイアウトを手軽に実装できる「Foundation」

本書のサンプルテーマでは、レスポンシブレイアウトを手軽に実装できるCSSフレームワーク「Foundation」を導入しています。サンプルテーマのコード中に出てくる<div class="row">や<div class="large-9 columns">は、この「Foundation」に由来したレイアウト用のコードです。

CSSフレームワークとは

CSSフレームワークは、Webサイト制作において頻繁に利用されるレイアウトやボタン、フォームのデザインなどが定義されたライブラリです。HTML上で特定のclassやidを指定するだけで、ひな形に沿った、見栄えの良いWebサイトをつくることができるため、制作工数を大幅に削減できます。有名なCSSフレームワークには「Bootstrap」、「Bourbon」といったものもありますが、本書のサンプルテーマでは「Foundation」 01 というCSSフレームワークを利用しています。

グリッドシステムとは

Foundationを導入するメリットとしては、まず、グリッドシステムを利用したレスポンシブレイアウトが手軽に実装できる点が挙げられます。

サンプルテーマでは、ページの幅を12分割したグリッドシステムを採用しています 02 。12分割することで、ページ全体を2等分、3等分、4等分、6等分できるため、柔軟なレイアウトが可能です。

さらにレスポンシブレイアウトにも対応しています。本テーマの場合、スマートフォンなどの1023px以下のウィンドウ幅で閲覧すると、 03 のように横に並んだ要素が下に回り込むワンカラムレイアウトに変更されるように作成しています。

このほかにも、Foundationは 04 のような機能をもっています。サンプルテーマでは、基本的にはFoundationのグリッドシステム＋レスポンシブレイアウトの機能のみを利用しています。

Foundationのダウンロード

それでは、Foundationを導入する流れを簡単に紹介していきましょう。まず、公式サイト（http://foundation.zurb.com/）にアクセスして、「Download Foundation 6」ボタンをクリックします。「Complete」

01 Foundation
http://foundation.zurb.com

02 サンプルは12分割のグリッドで作成されている

03 ウィンドウ幅1023px以下での表示

にある「Download Everyting」ボタンをクリックすると最新版のファイル一式がZIPファイルでダウンロードできます **05**。

特定の機能のみを利用するといったカスタマイズを行いたいときは、「Custom」から設定します **06**。ここでは必要なCSSの選択と、グリッド数、カラム間隔、コンテンツの最大幅、テキストカラーなどの設定が行えます。下の「Download Custom Build」ボタンをクリックすれば、カスタマイズされた状態のFoundationのファイルをダウンロードできます。

本書のテーマでは、「Grid」などを利用するために、style.css内でとりいれています。

Foundationのダウンロード

ダウンロードしたFoundationのファイル構成は **07** のようになっています。

ファイル構成自体はFoundationのカスタム機能を利用していても違いはありません。foundation.css、およびfoundation.min.cssに書かれているコードが変わります。また、同梱のindex.htmlファイルにはサンプルコードが書かれていますが、そこで読み込まれているのは **07** の赤で示したファイルで、すべてのファイルが読み込まれるわけではありません。

- グリッドシステム
- レスポンシブレイアウトへの対応
- ナビゲーションデザイン（パンくずリスト／サブナビも含む）
- ボタンデザイン
- フォームデザイン
- CSSコンポーネント（パネル／テーブル／プログレスバーなど）
- JavaScriptコンポーネント（フォームバリデーション／レスポンシブなLightbox／ドロップダウンなど）

04 Foundationの機能

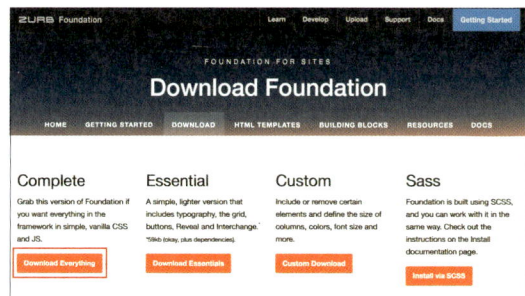

05 Foundationのダウンロードページ

06 Foundationのカスタマイズ
必要な機能の絞り込みやページの設定を行える

```
index.html――サンプルのHTMLファイル
cssフォルダ
  ├app.css
  ├foundation.css――Foundation6のCSSファイル
  ├foundation.min.css――min版のFoundation6のCSSファイル
  │  （CSSをカスタマイズしない場合は、.min版を読み込むほうが軽量に動作する）
jsフォルダ
  ├app.js
  └vendorフォルダ
      ├foundation.js――Foundation6のjsファイル
      ├foundation.min.js――min版のFoundation6のjsファイル
      ├jquery.js――jQueryのJavaScriptファイル
      └what-input.js-- 現在のデバイスのinput方法の判定
```

07 Foundationのファイル構成

Foundationを利用したグリッドレイアウト

前述のように、Foundationはページを12のグリッドに分け、グリッドのカラム数でサイズを指定します。グリッドのカラム数の指定方法は、レスポンシブでのウィンドウサイズに対応したlarge、medium、smallの3種類が用意されています。

基本的にカラム数は「small-○」の○に数値でクラスに指定し（記載がない場合はsmall-12を設定した状態になる）、そこから640px以上のウィンドウサイズで表示する際のカラム数を「medium-○」、1024px以上でのカラム数を「large-○」と、ウィンドウサイズの幅に応じて段階的に追記していきます。これはモバイルファーストという、スマートフォンなどの画面の幅の狭い状態からレイアウトを作っていくという考え方に基づいたレイアウト方法です。

具体的には、まず横に並べる要素を＜div class="row"＞～＜/div＞で囲みます。その中に横に並べるカラムを＜div class="large-9 columns"＞～＜/div＞、＜div class="large-3 columns"＞～＜/div＞と指定すると、幅9カラムと幅3カラムの2カラムレイアウトになります。この場合smallのカラム数は指定されていないので、前述のように"small-12"の初期値が適用されることから、幅640px未満のウィンドウで見たときは各カラムが横幅いっぱい（12カラム分）に表示されます **08** 。mediumも指定されていませんが、こちらは初期値はないため、640～1023pxのウィンドウでもsmall-12が適用されて横幅いっぱいに表示されることになります。

この際、たとえばスマートフォンで見たときは幅6カラムずつの2カラムレイアウトに変更したいのであれば、＜dvi class="large-9 small-6 columns"＞～＜/div＞、＜dvi class="large-3 small-6 columns"＞～＜/div＞と追記します **09** 。なお、largeのみを指定した場合は、スマートフォンで閲覧した際にフルサイズになりますが、smallのみを指定した場合はPCで見ても同じカラムで表示されます。ウィンドウサイズに応じてカラム数を変える必要がない場合はsmallのみを指定すればよいでしょう。

また、カラムは入れ子にすることも可能です。この場合は区切られたカラムの中をさらにrowで囲むことで、12個のカラムに分けてレイアウトできます **10** 。

サンプルテーマでは、テーマテンプレートにこの＜div class="large-○ small-○ columns"＞の指定を埋め込むことで、レスポンシブに対応したカラムレイアウトを行っています **11** **12** **13** 。コード中に頻繁に出てきますので、仕組みを理解しておきましょう。

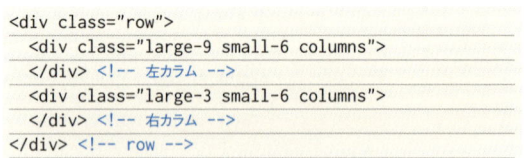

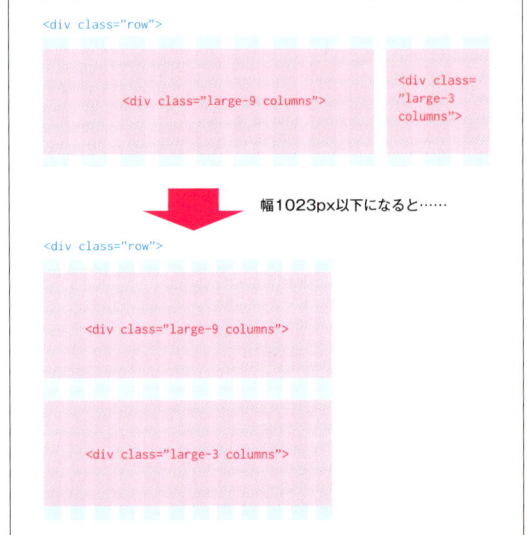

08 large-○を利用した2カラムレイアウト

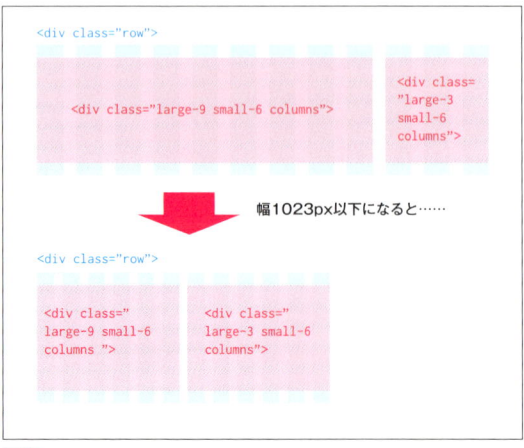

09 small-○を併用したカラムレイアウト

サンプルテーマへの導入の際の留意点

本書では、解説中で汎用性の高い手法を紹介するため、基本的にFoundationのグリッドレイアウト以外の機能は使用していません。そのほかの機能も利用したい場合は、Foundationのドキュメント（http://foundation.zurb.com/sites/docs/）等を参照しましょう。

また、基本的にFoundationを導入する際は、「foundation.css」を設置して読み込みます（JSを利用した機能を使う場合は「foundation.min.js」、「jquery.js」も読み込みます）。ただし、本書のサンプルテーマではファイルの構造をわかりやすくするために、foundation.cssの内容をテーマのstyle.cssに転記しています。このため、サンプルテーマではfoundation.cssファイル自体は読み込んでいません。

```
<div class="row">
  <div class="large-9 columns">
    <div class="row">
      <div class="large-6 columns">
      </div> <!-- 入れ子の左カラム -->
      <div class="large-6 columns">
      </div> <!-- 入れ子の右カラム -->
    </div> <!-- row -->
  </div> <!-- 左カラム -->
  <div class="large-3 columns">
  </div> <!-- 右カラム -->
</div> <!-- row -->
```

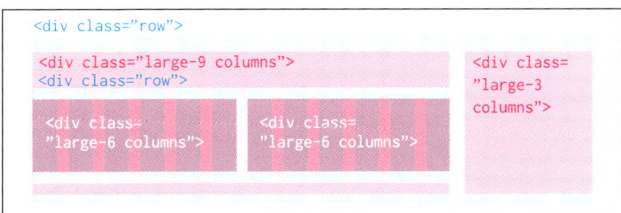

10 入れ子にしたカラムレイアウト

```
<h3>最新のお知らせ</h3>
<div class="row">
  <div class="large-3 small-12 columns">
    <a href="http://○○○.com/0000/blog/girlsweets/">
    <div class="newspost">
      <div class="row">
        <div class="large-12 small-3 columns">
          <div class="thumbnail">
            <img width="210" height="210" src="http://○○○.com/wp-content/uploads/〜.jpg" />
          </div>
        </div>
        <div class="large-12 small-9 columns">
          <div class="news-meta">
            <div class="date">
            2013/07/07
            </div>
            <p>乙女におくるスイーツ</p>
          </div>
        </div>
      </div>
    </div>
    </a>
  </div>
  :
  :
</div>
```

11 サンプルテーマでの使用例（front-page.phpにより出力されたHTMLの抜粋）

12 スマートフォンでの表示

13 PCでの表示

CSSメタ言語（CSSプリプロセッサ）

本書のサンプルテーマの作成には、「Sass」と呼ばれるCSSメタ言語が利用されています。ではこの「CSSメタ言語」とはいったいなんでしょう？

CSSメタ言語とは

CSSメタ言語（CSSプリプロセッサ）はCSSの拡張機能です。メタ言語のファイルそのままの形ではブラウザは解釈できないので、メタ言語ファイルをコンパイルしてCSSファイルを生成する形態で利用します。

通常のCSSは並列の構造でしか記述できませんが、CSSメタ言語では入れ子構造や変数が利用できるため、記述の効率化が図れます。たとえば **01** のようなCSSコードは、CSSメタ言語のひとつであるSassでは **02** のコードで済みます。

通常のCSSに比べてシンプルになるので、ソースコードの肥大化を抑制でき、保守性も高くなります。おもなCSSメタ言語には「Less」 **03** 、「Sass」 **04** 、「Stylus」 **05** などがあります。

サンプルテーマでの利用

本書のサンプルテーマでは、「assets」フォルダにおいてSassを利用しています。「assets」フォルダの構成は **06** のとおりです。直下にある「config.rb」は「Compass」（Sassを利用するときによく併用されるフレームワーク **07** ）の設定ファイルで、『Sassファイルを「sass」フォルダに配置し、コンパイル後に生成したCSSファイルを「css」フォルダに配置する』という設定が記述されています。

また、 **08** のように出力形式も設定されており、これによりコンパイル後のファイルは改行やコメントが取り除かれた、いわゆるミニファイドされた状態になります。

サンプルでは「scss」フォルダ内のstyle.scssに **09** の記述を行うことで、Sassを利用してファイルを統合しています。SCSS（Sassy CSS）はSass 3.0からサポートされたSassの記法です。CSSに近い記述でSassの機能を利用することができます **10** 。

なお、assetsフォルダにあるCSSの内容は標準のテー

```
table.hl {
  margin: 2em 0;
}
table.hl td.ln {
  text-align: right;
}
```

01 CSSのコード

```
table.hl
  margin: 2em 0
  td.ln
    text-align: right
```

02 Sassのコード
階層化によってセレクタの記述がシンプルになっている

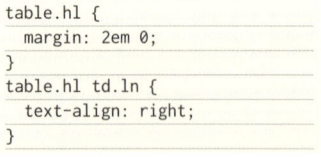

03 http://lesscss.org

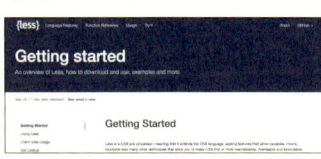

04 http://sass-lang.com

05 http://learnboost.github.io/stylus/

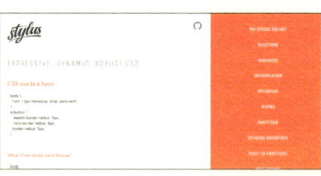

06 「assets」フォルダのファイル構造

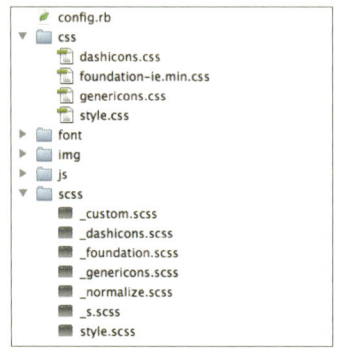

07 http://compass-style.org

```
output_style = :compressed
```

08 config.rbにおける記述

```
@import "normalize";
@import "foundation";
@import "s";
```

09 ファイルを統合する記述
サンプルでは「normalize」「foundation」「s」の3ファイルを統合

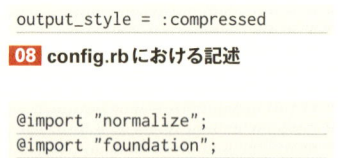

10 Sassとscssの記述比較
Sassのホームページには、SassとSCSSの記述を比較したサンプルが記載されている

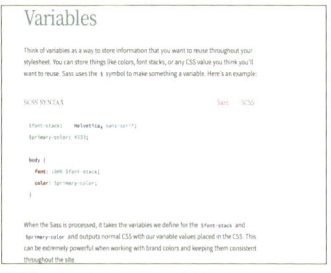

マスタイルシートである「style.css」に記載していますが、サンプルテーマの参考用として残してあります。また、サンプルテーマで使用しているCSSフレームワークのFondationもSassを採用しています。

CSSメタ言語の利用方法

前述のとおり、CSSメタ言語は通常のCSSと違い、そのままではブラウザでは読み込めません。CSSメタ言語で記述したファイルをコンパイルしてCSSファイルを生成する必要があります。CSSメタ言語の利用環境は、コンソールから関連ソフトをインストールして環境構築を行うケースと、専用のソフトウェアを利用するケースがあります。

とうぜん後者のほうがわかりやすいので、通常は専用ソフトウェアを利用します。専用のソフトには「scout」「koala」「Codekit」などがありますが、ここでは「Prepros」11 をご紹介します。

「Prepros」は無料でありながら非常に高機能なコンパイラで、ほとんどのメタ言語に対応しています。また、WindowsとMac両方で利用することができます。

まず、「Prepros」のWebサイトからダウンロードしてインストールします。表示された画面にプロジェクトをフォルダごとドラッグ＆ドロップしますが 12 、ここではサンプルテーマのフォルダを登録してみましょう。

プロジェクト内に対応した言語のファイルがあれば表示されます 13 。ファイルをクリックすると右に対応する言語ファイルが表示されます。また、ファイル名の下でアウトプットするフォルダを指定可能です。これでファイルを更新すれば自動的にファイルを生成してくれます 14 。

本書はCSSメタ言語の専門書ではないため簡単な紹介のみにとどめましたが、CSSメタ言語はすでにWeb制作の現場ではスタンダードな技術となりつつあります。使いはじめようとしても、ソフトのインストールや設定などの敷居が高いように思えるかもしれません。ですが、一度導入すれば元には戻れないほど便利な技術です。

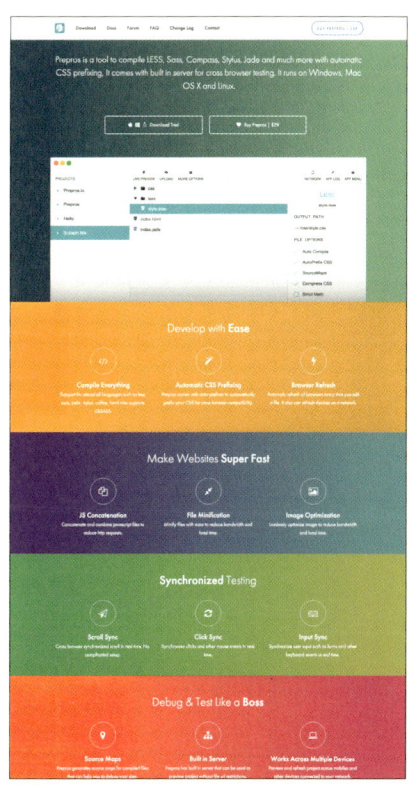

11 http://alphapixels.com/prepros/

12 プロジェクトのフォルダを登録

13 テーマフォルダを登録

14 コンパイル成功の表示

WordPressのバックアップ

ツールのエクスポート＆インポートだけでは不十分

　WordPressでサイトを構築する場合には、いざという時に備えてバックアップを取っておく必要があります。しかし、WordPressの機能にあるエクスポート、インポートではコンテンツのバックアップしかとれません。

　すべてをバックアップするためには、データベースとファイル群という大きく分けると2つのバックアップが必要です。

データベースのバックアップ

　データベースをバックアップするためには、phpMyAdminというサーバのデータベースをブラウザから操作できるソフトウェアを利用するのがよいでしょう。ほとんどのレンタルホスティングサービスは、サーバの管理パネル内に「データベース管理」と言った名前でphpMyAdminへのリンクがあるはずです。なお、詳しくは利用されているホスティングサーバのサポートなどをご確認下さい。

　phpMyAdminを利用してデータベースを操作するためには、データベースのユーザネーム、パスワード、ホスト、データベース名などの情報が必要となります **01** 。これはWordPressをインストールした時に利用したものと同じです。もし不明な場合は、WordPressがインストールされているディレクトリ内にあるwp-config.phpのなかに、それらの情報が記載されています。

　ログインすると、左カラムにデータベース名の一覧が表示されるので、ここで利用しているデータベース名をクリックします **02** 。

　つづいて右カラムの上部のメニューからエクスポートを選択します。

　データベースのtableがすべて選択された状態になっているのを確認して実行します **03** 。ローカルにデータベースがダウンロードされます。必要に応じてzip形式などを選択してください。

ファイル群のバックアップ

　WordPressのコアファイルについては常に最新版を公式サイトからダウンロードすることが可能なので、コアファイルについてバックアップを行う必要はないでしょう。バックアップすべきは利用しているテーマファイル、及びプラグインファイル、そして、投稿などでアップロードされたメディアファイルとなりますので、wp-contentフォルダ以下をまるごとダウンロードします。

　以上で、データベースとファイル群がバックアップできました。バックアップは更新の頻度などに応じて適切なタイミングで繰り返し取得する必要があります。自動化を行いたい場合は、例えばVault Press **04** といった有料のWordPress専用バックアップサービスを利用することも検討しましょう。

バックアップからの復元

　復元する際は、バックアップしているwp-content以下のファイルを全てアップロードします。その後、データベースのバックアップにも利用したphpMyAdminを利用し、今度はインポートのタブを選んで、バックアップしているデータベースをアップロードします **05** 。以上でバックアップを元にサイトを復元することが可能です。

01 phpMyAdminにログイン

02 利用しているデータベースを選択してエクスポート

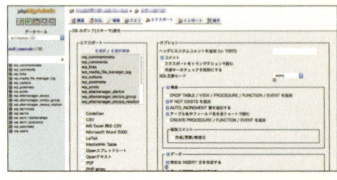
03 データベースのバックアップを実行

04 VaultPress - WordPress Backup and Security 実行
https://vaultpress.com/

05 データベースのインポート

Part 2
WordPress サイトの基本構築

ループでデータベースのコンテンツを表示する
メインナビゲーションを設定する
メイン画像（カスタムヘッダー）を設定する
パンくずリストとページナビを表示する
サイドバーにウィジェットを設定する
サブナビゲーションを設定する
年ごとに表示が変わるcopyrightを設定する
サイトマップを表示させる
検索機能を導入する
404ページの設置
記事にアイキャッチを設定する
コメント欄の設置とコメント機能の停止
お問い合わせフォームを作成する
アクセスページにグーグルマップを使う
カスタムフィールドを応用した商品メニューの作成
カスタム投稿タイプによるスタッフ紹介ページの登録

001

Part 2
WordPress
サイトの基本構築

ループでデータベースの コンテンツを表示する

WordPressで投稿などのコンテンツを表示する方法をおさらいします。通常はURLより決定されるメインクエリで抽出する情報が表示されます。一方、メインクエリで抽出したものとは別の情報を表示する場合は、新たにサブクエリを作成することになります。

使用技術

制作のポイント

- ●URLにより決定される記事の抽出条件がメインクエリ
- ●whileのループで1件ずつコンテンツを表示
- ●メインクエリで抽出された記事のループがメインループ
- ●メインクエリ以外の情報はサブクエリで抽出

使用するテンプレート&プラグイン

- ●front-page.php
- ●content.php

メインクエリによる表示

サブクエリによる表示

044

▶メインループでコンテンツを表示する

1 WordPressでデータベース上のコンテンツを表示する際は、まず、「メインクエリ」と「メインループ」について理解しておく必要があります。WordPressではアクセスされたURLによって表示条件を決定し、データベースから条件に合致する記事を抽出して内容を表示します **1-1**。このURLによって決定される条件をメインクエリといいます。おもなURLとメインクエリの関係は **1-2** のとおりです。抽出された記事をループ（繰り返し）処理させることで、1件ずつ表示していきますが、特にメインクエリで抽出された記事のループをメインループと言います。

代表的なループの記述例が **1-3** です。1行目のhave_posts()は「次の投稿が存在するかどうか」を調べてtrue／falseで返す条件分岐タグで、存在する場合はthe_post()で記事情報に関する変数設定を行い、ループ内で使用できるテンプレートタグが利用できるようにします。次にthe_title()で読み込んだ記事のタイトル部分を表示します。while〜endwhileは次の記事がある間（have_posts()がtrueの間）はこの処理を繰り返す、というループの書き方になります。

このループをトップページ用のテンプレートに書けば、すべての投稿のタイトルが表示され、シングルページ（個別記事）用のテンプレートなら該当記事のタイトルが表示されるという仕組みです。

the_titleはタイトルを表示させるテンプレートタグですが、このほかにも **1-4** のようなものがあります。

```
http://www.○○○.co.jp/?cat=1
```

1-1 赤字の部分が表示内容のリクエストとなる（パーマリンク設定がデフォルトの場合）

URL	メインクエリで表示される内容
TOP (/)	すべての投稿より公開日の新しい順に表示件数分を抽出（表示件数は [設定 > 表示設定 > 1ページに表示する最大投稿数]）
アーカイブ (/?cat=1)	アーカイブ(/?cat=1) IDが1のカテゴリーに属する投稿より、公開日の新しい順に表示件数分を抽出（表示件数は [設定 > 表示設定 > 1ページに表示する最大投稿数]）
シングル (/?p=35)	記事IDが35の投稿の情報を抽出

1-2 URLとメインクエリ関係

```php
<?php while ( have_posts() ) : the_post(); ?>    //ループを始める
    <?php the_title(); ?>    //表示内容の指定(ここではタイトル)
<?php endwhile; ?>    //ループを終える
```

1-3 ループの記述例

タグ	内容
the_title()	投稿のタイトル
the_time()	投稿の公開日時
the_category()	属するカテゴリ
the_permalink()	投稿のパーマリンク
the_excerpt()	投稿の抜粋
the_post_thumbnail()	投稿のアイキャッチ
the_content()	投稿の本文

1-4 使用できるタグの例

2 本書のサンプルでは、カテゴリーのアーカイブページ（記事一覧ページ）などではループ内の処理は「content.php」というファイルを別に作成してそれを読み込む形にしています **2-1** **2-2**。これは「_s」(P32) の構造を踏襲した構築方法ですが、ループ内の定型的な処理の記述を一箇所にまとめられるため、メンテナンスが楽になります。content.phpが表示を担当している箇所は **2-3** の部分です。

もちろん、content.phpを使わず、それぞれのテンプレートに直接ループ内の処理を記述してもかまいません。

> **MEMO**
> get_template_part()はあるテンプレート内で別のテンプレートを呼び出す命令です。header.php は get_header()、footer.php は get_footer() で呼び出せますが、任意のテンプレートを呼び出す場合はこの命令を使います。実際のサンプル中では「get_template_part('content', 投稿タイプ);」で呼び出している箇所がありますが、これは「content-投稿タイプ名.php」のテンプレートを呼び出す命令となります。

```php
<?php while ( have_posts() ) : the_post(); ?>
    <?php
    get_template_part( 'content' );
    ?>
<?php endwhile; ?>
```

2-1 サンプルにおけるループの記述例

> **TIPS** copntent.phpで繰り返し表示する数は、[設定＞表示設定＞1ページに表示する最大投稿数] で設定できます。

```
<article id="post-<?php the_ID(); ?>" <?php post_class(''); ?>>
(中略)
        <header class="entry-header">
            <h3 class="entry-title"><a href="<?php the_permalink(); ?>"
            title="<?php echo esc_attr( sprintf( __( 'Permalink to %s', '_s' ),
            the_title_attribute( 'echo=0' ) ) ); ?>" rel="bookmark"><?php
            the_title(); ?></a></h3>
(中略)
        </header><!-- .entry-header -->
(中略)
        <div class="entry-content">
            <?php the_excerpt(); ?>
        </div><!-- .entry-content -->
(中略)
        <footer class="entry-meta">
(中略)
        </footer><!-- .entry-meta -->
        </div>
    </div>
</article><!-- #post-## -->
```

2-2 content.phpに記述されたループ内の処理（抜粋）

2-3 content.phpが表示する部分

▶サブクエリでコンテンツを表示させる

3 サイトを制作していると、メインループとは別に最新記事や関連記事といった異なる情報を表示したい場合がでてきます。そのような時は、サブクエリを用いてメインクエリとは異なる条件で記事の抽出を行って表示することが可能です。また、サブクエリにより抽出された記事のループ処理はサブループと呼ばれます。

サブクエリを利用するには、テンプレートタグのquery_posts()、get_posts()、WP_Queryクラスを使う3通りの方法があります。いずれの方法でも、パラメーターにサブクエリの抽出条件を指定することで、条件に合致する記事を取得できます。

サブクエリを使う場合、サブループ以降で条件分岐やテンプレートタグの結果が変わってしまうため、必ずメインループへのリセットを行って不具合の起きないようにしましょう。

作成タグ	リセットタグ
query_posts	wp_reset_query
get_posts	wp_reset_postdata
WP_Query	wp_reset_postdata

3-1 サブクエリの作成タグとリセットタグ

```
<?php query_posts( 'posts_per_page=4' ); ?>   //サブクエリを制作　4件を表示
<?php if ( have_posts() ) : while ( have_posts() ) : the_
post(); ?>   //投稿の有無を確認してループを開始
<div class="large-3 small-12 columns">
  <a href="<?php the_permalink(); ?>">
    <div class="newspost">
      <div class="row">
        <div class="large-12 small-3 columns">
          <div class="thumbnail">
            <?php if ( has_post_thumbnail() ) : ?>
              <?php the_post_thumbnail( 'top-thumb', array( 'class' =>
              'thumbnail' ) ); ?>
            <?php else : ?>
              <img src="<?php echo get_template_directory_uri(); ?>/assets/
              img/no_image.gif" alt="" title="" />
            <?php endif; ?>
          </div>
        </div>

        <div class="large-12 small-9 columns">
          <div class="news-meta">
            <div class="date">
              <div class="genericon genericon-time"></div>
              <?php the_time( 'Y/m/d' ); ?>
            </div>
            <p>
              <?php echo mb_substr( get_the_title(), 0, 40 ); ?>
            </p>
          </div>
        </div>
      </div>
    </div>
  </a>
</div>
<?php endwhile; endif; ?>   //ループを終了
<?php wp_reset_query(); ?>   //サブクエリのリセット
```

3-2 サンプルテーマのサブクエリ記述 [front-page.php]

メインループへのリセットには、wp_reset_query()かwp_reset_postdata()を使います。サブクエリの方法によって、どちらを使うか変わりますので間違えないようにしてください 3-1 。

なお、本書のサンプルテーマではfront-page.phpの「最新のお知らせ」において、query_postsを利用し、サブクエリを用いた情報表示を行っています 3-2 3-3 。

サブクエリで抽出条件に指定できるパラメーターには、さまざまなものがあります。またパラメーターの指定方法にも、複数のパラメーターを&記号を用いて連結させる方法と、配列で指定する方法の2種類があります。たとえばカテゴリーID3かつ2004年の記事を取得する場合の記述は、それぞれ 3-4 と 3-5 になります。なお、パラメーターの中には配列でしか指定できないものもあります 3-6 。

3-3 サンプルテーマにおけるサブクエリ表示例

```
query_posts( 'cat=3&year=2004' );
```

3-4 アンド記号 (&) を使って複数のパラメーターを指定

```
query_posts( array(
    'cat' => 3,
    'year' => 2004
) );
```

3-5 配列を用いて複数のパラメーターを指定

```
$tags = get_the_tags();
$post_tags = array();
if ( $tags ) {
    foreach ( $tags as $post_tag ) {
        $post_tags[] = $post_tag->term_id;
    }
} else {
    $post_tags[] = 0;
}
query_posts( array(
    'posts_per_page' => 3,
    'tag__in' => $post_tags
) );
```

3-6 配列を用いて、投稿と同じタグが付けられている投稿を最大3件取得
tag__inのパラメーターは配列中でしか指定できない

まとめ

WordPressでデータベースからコンテンツを抽出して表示するときは、「どのような情報を、どのような形で表示するか」という指示をWordPressに対して行う必要があります。URLで指定された情報はメインクエリのループで、それ以外の情報はサブクエリのループで表示させるという形が基本です。データベースから抽出しない情報については、ループは使わず、テンプレートファイルに直接書き込んで表示させます。メインクエリとサブクエリの違い、ループで表示させる情報とそれ以外の情報の区別がきちんとつくようにしておきましょう。

002 メインナビゲーションを設定する

Part 2 WordPressサイトの基本構築

サイトのメインナビゲーションはカスタムメニュー機能を使用して表示します。カスタムメニューでは、ドロップダウン対応や二段の表示など、自由度の高いメニューを作成することが可能です。

使用技術
PHP　CSS　プラグイン

制作のポイント
- カスタムメニューの登録と作成
- デバイスに合わせて表示を変更
- CSSで表示をカスタマイズ

使用するテンプレート＆プラグイン
- functions.php
- header.php

▶カスタムメニューを利用可能にする

1 サンプルテーマでは、カスタムメニューをひとつ使用しています **1-1**。実際にどのように作成しているかについて見ていきましょう。まず、functions.phpに **1-2** のregister_nav_menusを記述してカスタムメニュー機能を有効にします。次にメニューを表示したい場所に **1-3** のwp_nav_menu()を記述します。ここではメインナビゲーションに使用するので、header.phpに記述しました。

1-1 サンプルのメインナビゲーション

```
register_nav_menus( array(
    'primary' => __( 'メインメニュー', 'wp-dcafe' ),
) );
```

1-2 カスタムメニュー「Primary Menu」を有効化 [functions.php]

```
<nav id="site-navigation" class="navigation-main" role="navigation">
<!--スマートフォンメニュー用のアイコン-->
<h1 class="menu-toggle text-right"><div class="genericon genericon-menu"></div></h1>
<div class="row">
    <div class="large-12 columns">
        <?php wp_nav_menu( array( 'theme_location' => 'primary' ) ); ?>
    </div>
</div>
</nav>
```

1-3 メニューを挿入したい箇所に記述 [header.php]

> **MEMO**
> `<div class="row">`、`<div class="large-12 columns">` は、Foundationを利用したグリッドレイアウト用の指定です。詳しくはP36を参照してください。

> **TIPS** register_nav_menus の登録名「primary」は、wp_nav_menu の theme_locationに=>で代入する名前と揃えます。「メインメニュー」は次に説明する「テーマの位置」のラベルとなります。

▶カスタムメニューを作成する

2 続いてカスタムメニューの内容を作成します。管理画面の［外観＞メニュー］で「メニューを編集」を表示します。メニューを新規作成して名前をつけましょう。サンプルテーマでは「メニュー1」としています。

ナビゲーションに項目を追加するときは、固定ページの場合は「固定ページ」のボックスで「すべてを表示」タブを開き、ナビゲーションに追加したい項目にチェックを入れ、「メニューに追加」ボタンをクリックします **2-1**。カテゴリーの場合は「カテゴリー」のボックスで同様に操作します。それ以外のページの場合は「カスタムリンク」のボックスを開き、URLを直接入力して、ナビゲーションラベル（リンクテキスト）を設定して「メニューに追加」をクリックします **2-2**。サンプルテーマではカスタム投稿タイプの「Staff」と「Food」などのサブメニューに「カスタムリンク」を利用しています。

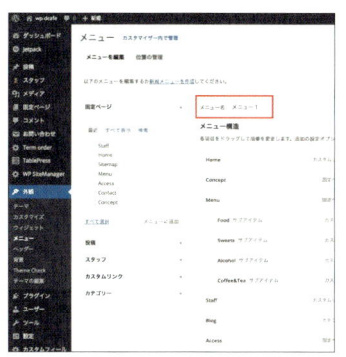

2-1 固定ページを追加

2-2 カスタム投稿タイプ「Staff」を追加

3 各メニュー項目を上下に移動することで、ナビゲーション上での表示順序を入れ替えられます。また右に移動すると、上の項目の下階層のサブメニューとなります **3-1**。これらの設定が終わったら、「位置の管理」タブを開き、作成したメニューを選択すればメニューの作成は終了です **3-2**。

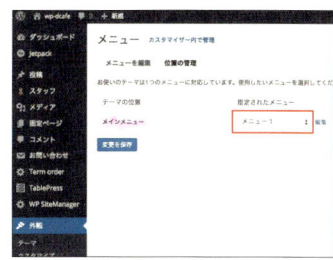

3-1 「メニュー1」というメニューを作成し保存

3-2 表示するメニューを指定

4 サンプルテーマではCSSとJavaScriptを利用して、スマートフォンで見たときにメニューを折りたたむようにしています。まず、カスタムメニュー機能で出力されるHTMLを確認してみましょう。**4-1** のように、ul要素とli要素でマークアップされ、たくさんのクラスが付加されています。また、サブメニューの項目ではul要素が入れ子になっています **4-2**。さらに前掲の **1-3** で記述したwp_nav_menuに付加しているnav要素などのクラスも利用してスタイリングを行います。

```
<div class="menu-%e3%83%a1%e3%83%8b%e3%83%a5%e3%83%bc-1-container">
<ul id="menu-%e3%83%a1%e3%83%8b%e3%83%a5%e3%83%bc-1" class="menu">
<li id="menu-item-2155" class="menu-item menu-item-type-custom
menuitem-object-custom current-menu-item current_page_item menu-item-
2155"><a href="/">Home</a></li>
```

4-1 メニュー項目のHTML（Homeの項目）

```
<ul class="sub-menu">
    <li id="menu-item-2158" class="menu-item menu-item-type-custom
    menu-item-object-custom menu-item-2158"><a href="/menu/#food">
    Food</a></li>
```

4-2 メニュー項目のHTML（サブメニューの項目）

▶スマートフォンにも対応したドロップダウンメニューの作成

5 まず、おもにPCで見た際の状態をCSSで指定します **5-1** 。ここでは背景色の指定やサブメニューのドロップダウン化などを行っています **5-2** 。

次にメディアクエリを利用して、スマートフォンでの閲覧時（幅1024px以下）の指定を行います **5-3** 。これでスマートフォンで見たときはメニューが折りたたまれるようになります **5-4** 。

```css
/*PCやタブレットの画面(幅1024px以上)表示*/
#site-navigation {
  -webkit-box-shadow: 0 1px 3px 0 rgba(0, 0, 0, 0.4);
  box-shadow: 0 1px 3px 0 rgba(0, 0, 0, 0.4);
  position: relative;
  z-index: 1;
  background-color: #d05252;
}

/* =Menu
-------------------------------------------------- */
.navigation-main {
  clear: both;
  display: block;
  float: left;
  width: 100%;
}

.navigation-main ul {
  list-style: none;
  margin: 0;
  padding-left: 0;
}

.navigation-main li {
  float: left;
  position: relative;
}

.navigation-main a {
  display: block;
  text-decoration: none;
  padding: 10px 27px;
  color: #fff;
}/* メインメニューリンク部分の指定 */

.navigation-main ul ul {
  box-shadow: 0 3px 3px rgba(0, 0, 0, 0.2);
  display: none;
  float: left;
  position: absolute;
  top: 2.8em;
  left: 0;
  z-index: 99999;
}/* メインメニューサブメニュー指定 */

.navigation-main ul ul ul {
  left: 100%;
  top: 0;
}/* メインメニューサブサブメニュー指定 */

.navigation-main ul ul a {
  width: 200px;
  color: #fff;
}/* メインメニューサブメニュー指定 */

.navigation-main ul ul a:hover {
  background-color: #484848;
}

.navigation-main ul ul li {
  background-color: #484848;
}/* メインメニューサブメニューのマウスオーバーの背景指定 */

.navigation-main li:hover > a {
  background-color: #484848;
}/* メインメニューのマウスオーバーの背景色 */

.navigation-main ul ul :hover > a {
  background-color: #484848;
}

.navigation-main ul ul a:hover {
  background-color: #636363;
}

.navigation-main ul li:hover > ul {
  display: block;
}

/* Small menu */
.menu-toggle {
  display: none;
  cursor: pointer;
  margin: 0 20px 0 0;
  padding: 10px 0;
}

.menu-toggle .genericon-menu {
  margin-top: 5px;
  font-size: 0.725em;
}/* 閉じたメニューのアイコンフォントサイズ指定 */
```

5-1 PC向けの表示用CSS［style.css］

5-2 PC用CSSを適用した状態の表示

```css
@media screen and (max-width: 1024px) {
.menu-toggle,
.main-small-navigation ul.nav-menu.toggled-on {
  display: block;
  margin: 0;
  padding-right: 20px;
}
.menu-toggle a,
.main-small-navigation ul.nav-menu.toggled-on a {
  padding: 5px;
}
.menu-toggle a:hover,
.main-small-navigation ul.nav-menu.toggled-on a:hover
{
  color: #FFF;
}

.navigation-main ul {
  display: none;
}

#site-navigation {
```
5-3 スマートフォン向けの表示用CSS [style.css]

```css
  background-color: #d05252;
}/* クリックで開閉するメニューの背景指定 */
#site-navigation .genericon menu {
  color: #FFF;
}/* クリックで開閉するメニューのフォントアイコン色指定 */
}
```

5-4 スマートフォン用CSSを適用した状態の表示

MEMO

「.genericon-menu」はメニューが折りたたまれていることを示すバーガーボタンで、Webフォント「Genericon」を利用しています。詳しくはP192をご覧ください。

6 このカスタムメニューでは、JavaScriptを利用してタップで開閉する機能を実装しています。ここでは「navigation.js」という今回のサンプルのベースとなっているスターターテーマ「_s」(→P32)に同梱されているJavaScriptファイルを読み込みました **6-1**。

このスクリプトはタップした際に「navigation-main」クラスと「main-small-navigation」を切り替えてくれます。前掲のスマートフォン用のCSS(**5-3**)で「.navigation-main-ul」を「display:none」に、「.mainsmall-navigation」を「display:block」に指定することで、メニューの表示／非表示を切り替えています **6-2**。

```
wp_enqueue_script( '_s-navigation',
get_template_directory_uri() . '/js/
navigation.js', array(), '20120206',
true );
```
6-1 JavaScriptの読み込み [functions.php]

MEMO

「navigation.js」では、id名がsite-navigationとなっているブロック内のh1要素をボタン、ul要素をメニューと認識します。前掲 **1-3** のコードをひな形とするとよいでしょう。

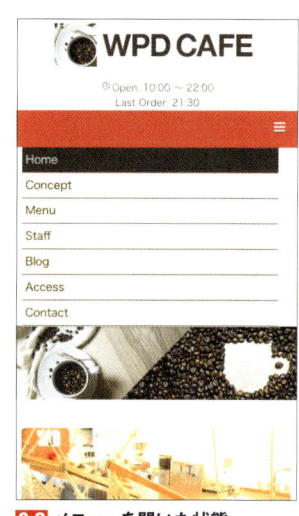

6-2 メニューを開いた状態

COLUMN

外部スクリプトの読み込み

WordPressで外部スクリプトやスタイルシートを読み込むときはheader.phpに直接link要素やscript要素を記述する場合もありますが、本書のサンプルテーマでは基本的にfunctions.phpにwp_enque_script()(JS)、wp_enqueue_style()(CSS)を記述して、WordPressの出力用のキューに登録する手法をとっています。header.phpにwp_head()を、footer.phpにwp_foot()を記述すれば、WordPressがscript要素やlink要素を自動的に適切な形で出力してくれます。バージョンやスクリプトの依存関係に対応したり、同じスクリプトの重複を回避することもできます。wp_enqueue_script()は **01**、wp_enqueue_style()は **02** のように書きます。ぜひ覚えておきましょう。

```
wp_enqueue_script( ファイルハンドル, ファイルのURL, 依存する
スクリプト, バージョン, bodyの最後で読み込むかどうか )
```
01 wp_enqueue_script()の書き方 [functions.php]

```
wp_enqueue_style( ファイルハンドル, ファイルのURL, 依存する
スタイル, バージョン, メディア );
```
02 wp_enqueue_style()の書き方 [functions.php]

7 カスタムメニューに付加されるクラスについてもまとめておきましょう。付加されるおもなクラスは **7-1** のとおりです。現在位置の背景色を変更する場合は、**7-2** のように「current-menu-item」にCSSを適用します **7-3** 。

.menu-item	すべてのメニュー項目に付加
.current-menu-item	現在表示されている項目に付加
.current-menu-parent	現在表示されている項目の親階層の項目に付加
.current-menu-ancestor	現在表示されている項目の祖先階層の項目に付加
.menu-item-home	フロントページの項目に付加

7-1 カスタムメニューに付加されるおもなクラス

```
.site-header .current-menu-item {
background-color: #55577b;
}
```

7-2 メニューの背景色を変更するCSS

MEMO
このほかにも、いろいろなクラスが付加されます。詳細についてはWordPress Codexで確認しましょう（http://codex.wordpress.org/Function_Reference/wp_nav_menu）。

7-3 メニューの現在地の色が変わる

▶カスタムメニューの説明機能を利用して二段表示する

8 タイトルの下に説明となる言葉を表示させることもできます。これを表示するにはfunctions.phpに **8-1** を記述します。次に、[外観＞メニュー]で右上にある表示オプションをクリックします **8-2** 。開いた画面で **8-3** のように「説明」にチェックを入れ、カスタムメニューの説明部分を有効化します。

```
add_filter('walker_nav_menu_start_el', 'description_in_nav_
menu', 10, 4);
function description_in_nav_menu($item_output, $item){
    return preg_replace('/(<a.*?>[^<]*?)</', '$1' . "<br
/><span>{$item->description}</span><", $item_output);
}
```

8-1 説明をメニューに表示するコード[functions.php]

8-2 右上の「表示オプション」をクリック

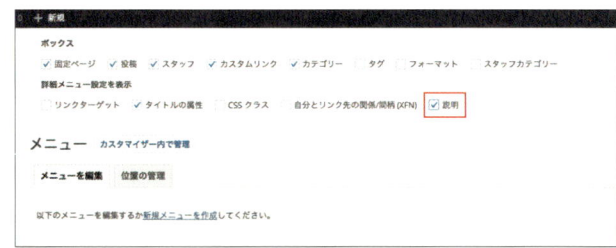

8-3 詳細メニュー設定を表示の「説明」をチェック

9 続いて、説明にテキストを記述していきます。今回はメインの表示が英語なので、日本語で記入することにします 9-1 。これで 9-2 のようにメニューが二段で表示されるようになります。

9-1 「説明」に日本語の項目名を入力

9-2 上に英語、下に日本語と二段で表示される

10 文字の大きさが同じだとメリハリがないので 10-1 の CSS を追記します。すると 10-2 のように表示されます。

```
.navigation-main a span {
    font-size: 60%;
}
```

10-1 説明用の文字を小さくして着色

MEMO

functions.phpに追記したコードは「英文の項目名
日本語の項目名」というHTMLを出力するため、spanで日本語の項目名のスタイリングを行えます。

10-2 表示結果

まとめ

カスタムメニューは非常に便利な機能です。管理画面でメニューを追加したり、並び替えたりできるため、急な変更などにも臨機応変に対応可能です。

ここでは触れていませんがメインナビゲーションのみでなく、サイドバーのナビゲーションやフッターのナビゲーションなどにも使用できます。フッターにカスタムメニューを3カラム分（3つ）配置してサイトマップ的に見せるなどしてもおもしろいでしょう。

カスタマイズをすれば凝ったデザインも可能になるため、積極的に利用したい機能です。

003 メイン画像（カスタムヘッダー）を設定する

Part 2
WordPress
サイトの基本構築

WordPressでは管理画面から特定の画像と特定のテキストカラーを変更できる「カスタムヘッダー」という機能を追加することができます。サンプルテーマでは特定の画像を変更する機能を利用しています。その部分を見ていきましょう。

管理画面から
ヘッダー画像を変更

使用技術

PHP　　CSS　　プラグイン

制作のポイント

- カスタムヘッダーを利用可能にする
- カスタムヘッダーをテーマ（トップページのみ）に表示させる
- カスタムヘッダーを登録する

使用するテンプレート＆プラグイン

- functions.php
- header.php
- custom-header.php

▶カスタムヘッダーを利用できるようにする

1 今回のサンプルテーマも含め、ほとんどのテーマはカスタムヘッダーが利用できます。もし利用できないテーマの場合は、functions.phpに **1-1** を記述してカスタムヘッダーを有効化しましょう。すると、管理画面の［外観＞ヘッダー］の項目が追加されます **1-2** 。

なお、今回のサンプルテーマではfunctions.phpに **1-3** を記述して/inc/custom-header.phpを読み込み、そのcustom-header.php内に **1-4** と記述することで管理画面にヘッダーの項目を追加しています。

```
add_theme_support( 'custom-header' );
```
1-1 functions.phpに記述

```
/**
 * Implement the Custom Header feature
 */
require( get_template_directory() . '/inc/custom-header.php' );
```
1-3 custom-header.phpの読み込み

```
add_theme_support( 'custom-header', $args );
```
1-4 ヘッダー項目を表示

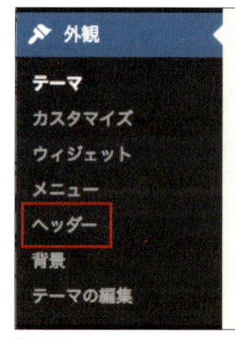

1-2 管理画面の外観メニューに「ヘッダー」が追加

MEMO

custom-header.phpを利用する方法は、サンプルのスターターテーマである「_s」の仕様です。functions.phpではなく別のテンプレートに分割することで、管理・修正を行いやすくしています。

2 このままでは、ただメニューを有効化しているだけなので、サンプルテーマを参考に詳細設定のコードを確認してみましょう 2-1 。通常、カスタムヘッダーのコードはfunctions.phpに記述しますが、前述のように今回のサンプルでは、functions.php から /inc/custom-header.phpを読み出しています。

なお、サンプルテーマには記載されていませんが 2-2 のような指定も可能です。

これらの設定を行うと、管理画面の[外観＞ヘッダー]で、header画像の管理画面が表示されます 2-3 。

```
function _s_custom_header_setup() {    //カスタムヘッダーサポートを追加
    $args = array(
        'default-image'          => '%s/assets/img/main.jpg',   //初期設定画像へのパス
        'default-text-color'     => '000',           //指定したテキストのカラー初期設定
        'width'                  => 1600,            //通常幅
        'height'                 => 400,             //通常高さ
        'flex-height'            => true,            //フレックス(可変)高さの有効化
        'wp-head-callback'       => '_s_header_style',   //デザインに使用するCSSのためのコールバック指定
    );
```

2-1 サンプルテーマで設定されている項目［functions.php（サンプルでは /inc/custom-header.php内）］

```
        'flex-width'       => true,      //可変幅の有効化
        'header-text'      => false,     //ヘッダーテキストの無効化
        'uploads'          => false,     //画像アップロードの無効化
```

2-2 その他の設定

MEMO

default-imageに指定した画像がデフォルトのものとして表示されます。
widthおよび、heightはヘッダー画像のサイズを指定しています。ここで指定したサイズをもとに、管理画面からアップした画像のトリミングも実行されます。

MEMO

funcitons.phpに直接記述する場合は、「$args = array(～);」を記述した直後に（後述するカスタマイズを行わない限り、コールバック指定は不要）、「add_theme_support('custom-header', $args);」と記述する形が一般的です。

2-3 カスタムヘッダーの管理画面

▶カスタムヘッダー画像の表示

3 カスタムヘッダー画像は、表示させたいテンプレート箇所において 3-1 と記述すると表示されます。サンプルテーマにおいては、header.php内に表示用のタグを設定して、トップページのみにカスタムヘッダー画像を表示させています 3-2 。

```
<img src="<?php header_image(); ?>" alt="" />
```

3-1 表示する画像のパスを指定

```
<?php if ( is_home() || is_front_page() ) : ?>
        <div id="main-img">
            <img src="<?php header_image(); ?>" alt="" />
        </div>
<?php endif; ?>
```

3-2 トップページのみに画像を表示［header.php］

トップページ（is_homeもしくはis_foront_pageのどちらからがture）であれば下の行を実行するという条件分岐

4 それでは、実際にカスタムヘッダー画像を登録してみましょう。カスタムヘッダー画像を登録するには、管理画面の[外観>ヘッダー]から設定画面 4-1 を表示させます。「新規画像を追加」で表示するファイルをアップロード(もしくはメディアライブラリから選択)します。画像をアップロードした際、指定しておいたサイズに合わせてトリミングができます。好きな部分を範囲選択し「画像切り抜き」すればそのまま反映されます。

4-1 カスタムヘッダー設定画面

▶カスタムヘッダーにテキストを入れる

5 サンプルテーマでは画像のみを利用しましたが、カスタムヘッダーではさらにサイトタイトルやキャッチフレーズの表示についてもカスタマイズすることが可能です。

ここでは、キャッチフレーズのテキストを画像の上に表示してみます。キャッチフレーズを表示するためのWordPressテンプレートタグは 5-1 です。これをヘッダー画像を表示するためにheader.phpに記述した 3-2 に追加します 5-2 。すると、画像の下にキャッチフレーズの文字を表示できます 5-3 (図はP13のキャッチフレーズを「Hello World!」と設定している場合)。

```
<?php bloginfo( 'description' ); ?>
```

5-1 キャッチフレーズを表示するテンプレートタグ

```
<?php if ( is_home() || is_front_page() ) : ?>
    <div id="main-img">
        <img src="<?php header_image(); ?>" alt="" />
        <h1 class="site-description">
        <?php bloginfo( 'description' ); ?>
        </h1>
    </div>
<?php endif; ?>
```

5-2 h1タグでclassをsite-discriptionとしてマークアップ[header.php]

5-3 キャッチフレーズが表示

6 次に、表示されたキャッチフレーズを画像の中央に重ねるように表示します 6-1 。

この表示を行うために 2-1 のwp-head-callbackに設定されている_s_header_style()（custom-heder.php内に記述）を利用します。

記述自体はCSSの設定なので、style.cssに追記を行ってもよいでしょう。ただし、カスタムヘッダーにはテキストの色を変更できる機能があるので、これを利用できるようにするためにはPHPファイルに 6-2 のような記述を行う必要があります。

_s_header_style()には骨格の部分はすでに記述されているので、6-3 のように書き換えます。これでキャッチフレーズが画像の中央に表示されます。

6-1 キャッチフレーズが画像中央に表示

```
color: #<?php echo get_header_textcolor(); ?>;
```
6-2 テキストカラーの設定

```
if ( ! function_exists( '_s_header_style' ) ) :
function _s_header_style() {
    if ( HEADER_TEXTCOLOR == get_header_textcolor()
    )
        return;
?>
<style type="text/css">
<?php
    // テキストを表示しない場合
    if ( 'blank' == get_header_textcolor()
    ) :
?>
    .site-title,
    .site-description {
        position: absolute !important;
        clip: rect(1px, 1px, 1px, 1px);
    }
<?php
    // 表示する場合
    else :
?>
#main-img{
    position:relative;
}
.site-description {
    color: #<?php echo get_header_textcolor(); ?>;
    position:absolute;
    top:50%;
    left:50%;
    text-align:center;
    transform: translate(-50%,-50%);
}
<?php endif; ?>
</style>
<?php
}
endif; // _s_header_style
```

6-3 **custom-header.phpに記述**
コメントは省略・翻訳している

まとめ

カスタムヘッダーを利用すると、管理画面からメインビジュアルを変更できるようになります。テーマテンプレートを直接編集する必要がないため変更が手軽で、容易にプレビューできるという特長もあります。後半で紹介していくテキストを画像に重ねる手法は使用頻度が高いわけではありませんが、手法の一例として理解しておくとよいでしょう。

004 パンくずリストとページナビを表示する

Part 2
WordPress
サイトの基本構築

現在地を示すことで利用者がどのページを閲覧しているかがわかる「パンくずリスト」と、ブログ記事などの一覧ページをページネーションする「ページナビ」を設置します。ここではプラグインの「WP SiteManager」を利用する手法を紹介しましょう。

使用技術

制作のポイント

- プラグインのインストール
- パンくずリストのコードを記述
- ページナビ用のコードを記述
- CSSによる設定

使用するテンプレート&プラグイン

- footer.php
- WP SiteManager

▶パンくずリストの設置の基本

1 まずプラグインの「WP Site Manager」をインストールして有効化しておきます。

次に、パンくずリスト（パンくずナビ）を設置するためのコード **1-1** を表示したいテンプレートに記載します **1-2** 。出力されるHTMLは **1-3** となります。なお、初期設定ではパンくずはリスト形式で表示されます。

```php
<?php if ( class_exists( 'WP_SiteManager_bread_crumb' ) ) { WP_SiteManager_bread_crumb::bread_crumb(); } ?>
```

1-1 パンくずナビの表示コード例（ここではfooter.phpに記述）

1-2 デフォルトではリスト形式で表示

```html
<ul>
<li><a href="http://xxx.xxx/">トップページ</a></li>
<li>Concept</li>
</ul>
```

1-3 出力されるHTML

MEMO

「WP SiteManager」（http://wordpress.org/plugins/wp-sitemanager/）は非常に多機能なプラグインです。以降の解説でも使用しますので覚えておきましょう。

▶パンくずリストの設定

2 このパンくずナビは、パラメーターによって表示内容やマークアップを自由に変更できます。なお、今回のテーマでは表示形式を **2-1** のようにstringに設定しました。これで出力されるHTMLは **2-2** となります。また、「&」でつなぐと複数パラメーターを設定できます **2-3** 。次ページにパラメーターの一覧を記載するので参考にしてください **2-4** **2-5** 。

```php
<?php if ( class_exists( 'WP_SiteManager_bread_crumb' ) )
{ WP_SiteManager_bread_crumb::bread_crumb( 'type=string' ); } ?>
```

2-1 表示形式をstringに設定

```html
<a href="http://xxx.xxx/">トップページ</a> &gt; <strong>Concept</strong>
```

2-2 出力されたHTML

```php
<?php if ( class_exists( 'WP_SiteManager_bread_crumb' ) )
{ WP_SiteManager_bread_crumb::bread_crumb( 'type=string&home_label=TOP' ); } ?>
```

2-3 タイプをstringにしてトップページの表示を「TOP」に変更

2-4 表示例

COLUMN プラグインのインストール

プラグインを新たにインストールするときは、次のような操作を行います。

管理画面の［プラグイン>新規追加］からプラグイン名（WP SiteManager）を入力して検索します **01** 。検索結果は一般に複数表示されるので、名前をよく確認して、正しいプラグインの「いますぐインストール」のリンクをクリックしてインストールします。

インストール完了画面で「プラグインを有効化」をクリックすると **02** 、インストールされたプラグインが有効になります。

なお、本書で使用する「WP SiteManeger」などのプラグインは、一部をのぞき、ダウンロードデータに同梱されています。

パラメーター	設定	デフォルト
type	stringを指定すると、リストではなく文字列として出力	list
home_label	トップページの表示テキスト	トップページ
search_label	検索結果の表示テキスト	「『%s』の検索結果」（%sが検索文字列）
404_label	404ページの表示テキスト	「404 Not Found」
category_label	カテゴリーの表示テキスト	「%s」（%sがカテゴリー名）
tag_label	タグの表示テキスト	「%s」（%sがタグ名）
taxonomy_label	カスタム分類の表示テキスト	「%s」（%sが分類名）
author_label	作成者の表示テキスト	「%s」（%sが作成者名）
attachment_label	アタッチメントの表示テキスト	「%s」（%sがアタッチメント名）
year_label	年の表示テキスト	「%s年」（%sが年の数字）
month_label	月の表示テキスト	「%s月」（%sが月の数字）
day_label	日の表示テキスト	「%s日」（%sが日の数字）
joint_string	typeでstringを指定した場合の結合文字列	「>」が表示される
navi_element	ラッパー要素名。divまたはnavを選択可能	要素なし
elm_id	ラッパー要素のid名。ラッパー要素がなくタイプがリストの場合は、ulのid名となる	idなし
li_class	タイプがリストの場合のliに付くクラス名	なし
class_prefix	各クラスに付く接頭辞	なし
current_class	表示中のページのパンくずナビに付与されるクラス名	current
indent	タブでのインデント数	0
echo	出力を行うか。0またはfalseの指定でPHPの値としてreturnする	true（出力する）
post_type_label	投稿タイプの表示テキスト	「%s」（%sが投稿タイプ名）

2-5 パンくずリストのパラメーター

▶見た目の調整

3 現状のままでは文字が大きく、ほかの要素との区別がつきにくいため、CSSで文字サイズを調整して背景色を設定します **3-1** **3-2** 。これでパンくずリストの設置が完了しました。

```
.breadcrumb {
  background-color: #efecea;
  color: #222;
  padding-top: 10px;
  margin-top: 20px;
}
.breadcrumb p {
  font-size: 0.75em;
  margin-bottom: 7px;
}
```

3-1 文字サイズと背景色を設定

トップページ > Menu

3-2 表示例

MEMO

サブクエリでページナビ機能を使う場合、ページ数を正しく指定していないことなどが原因でページナビが正しく動作しないことがあります。そのようなときは、サブクエリではなく、「pre_get_posts」でクエリパラメータを指定し、メインクエリを使用するようにしましょう。

▶ページナビの設置

4 「WP SiteManager」には、ブログ記事一覧などを表示する際のページナビ機能もあります。 4-1 のコードを表示したいテンプレートに記述しましょう。出力されるHTMLは 4-2 のようになります。このクラスを利用して 4-3 のようにCSSを設定すればページナビが設置できます 4-4 。

```php
<?php if ( class_exists( 'WP_SiteManager_page_navi' ) ) { WP_SiteManager_page_navi::page_navi(); } ?>
```

4-1 ページナビの表示コード例（ここではarchive.phpに記述）

```html
<ul class="page_navi">
  <li class="current"><span>1</span></li>
  <li class="after delta-1 tail"><a href="http://xxx.xxx/2/">2</a></li>
  <li class="next"><a href="http://xxx.xxx/2/">Next</a></li>
  <li class="last"><a href="http://xxx.xxx/2/">Last</a></li>
  <li class="page_nums"><span>1/2</span></li>
</ul>
```

4-2 出力されるHTMLの例

MEMO
ページナビ機能にも、パンくずリストと同様にたくさんのパラメーターが用意されています。詳細は「WP SiteManager」のWebページ（https://wordpress.org/plugins/wp-sitemanager/）で確認しましょう。

TIPS
ブログ記事などの投稿の場合、一覧ページなどに表示される投稿件数は、管理画面［設定＞表示設定］の「1ページに表示する最大投稿数」で設定します。初期値は10です。

```css
.page_navi {
  text-align: center;
  clear: both;
}
.page_navi li {
  display: inline;
  list-style-type: none;
}
.page_navi li a {
  padding: 7px 10px;
  background-color: #fff;
  color: #5f2f08;
  border: 1px solid #484848;
}
.page_navi li a:hover {
  background-color: #484848;
  color: #fff;
}
.page_navi li.current span {
  padding: 7px 10px;
  background-color: #484848;
  color: #fff;
  border: 1px solid #484848;
}
.page_navi li.page_nums span {
  padding: 7px 10px;
  background-color: #484848;
  color: #fff;
  border: 1px solid #484848;
}
```

4-3 ページナビに適用したCSS

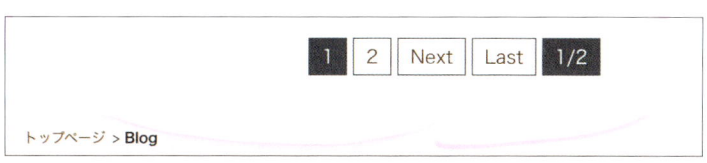

4-4 ページナビの表示例

まとめ

パンくずリストやページナビは企業サイトなどでは当然のように設置されるナビゲーションですが、WordPressに精通していないと自分で実装するのは意外にたいへんです。「WP SiteManager」を利用すると短いコードを書くだけで手軽に設置できますし、オーソドックスなHTMLやテキストが出力されるためCSSのスタイリングも行いやすいというメリットもあります。

005 サイドバーにウィジェットを設定する

Part 2　WordPressサイトの基本構築

WordPressには、サイドバーなどにさまざまな情報を表示するウィジェットという機能が用意されています。ここでは、ウィジェットの設定方法について紹介します。

使用技術
PHP　CSS　プラグイン

制作のポイント
- ウィジェットを登録する
- ウィジェットをテーマに表示させる
- ウィジェットをさらに追加する

使用するテンプレート＆プラグイン
- functions.php
- sidebar.php

▶ウィジェットを有効化

1 通常、ウィジェットは管理画面から簡単に追加することができます。しかし、テーマによってはウィジェット機能を設定していない場合もあります。そのような時はregister_sidebar()関数を使い、functions.phpに **1-1** のように記載します。各パラメーターは **1-2** のようになります。

```php
function add_widgets_init() {
    register_sidebar( array(
        'name'          => 'サイドバー',
        'id'            => 'sidebar-1',
        'description'   => 'サイドバーに表示するウィジェットです。',
        'before_widget' => '<aside id="%1$s" class="widget %2$s">',
        'after_widget'  => '</aside>',
        'before_title'  => '<h4 class="widget-title">',
        'after_title'   => '</h4>',
    ) );
}
add_action( 'widgets_init', 'add_widgets_init' );
```

1-1 ウィジェットエリアを追加する記述［functions.php］

> ⚠ **ATTENTION**
> テーマによっては、ウィジェット機能がサポートされていない場合があります。なお、今回のサンプルはサポートされています。

この状態で管理画面の［外観＞ウィジェット］を確認すると、先ほど追加したウィジェットエリア「サイドバー」が表示されています。また、nameやdescriptionの内容も反映されているのが確認できます **1-3**。これで管理画面からウィジェットを追加できるようになります。

パラメーター	内容
name	管理画面に表示されるウィジェットエリアの名前
id	ウィジェットのid。テンプレートで出力する際に使用
description	ウィジェットエリアの説明を記載
before_widget	ウィジェットの最初に出力（id名の"%1$s"とclass名の"%2$s"の部分は自動で割り振られる）
after_widget	ウィジェットの最後に出力
before_title	ウィジェットタイトルの前に出力
after_title	ウィジェットタイトルの後に出力

1-2 register_sidebar()関数のパラメータ

MEMO
サンプルテーマでは、サイドバー以外にも、フッターに3つのウィジェット（Footer01、Footer02、Footer03）が登録されています（P65参照）。

1-3 管理画面の表示

▶ウィジェットを登録する

2 ウィジェットの有効化が完了すれば、管理画面から簡単にウィジェットを登録したり、入れ替えたりすることができます。先ほど作成したウィジェットエリアである「サイドバー」に、画面左側の「利用できるウィジェット」から、表示させたい項目をドラッグ＆ドロップで設定します **2-1**。

2-1 ドラッグ＆ドロップで追加や入れ替え、削除が可能

MEMO
ウィジェットはドラッグ＆ドロップで設定した時点で即時に反映されます。保存ボタンはありません。

▶ウィジェットをテーマに表示させる

3 ウィジェットを実際に表示させる箇所には、dynamic_sidebar()関数を記述します。表示させたいテーマテンプレート（sidebar.phpなど）に **3-1** のように記述しましょう。dynamic_sidebar()の中には **1-1** の'before_widget'で記述したdivのクラスなどを利用します。CSSでのスタイリングには **1-1** で設定したクラスやdivのクラスを利用します **3-2** 。

```
<div id="secondary" class="widget-area
large-3 columns" role="complementary">
<?php dynamic_sidebar( 'sidebar-1' ); 
?>
</div>
```
3-1 sideber.phpへの記述例

dynamic_sidebar()の中に記載するのは「id」です。「name」の値と混合しないように注意しましょう。

3-2 表示例

4 ウィジェットが登録されていない場合にサイドバーごと表示しないようにします。この場合、is_active_sidebar()関数を使うと、ウィジェットに何も登録されていない場合の条件分岐を行えます。 **4-1** の例では、sidebar-1のウィジェットエリアにウィジェットが登録されている場合のみ、if文の中身が表示されるようになっています。ウィジェットの登録がない場合はdynamic_sidebar()前後の<div id="sidebar">も表示されません **4-2** 。

```
<?php if ( is_active_sidebar( 'sidebar-1' ) ) ; ?>
    <div id="sidebar">
        <?php dynamic_sidebar('sidebar-1' ); ?>
    </div><!-- #sidebar -->
<?php endif; ?>
```
4-1 条件分岐のコードをテーマファイルに記載（sidebar.php）

4-2 表示例（ウィジェットがない場合）

5 ウィジェットが登録されていない場合に特定のソースを表示することもできます。条件分岐を **5-1** のように記述すると、ウィジェットの登録があった場合はsidebar-1ウィジェットを、ウィジェットの登録がない場合は if文の内容を表示します **5-2** 。

なお、サンプルではウィジェットが登録されていない場合は「検索」「アーカイブ」「メタ情報」が表示されるようにsidebar.phpに記述しています。

```
<?php if ( ! dynamic_sidebar( 'sidebar-1' ) ) : ?>
    <p>ウィジェットが未設定の場合に表示されます。</p>
<?php endif; ?>
```
5-1 条件分岐のコードをテーマファイルに記載［sidebar.php］

5-2 表示例

▶ウィジェットをさらに追加・設置する

6 ウィジェットエリアは register_sidebar()関数を複数記載すると、記載した数だけ設定することができます。**6-1**では、サイドバー1つとフッターに3つのウィジェットエリアが設定されます**6-2**。

⚠ ATTENTION
ウィジェットのidが重複すると正しく動作しないので注意が必要です。

MEMO
フッターのウィジェットの場合はfooter.phpに「dynamic_sidebar('footer-○')」を記述します。サンプルテーマでは、[外観>ウィジェット]で表示項目を設定しない場合は、それぞれ「新着ブログ記事」、「サイトマップ」(メインナビゲーション)、「サイト検索」が表示されるように記述されています。

```php
function _s_widgets_init() {
    register_sidebar( array(
        'name'          => 'サイドバー',
        'id'            => 'sidebar-1',
        'before_widget' => '<aside id="%1$s" class="widget %2$s">',
        'after_widget'  => '</aside>',
        'before_title'  => '<h4 class="widget-title">',
        'after_title'   => '</h4>',
    ) );
    register_sidebar( array(
        'name'          => 'フッター 1',
        'id'            => 'footer-1',
        'before_widget' => '<aside id="%1$s" class="widget %2$s">',
        'after_widget'  => '</aside>',
        'before_title'  => '<h4 class="widget-title">',
        'after_title'   => '</h4>',
    ) );
    register_sidebar( array(
        'name'          => 'フッター 2',
        'id'            => 'footer-2',
        'before_widget' => '<aside id="%1$s" class="widget %2$s">',
        'after_widget'  => '</aside>',
        'before_title'  => '<h4 class="widget-title">',
        'after_title'   => '</h4>',
    ) );
    register_sidebar( array(
        'name'          => 'フッター 3',
        'id'            => 'footer-3',
        'before_widget' => '<aside id="%1$s" class="widget %2$s">',
        'after_widget'  => '</aside>',
        'before_title'  => '<h4 class="widget-title">',
        'after_title'   => '</h4>',
    ) );
}
add_action( 'widgets_init', '_s_widgets_init' );
```

6-1 サンプルにおけるコード

6-2 表示例

まとめ

ウィジェットはブロック単位でさまざまな情報を表示できるので便利な機能です。サイドバーに限らず、フッターやトップページ限定で表示するウィジェットなど、目的に応じて効果的に実装しましょう。ただし、ウィジェットはテーマによって実装状況がまちまちなので、ユーザーにとっては戸惑うことが多い機能でもあります。特に不特定多数で運営するサイトの場合、ウィジェットがどこに表示されるのかがわかりやすいようにウィジェット名・説明文に配慮しましょう。

006 サブナビゲーションを設定する

Part 2
WordPress
サイトの基本構築

メインナビゲーションとは別に、サイドバーなどにサブナビゲーションも設置できます。プラグインの「WP SiteManager」を利用すれば、サブナビゲーションを表示するウィジェットが利用できるようになっています。

使用技術
PHP　CSS　プラグイン

制作のポイント
- サイトの階層構造にあわせて表示するサブナビゲーションを設定
- プラグインの適用
- ウィジェットの適用と設定

使用するテンプレート&プラグイン
- Sidebar.php
- WP SiteManager

▶サブナビゲーションの準備

1 ここでは、P58で登場したプラグインの「WP SiteManager」を使用してサブナビを設置します。

インストールして有効化すると［外観>ウィジェット］に「サブナビ」の項目が追加されているので、ウィジェットエリアにドラッグ&ドロップします **1-1**。これだけでサブナビゲーションが表示されるようになります **1-2**。ページの追加や修正があった場合でも、自動的に反映されます。

1-1 「サブナビ」をウィジェットエリアにドラッグ&ドロップ

1-2 サブナビの表示
この表示は後述の「固定ページ」の設定で、「基点ページを表示する」のチェックを外し、タイトルを無記入にしたもの

⚠ ATTENTION
テーマによっては、ウィジェット機能がサポートされていない場合があります。その場合は、P62の手順を参考にウィジェット機能を有効化してください（サンプルテーマではサポートされています）。

▶ サブナビゲーションの設定

2 サブナビゲーションの設定は、ホーム、投稿・カテゴリー・タグ・アーカイブ・作成者、固定ページ、それぞれについて設定可能です。管理画面の[外観>ウィジェット]でウィジェットエリアに移動した「サブナビ」をクリックします **2-1**。

以降は、各入力項目ごとに解説していきます。なお、紙面ではわかりやすくするために、タイトルにそれぞれの項目を入力しています。

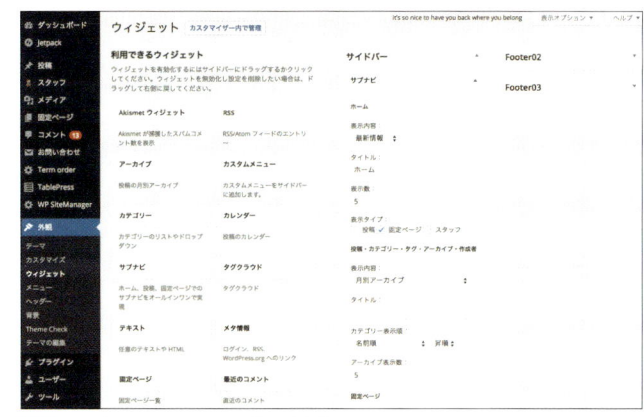

2-1 ウィジェットエリアでサブナビを表示

3 「ホーム」では、ホーム(トップページ)のサブナビに表示する内容を設定します **3-1**。

❶表示内容:「表示しない」「最新情報」「更新情報」のいずれかを選択します。

❷タイトル:表示タイトルを指定できます。入力がない場合は表示内容で選択した内容が自動出力されます。

❸表示数:表示数を設定できます。

❹表示タイプ:掲載する投稿タイプを設定します。

なお、今回のサンプルテーマでは、ホーム(トップページ)にサイドバーが表示されないレイアウトになっています。サブナビも表示されないので設定は不要ですが、ほかのテーマを利用する場合も考慮して解説しています。

たとえば、**3-1** に表示されているように設定し、ホームにサイドバーが設定されているテーマである「Twenty Fourteen」に変更すると **3-2** のように表示されます。

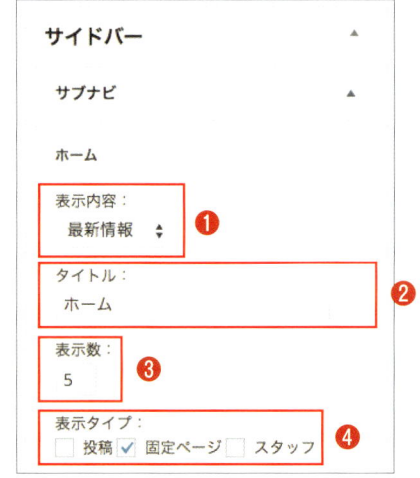

3-1 サブナビの「ホーム」設定

3-2 「Twenty Fourteen」テーマにおける表示
ホームのサイドバーにサブナビが表示される

4 投稿・カテゴリー・タグ・アーカイブ・作成者のページに表示するサブナビの内容を設定します 4-1 。本書のサンプルでは、投稿の「Blogページ」に表示されるサブナビです。

❶表示内容:「表示しない」「すべてのカテゴリー」「最上位カテゴリーの子カテゴリー」「表示中の子カテゴリー」「年別アーカイブ」「月別アーカイブ」のいずれかを選択します。

❷タイトル:表示タイトルを指定できます。入力がない場合は表示内容で選択した内容に応じて自動出力します。

❸カテゴリー表示順:カテゴリーリスト表示を指定している場合、リストの表示順を「名前順」「カテゴリースラッグ順」「投稿数」から指定できます。

❹アーカイブ表示数:アーカイブリスト表示を指定している時のリスト数を指定できます。

たとえば 4-1 に表示されているように設定すると 4-2 のように表示されます。

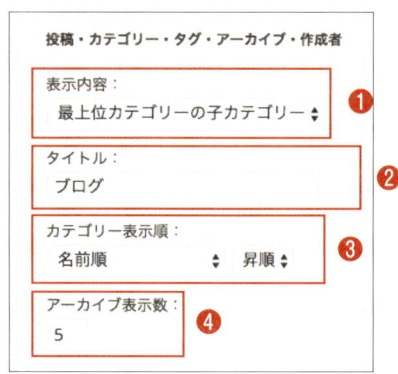

4-1 「投稿・カテゴリー・タグ・アーカイブ・作成者」の設定

MEMO
サンプルテーマではカテゴリーがひとつしか存在せず、機能がわかりづらいことから、ここでは「Blog」カテゴリーを親にした「メニュー紹介」「季節のご挨拶」の2つのカテゴリーを作成して表示させています。

4-2 「カテゴリーアーカイブページ」におけるサブナビの表示

5 固定ページに表示するサブナビの内容も設定できます 5-1 。本書では「Conceptページ」、「Menuページ」「Accessページ」「Contactページ」に表示されるサブナビです。

❶表示内容:「表示しない」「最上位を基点とした下層ページを表示」「最上位を基点、第一、上位、子ページを表示」「現在地を基点とした下層ページを表示」のいずれかを選択します。「最上位を基点、第一、上位、子ページを表示」は現在地のページが階層構造を持っている場合、子ページを表示します。

❷タイトル:表示タイトルを指定します。入力がない場合は基点としたページタイトルが自動出力します。

❸表示階層数:表示する階層数を指定できます。

❹除外ページID:ページIDを入力するとサイドナビから除外できます。,(カンマ)で区切って複数登録することができます。

なお、親ページを除外すると子ページも除外されます。

たとえば 5-1 に表示されているように設定すると 5-2 のように表示されます。

5-1 「固定ページ」の設定

> **MEMO**
> サンプルテーマでは固定ページの親子関係がなく、機能がわかりづらいことから、ここでは「Concept」の固定ページを親にした「History」「Profile」の2つ固定ページを作成して表示させています。

5-2「Conceptページ」おけるサブナビの表示

▶カスタム投稿メニューで表示する

6 本書のサンプルでは、「Staffページ」をカスタム投稿タイプで作成しています。また、「店長」「ホール」「キッチン」という項目をカスタム分類で作成しています。これらの項目は「WP SiteManager」では表示することができません。そこで、sidebar.phpに**6-1**のような記述をして、カスタム分類の項目を表示させます**6-2**。詳細はP114を参照してください。

```
<?php if ( 'staff' == get_post_type()) : ?>
    <aside class="widget">
    <h4 class="widget-title">スタッフカテゴリー</h4>
    <ul>
    <?php wp_list_categories( 'title_li=&taxonomy=staff-cat&orderby=order' ); ?>
    </ul>
    </aside>
<?php endif; ?>
```

6-1 カスタム分類を表示する記述[sidebar.php]

6-2 項目がサイドバーに表示

> **ATTENTION**
> サンプルのカスタム分類は、プラグインの「PS Taxonomy Expander」で表示順を指定しています（P114）。カスタム分類の項目を表示するには、**6-1**の記述をした後、管理画面の[Term order＞スタッフカテゴリー]で「変更を保存」をクリックして、表示順を再読み込みする必要があるので注意しましょう。

まとめ

サブナビは、WordPressの機能であるカスタムメニューを使って設置することもできます。ただし、founctions.phpに記述して新たなメニューを追加するといった手間がかかります。

プラグインを利用すれば簡単に設置できるうえ、ページの追加や変更があった場合も、自動的に変更してくれるので便利です。

サンプルテーマのような階層構造があまり深くないサイトでは不要なことも多いでしょうが、コンテンツが増え、階層をもたせて整理する必要が生じた際には重宝する機能です。

007 年ごとに表示が変わるcopyrightを設定する

Part 2 WordPress サイトの基本構築

フッター部分のcopyright表示を年ごとに自動更新されるように設定します。このような表記は頻繁に変更するものではないので、どうしても修正を忘れがちになりますが、この手法であれば一度設定してしまえば安心です。

年が自動更新される

使用技術

PHP / CSS / プラグイン

制作のポイント

- 年ごとに変わる年数の表示コード
- footerエリアに表示

使用するテンプレート

- footer.php

▶現在の年を表示する

1 まずcopyrightを表示させるHTMLについて考えましょう **1-1**。copyrightの記号はHTMLでは「©」と書きます。そして、今回は年を自動更新させます。

この場合、「2012-xxxx」のxxxxの部分に現在の年を取得して表示させることになります。現在の年はphpのdate関数を使って記述します **1-2**。

```
<p>Copyright&copy; 2012-xxxx サイト名 All Rights Reserved.</p>
```

1-1 ©はWeb上では©と表示される

```
<?php echo date('Y'); ?>
```

1-2 Yで現在の年を取得して表示する

2 WordPressでは、内部の時刻計算をGMT（Greenwich Mean Time：国際標準時）で行っているため、年の変わり目で表示が時差分ずれてしまいます。そこでdate_i18n関数を使い **2-1** のように記述すると時差なく年を取得することができます。

```
<?php echo date_i18n('Y'); ?>
```

2-1 date_i18n関数で時差を調整

MEMO

date_i18n()はタイムスタンプに基づいて、ローカライズされた書式で日付を取得します。
i18n は、Internationalization（最初の"i"と最後の"n"の間に18文字）=国際化を意味します。

3 最後にサイト名をトップページへのリンク付きで表示させましょう。テンプレートタグ home_url でトップページの URL を取得して、bloginfo('name')でサイト名を表示します 3-1 。最後に 3-2 として footer.php の copyright を表示したい場所に記述すれば、年ごとに表示が変わる copyright の完成です 3-3 。

```
<a href="<?php echo esc_url( home_url( '/' ) ); ?>" title="<?php echo esc_attr( get_bloginfo( 'name', 'display' ) ); ?>" rel="home"><?php bloginfo( 'name' ); ?></a>
```

3-1 トップページへのリンク、およびサイト名の表示

> **MEMO**
> aタグのtitle部分はHTMLの要素なので、esc_attrでエスケープしてサイト名を表示させています。

```
<p><small>Copyright&copy; 2012-<?php echo date_i18n('Y');?> <a href="<?php echo esc_url( home_url( '/' ) ); ?>" title="<?php echo esc_attr( get_bloginfo( 'name', 'display' ) ); ?>" rel="home"><?php bloginfo( 'name' ); ?></a> All Rights Reserved.</small></p>
```

3-2 全体の記述 [footer.php]

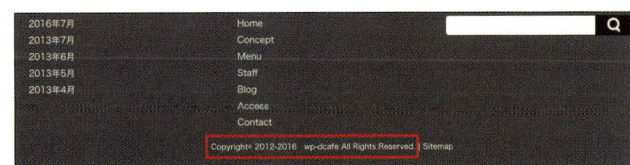

3-3 表示例

COLUMN　esc_○○によるエスケープ処理

WordPressのテンプレートタグの中でも、echoなどを使わずにそのまま表示できるものは、XSS（クロスサイトスクリプティング）を防ぐため内部で適切なエスケープ処理を行っています。カスタムフィールドやフォームからの入力など、ユーザーが入力した値を直接出力する場合には、そのような処理は行われません。そのままではセキュリティ的に問題が起きる可能性があるため、次のようなエスケープ処理を行う関数を通す必要があります。

〔エスケープ処理をする主な関数〕
esc_html…HTML として表示される文字列に対して、<> のエスケープや & " ' のエンティティ化（&などの形式への変換）を行います。
esc_attr…タグの属性値に使われます。<> のエスケープや & " ' のエンティティ化を行います。
esc_url…urlとして不適切な文字列の削除やエンティティ化を行います。

まとめ

年ごとに更新されていくコピーライトの表示のカスタマイズ自体はそれほど難しくはありません。date_i18n 関数の利用は、ほかの部分でも応用が効くでしょう。

またエスケープ処理に関しても、適切な処理ができるようにしておきましょう。

008 サイトマップを表示させる

Part 2
WordPress
サイトの基本構築

サイト全体の構造を見渡せ、SEO対策にもなるサイトマップを設置します。ここでは「WP SiteManager」を利用してサイトマップを作成してみます。投稿カテゴリーや固定ページを追加したときも自動的に反映されるので便利です。

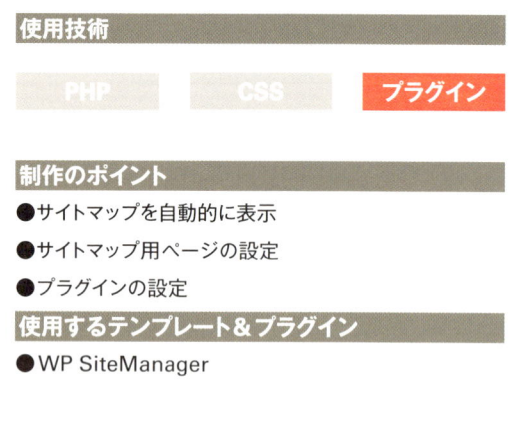

使用技術
PHP　CSS　**プラグイン**

制作のポイント
- サイトマップを自動的に表示
- サイトマップ用ページの設定
- プラグインの設定

使用するテンプレート&プラグイン
- WP SiteManager

▶ サイトマップの設置

1 「WP SiteManager」を利用するので、インストールして有効化しておきます。あとは表示したい固定ページに[sitemap]のショートコードを記載するだけでサイトマップを設置できます。

今回は「Sitemap」という固定ページに設置しました **1-1**。公開するとサイトマップが自動出力されます **1-2**。ただし、デフォルトの状態では固定ページのみのサイトマップとなっています(サンプルテーマでもこの状態になっています)。

MEMO
プラグイン「WP SiteManager」については P58 をご参照ください。

1-1 ショートコード sitemap を記述

1-2 表示されたサイトマップ

▶サイトマップの設定

2 投稿のカテゴリーである「Blog」、「Home(フロントページ)」、カスタム投稿タイプである「Staff」をサイトマップの項目に入れます。まず、[固定ページ>新規追加]で「Home」と「Staff」の2つの固定ページをサイトマップ用に作成します **2-1** 。次に管理画面の[WP SiteManager>サイト構造]で「投稿」と「スタッフ」にチェックを入れ、それぞれ「[トップページ]を[カテゴリー]にひもづける」、「[Staff]を[スタッフカテゴリー]にひもづける」に設定します **2-2** 。

2-1「Home」と「Staff」の固定ページを作成
フロントページとカスタム投稿タイプの固定ページを作成する。内容は空白でよい。Staffページのスラッグはstaff、Homeのスラッグは任意でOKだ

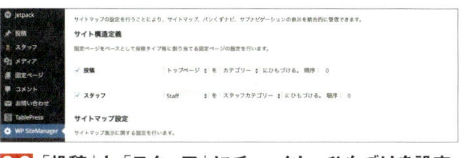

2-2「投稿」と「スタッフ」にチェックし、ひもづけを設定
投稿カテゴリーなら「トップページ」、スタッフカテゴリーなら「Staff」固定ページと、上階層のページを選択してひもづける

3 次に管理画面の[設定>表示設定]で「フロントページの表示」を「固定ページ」に設定し、「フロントページ」を先ほど作成した「Home」に設定します **3-1** 。これでひととおりの項目が表示されるようになりました **3-2** 。

3-1 フロントページの表示を設定

3-1 Home、Staff、Blogが表示された

4 サイトマップの項目の並び順は、固定ページの属性の「順序」に基づいています。変更したい場合は、「クイック編集」で「順序」の数値を調整します **4-1** 。投稿カテゴリーは[WP SiteManager>サイト構造]の「投稿」の「順序」欄に数値を入力します **4-2** 。「未分類」や「Sitemap」など、サイトマップに表示させたくない項目は、編集画面にある「サイトマップの表示から除外する」にチェックを入れれば外せます **4-3 4-4** 。

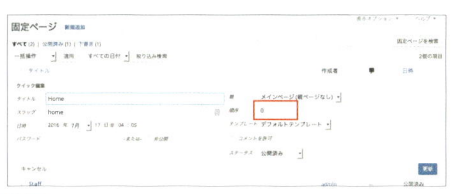

4-1 クイック編集で固定ページの「順序」を指定

4-2「投稿」は[WP SiteManager>サイト構造]で指定

4-3 カテゴリーや固定ページの編集画面でサイトマップから除外

4-4 サイトマップの調整が完了

まとめ

「WP SiteManager」を利用するとサイトマップの更新に手間がかかりません。[WP SiteManager>サイト構造]では、「スタイルの変更」でサイトマップのデザインを変更したり、サイトマップに出力する階層を制限したりすることも可能です。

009 検索機能を導入する

Part 2
WordPress
サイトの基本構築

サイト内検索を手軽に実装できるのもWordPressの魅力のひとつです。検索フォームは、WordPressであらかじめ用意されたウィジェットがあります。テーマ側でウィジェット対応をしておけば、簡単に実装することができます。

サイト内検索を表示

使用技術
PHP　　CSS　　プラグイン

制作のポイント
- 検索フォームの設置
- 検索フォームのカスタマイズ
- 検索結果の表示

使用するテンプレート&プラグイン
- searchform.php
- search.php
- no-results.php
- content.php
- Search Everything

▶検索フォームの設置

1 ウィジェットの設置は、ダッシュボードの［外観＞ウィジェット］で行います。

「利用できるウィジェット」の一覧から、ウィジェットエリアの「サイドバー」などにドラッグ&ドロップするだけです **1-1**。テーマにあわせて装飾用のCSSも用意しておきましょう **1-2**。表示した場合 **1-3** のようになります。

1-1 検索ウィジェットをサイドバーにドラッグ&ドロップ

⚠ ATTENTION
テーマによっては、ウィジェット機能がサポートされていない場合があります。その場合は、P62の手順を参考にウィジェット機能を有効化してください（サンプルテーマではサポートされています）。

```css
#searchform {
  *zoom: 1; }
#searchform:after {
  content: "";
  clear: both;
  display: block; }
#searchform label {
  display: block;
  text-indent: -9999px;
  overflow: hidden;
  font-size: 0; }
```

1-2 検索フォーム用のCSS

```css
#searchform #s {
  float: left;
  width: 80%;
  padding: 5px 2%;
  font-size: 15px;
  height: 32px;
  line-height: 1;
  border: solid 1px
#CCC;
  border-radius:
5px 0 0 5px; }
```

```css
#searchform #searchsubmit {
  background: url("./assets/img/
icon_search.png") #CCC
  no-repeat center center;
  border: 0 none;
  cursor: pointer;
  width: 20%;
  height: 32px;
  border-radius: 0 5px 5px 0;
  margin: 0;
  display: block;
  text-indent: -9999px;
  overflow: hidden;
  font-size: 0; }
```

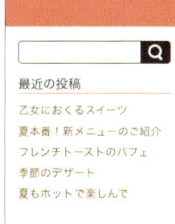

1-3 サイドバーに設置した検索フォーム

▶プレースホルダーの設定

2 検索フォームのユーザビリティを高めるため、プレースホルダーを設定します **2-1**。

検索フォームのカスタマイズを行う場合は、searchform.phpというモジュールテンプレートを用意してフォームを記述します。フォームの送信先をホームURLとし、キーワードの入力テキストフィールドの名前（name）をsとします。ほかにもテーマ独自のクラスを付与したり、カテゴリやタグによる絞り込み検索の条件を追加することが可能です。

hiddenタイプのフィールドにカテゴリのスラッグ（blog）を指定することで、検索範囲を「お知らせ」に特定することができます。

検索フォームのカスタマイズは、get_search_form アクションフックを利用する方法もあります。こちらの場合はfunctions.phpにフォームを記述します。カスタマイズできる内容はsearchform.phpを使う方法と同じです **2-2**。これらを記述するとプレースホルダーを設定することができます **2-3**。

> **⚠ ATTENTION**
> nameのsは、検索文字列を送信するためのパラメータとしてWordPressに定義されています。s以外の名前に変えてしまうと検索文字列を送信することができないので注意してください。

```php
<form action="<?php echo esc_url( home_url( '/' ) ); ?>" class="searchform" id="searchform" method="get" role="search">
  <div>
    <label for="s" class="screen-reader-text">検索:</label>
    <input type="search" class="field" name="s" value="<?php echo esc_attr( get_search_query() ); ?>" id="s" placeholder="キーワード&hellip;" />
    <input type="submit" class="submit" id="searchsubmit" value="検索" />
    <input type="hidden" name="category_name" value="blog" />
  </div>
</form>
```

2-1 searchform.phpへの記述例

```php
function _s_search_form( $form ) {

  $search_string = '';
  if(is_search()){
    $search_string = get_search_query();
  }

  $url = esc_url(home_url( '/' ));

$output = <<<EOD

<form action="{$url}" class="searchform" id="searchform" method="get" role="search">
  <div>
    <label for="s" class="screen-reader-text">検索:</label>
    <input type="search" class="field" name="s" value="{$search_string}" id="s" placeholder="キーワード&hellip;" />
    <input type="submit" class="submit" id="searchsubmit" value="検索" />
    <input type="hidden" name="category_name" value="blog" />
  </div>
</form>

EOD;

  return $output;
}

add_filter( 'get_search_form', '_s_search_form' );
```

2-2 functions.phpへの記述例

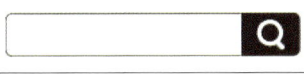

2-2 プレースホルダーを使った検索フォーム

▶テンプレート内で検索フォームを表示する

3 ウィジェットではなくテンプレート内に直接検索フォームを挿入するときは **3-1** のような記述を行います。sidebar.phpやheader.php、footer.phpに記述することが多いでしょう。

```php
<?php get_search_form(); ?>
```

3-1 sidebar.php などに記述

▶検索結果を表示する

4 検索結果を表示するためのテンプレートファイル search.php を用意します。もしテーマ内にこのファイルがなければ、index.phpをコピーして作成しましょう **4-1** 。

コードのポイントは次の通りです。

❶ 検索結果がある場合、WordPressのループに入る
❷ ページタイトルとして、検索文字列を表示する
❸ 1件ごとの内容を表示
❹ 検索結果が1件もなかった場合の表示

```php
<?php get_header(); ?>

    <section id="primary" class="content-area large-9 columns">
        <div id="content" class="site-content" role="main">

        <?php if ( have_posts() ) : ?>                              ❶
            <header class="page-header">
                <h1 class="page-title"><?php printf( '「%s」の
                    検索結果', getsearch_query() ); ?></h1>          ❷
            </header>

            <?php while ( have_posts() ) : the_post(); ?>
                <?php get_template_part( 'content', 'search' ); ?>  ❸
            <?php endwhile; ?>

        <?php else : ?>
            <?php get_template_part( 'no-results', 'search' ); ?>   ❹
        <?php endif; ?>

        </div>
    </section>

<?php get_sidebar(); ?>
<?php get_footer(); ?>
```

4-1 search.php

5 サンプルテーマではget_template_part('content', 'search'); でcontent.phpを呼び出して検索結果の1件ごとの表示を行っています **5-1** 。content.phpは、記事の一覧を表示するために共通で利用されています **5-2** 。

```php
<article>
    <!-- ヘッダー情報（投稿タイトル、投稿日付、アイキャッチなど）を表示する -->

    <?php if ( is_search() ) :
        <!-- 検索結果の場合、概要を表示する -->
        <div class="entry-summary">
            <?php the_excerpt(); ?>
        </div>
    <?php else : ?>
        <!-- その他のコンテンツの場合 -->
    <?php endif : ?>

    <!-- フッター情報（投稿カテゴリ、コメントなど）を表示する -->
</article>
```

5-1 content.php の記述

5-2 検索結果の表示
枠内がcontent.phpで表示される

▶検索結果が1件もない場合

6 get_template_part('no-results', 'search'); で検索結果が1件もない場合の表示を行います。この部分の処理はテンプレートファイルno-results.phpにわたります。

6-1 では、検索結果がないことを伝えるメッセージと、検索フォームを表示します **6-2** 。

```
<article>
    <?php if ( is_search() ): ?>
        <!-- 検索結果の場合 -->
        <div class="entry-content">
            <p>検索キーワードに一致するコンテンツが見つかりませんでした。<br>
            他のキーワードをお試しください。</p>
            <?php get_search_form(); ?>
        </div>
    <?php else: ?>
        <!-- その他のコンテンツの場合 -->
    <?php endif; ?>
</article>
```

6-1 no-results.phpの記述。検索結果が0件の場合に使用

> **MEMO**
> no-results.phpは検索結果だけでなく、トップページやカテゴリページなどで該当する記事がない場合にも使われます。

6-2 検索結果が0件だった場合の表示

▶検索範囲を広げる

7 サンプルテーマにおける検索は投稿記事、固定ページ、カスタム投稿に対して行われます。そのなかで対象となる項目は、投稿タイトル、記事内容です。さらに検索対象をカスタムフィールドやコメントなどの項目まで広げたい場合は、「Search Everything」というプラグインを利用するとよいでしょう 7-1 。

7-1 Search Everything
http://wordpress.org/plugins/search-everything/

MEMO

「Search Everything」は検索範囲を広げるほかにも、次のような機能があります。
・すべてのタグ名を検索
・すべてのカテゴリー名と説明を検索
・すべてのコメントを検索
・すべてのカスタムフィールドを検索
・ハイライト背景色
・指定したIDの投稿やページを検索対象に含めない
・指定したカテゴリーを検索対象に含めない

---

8 「Search Everything」を使ってみましょう。まずは管理画面からインストールして有効化します。すると［設定＞Search Everything］というメニューが追加されます 8-1 。設定画面にはさまざまな項目があります。特に難しいことはないので、必要な項目を選んで検索範囲を設定しましょう。

8-1 Search Everythingの設定画面

▶検索範囲を限定する

9 検索範囲を限定するには、pre_get_posts というアクションフックを利用します。たとえば投稿記事のみを検索対象とし、固定ページやカスタム投稿タイプは検索対象から除外したい場合に使います。**9-1** では pre_get_posts を利用して検索対象を投稿記事のみに限定します。

また、サンプルサイトにてカスタム投稿タイプ（商品メニュー）だけを検索させたい場合は **9-2**、お知らせのみを検索させたい場合は **9-3** のように条件を指定します。

```php
function _s_set_search_query( $wp_query ) {
    if ( is_admin() || ! $wp_query->is_main_query() ) {
        return;
    }

    if ( $wp_query->is_search() ) {
        $wp_query->set( 'post_type', 'post' );
    }
}
add_action( 'pre_get_posts', '_s_set_search_query' );
```

9-1 検索範囲を投稿記事に限定［functions.php］

> ⚠ **ATTENTION**
> is_search()は検索結果ページで適用する意味となります。is_admin() はダッシュボード内の意味です。こちらも加えておかないと条件がダッシュボードにまで反映されてしまいますので、気をつけましょう。

```php
$wp_query->set( 'post_type', 'staff' );
```

9-2 スタッフ（カスタム投稿タイプ）のみを検索

```php
$wp_query->set( 'category_name', 'blog' );
```

9-3 ブログの記事を検索

COLUMN

WordPressの検索機能

WordPressの検索機能は記事のタイトル、本文を対象としたテキスト検索が行われ、検索結果は投稿日付の新しい順に並びます。P75でも前出しましたが、検索フォームにhidden属性の条件を追加することでカテゴリーやタグ、投稿日など絞り込んだり、検索結果の並び順を変えることもできます。またプラグインを利用することで、検索対象をスタムフィールドやコメントまで広げることもできます。さらに、アクションフックの pre_get_posts や posts_where を利用することでより高度なカスタマイズも可能です。ただしこちらの方法は管理画面の検索結果に影響する場合もありますので注意しましょう。

まとめ

検索フォームはウィジェットのひとつとして利用可能です。テーマに直書きせずに、ウィジェットへのカスタマイズを行います。サイドバーやフッター、コンテンツ内と表示される箇所が複数にわたりますので、どこで表示されてもよいスタイルを考慮するとよいでしょう。検索フォームのカスタマイズだけでなく、検索範囲を指定したり拡張することもできます。サイト検索機能はWordPressを利用する大きなメリットのひとつといえるでしょう。

010 404ページを設置する

Part 2
WordPress
サイトの基本構築

リンク切れや削除されたページなどのように、サイト内にないURLにアクセスがあった場合、WordPressではオリジナルの404ページを作成することができます。

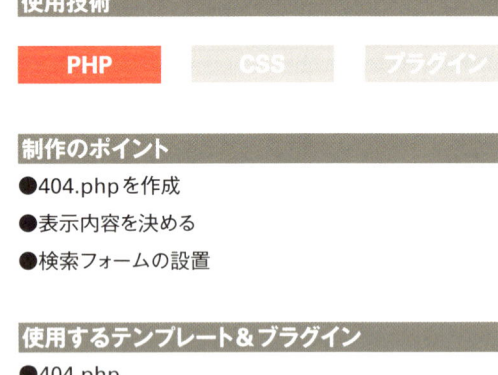

使用技術
PHP / CSS / プラグイン

制作のポイント
- ●404.phpを作成
- ●表示内容を決める
- ●検索フォームの設置

使用するテンプレート&プラグイン
- ●404.php

▶404ページの作成

1 WordPressでは、404.phpファイルを作成することで、独自の404ページを表示することができます。特に細かな設定や決まりはありません。なお404.phpを用意していない場合はテンプレート階層にもとづいてindex.phpが読み込まれるので、きちんとしたファイルを作ってあげるようにしましょう。

今回のサンプルはもちろん、ほとんどのテーマには404.phpが用意されています。もしテーマに404.phpがない場合は、新たに用意する必要があります。**1-1** はWordpress Codexにある404.phpの記述例です。

```php
<?php get_header(); ?>
    <div id="content" class="narrowcolumn">
        <h2 class="center">Error 404 - Not Found</h2>
    </div>
<?php get_sidebar(); ?>
<?php get_footer(); ?>
```

1-1 404.phpの記述例

> **MEMO**
> 見出しタグで囲まれたテキストが表示されます。内容を追加する場合は、この下に段落を追加して記述します。

> **TIPS**
> 404.phpを新規で作成する場合は、「Twenty Sixteen」などのデフォルトテーマの404.phpをコピーして使用します。この場合、現在利用中のテーマとフッターを呼び出すので編集が楽になります。もしこれで上手くいかない場合は、利用中のテーマのindex.phpをコピーし、ファイル名を404.phpとして内容を編集するとよいでしょう。

▶404.phpのコンテンツを用意する

2 コンテンツについては特に複雑なものは必要ありません。さまざまな要素の寄せ集めに近いので、サイトの内容により必要な物を用意しましょう。
ここでは一般的な項目として
・ページが見つからない旨のコメント
・検索フォーム
・トップページへのリンク
を設定しておきます **2-1** 。なお、検索フォームについてはP74の「検索機能を導入する」を参照してください。表示例は **2-2** となります。

MEMO
❶で表示するコメントを、❷でイラスト画像（404.png）を、❸で検索フォームを、❹でトップページへのリンクをそれぞれ設定します。

TIPS
404.phpの作成に関しては、WordPress Codexにある「Creating an Error 404 Page（http://wpdocs.sourceforge.jp/Creating_an_Error_404_Page）」に詳しい説明があります。より高度な404.phpのサンプルコードなども記載されているので参考にするとよいでしょう。

```php
<?php get_header(); ?>

    <div id="primary" class="content-area large-9 columns">
        <div id="content" class="site-content" role="main">

            <article id="post-0" class="post error404 not-found">
                <header class="entry-header">
                    <h1 class="entry-title">ごめんなさい。そのページは見つかりません。</h1>  ❶
                    <img src="http://xxx.xxx/uploads/2013/07/404.png" alt="" />  ❷

                </header><!-- .entry-header -->

                <div class="entry-content">
                    <p>お探しのキーワードで検索してみてください。</p>

                    <?php get_search_form(); ?>  ❸

                    <p>
                    <a href="<?php echo esc_url( home_url( '/' ) ); ?>" title=
                    "<?phpecho esc_attr( get_bloginfo( 'name', 'display' ) );
                    ?>" rel="home"><?php bloginfo( 'name' ); ?>トップページへ戻る</a>  ❹
                    </p>
                </div><!-- .entry-content -->
            </article><!-- #post-0 .post .error404 .not-found -->

        </div><!-- #content -->
    </div><!-- #primary -->

<?php get_sidebar(); ?>
<?php get_footer(); ?>
```

2-1 サンプルの404コンテンツ

2-2 サンプルの404ページ

まとめ

検索エンジンやブックマークから直接記事などの特定のページに飛んで来た場合、そのページが過去の物としてURLを変更していたり、すでに削除されていることもあるかと思います。

404ページはそのような「ページのURLに何もなかった」時に変わりに表示されるページですので、ユーザーの動線としてページをきちんと表示してあげた方がよいでしょう。

011 記事にアイキャッチを設定する

Part 2 WordPress サイトの基本構築

アイキャッチ画像で記事のビジュアルイメージを表示することで、情報がより伝わりやすくなります。アイキャッチ画像は投稿画面より設定可能ですが、テーマ自体にその機能がないと使用できません。

記事一覧にアイキャッチを表示

使用技術

PHP / CSS / プラグイン

制作のポイント

- アイキャッチ画像の表示
- アイキャッチ画像のカスタマイズ
- アイキャッチ画像がない場合の処理

使用するテンプレート&プラグイン

- fuctions.php
- front-page.php など
- content.php

▶アイキャッチ画像を利用できるようにする

1 アイキャッチ画像を使えるようにするには functions.php に **1-1** と記述して有効化します。また、アイキャッチ画像を使用するテンプレート(今回のサンプルでは front-page.php など)のループ内に **1-2** と記述します。

```
add_theme_support( 'post-thumbnails' );
```
1-1 アイキャッチ画像の有効化

```
<?php the_post_thumbnail(); ?>
```
1-2 アイキャッチ画像を表示するテンプレートに記述

2 表示するアイキャッチ画像のサイズを functions.php 上で指定します **2-1** 。ここで指定するものは横幅、縦幅、切り抜きの種類となります **2-2** 。

```
set_post_thumbnail_size(400, 300, true);
```
2-1 functions.php 上に記述

set_post_thumbnail_size(**400**, **300**, **true**);

- 400: 横幅
- 300: 縦幅
- true: 切り抜きするか？ true または false で指定 指定無しの場合は false

2-2 横幅400px、縦幅300px、切り抜きtrueと指定

切り抜きの種類にはtrueとfalseの二種類があります。指定なしの場合はfalse指定になります。画像の縦横比が揃うのでtrueをオススメします 2-3 。

MEMO
サンプルテーマでは、実際にはここで紹介しているset_post_thumbnail_size()は使用せず、後述するadd_image_size()を使用しています。

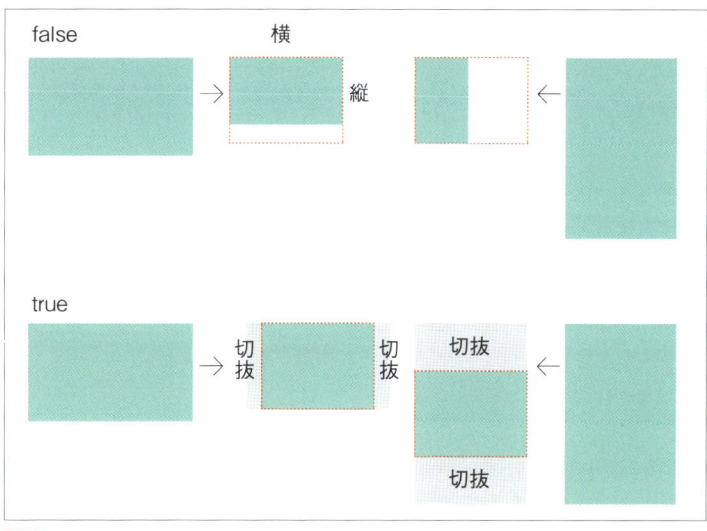

2-3 切り抜きのイメージ

MEMO
falseでは画像の縦横比のまま拡大縮小するので、アイキャッチのサイズにばらつきが生じる可能性があります。trueの場合はサイズを揃えてトリミングしてくれます。ただし、画像の一部を表示することなるので、あまりにも比率が違ってしまうと何の画像かわからなくなってしまいます。できる限り、画像のサイズや比率を揃えた画像にしたほうがきれいなアイキャッチになります。

▶アイキャッチ画像の表示方法

3 まず、投稿にアイキャッチ画像が指定されている場合に表示するようにします。アイキャッチを表示するテーマに 3-1 の記述を行います。今回のサンプルテーマの場合は 3-2 のような記述になります。

```
<?php if ( has_post_thumbnail() ) { the_post_thumbnail(); } ?>
```

3-1 投稿にアイキャッチ画像が指定されていれば表示し、存在しない場合はあらかじめ指定した画像を表示する

```
<div class="thumbnail">
<?php if ( has_post_thumbnail()) {
the_post_thumbnail();
} else {
echo '<img src="' . get_template_directory_uri() .'/assets/img/no_image.gif" alt=""
title="" />';
}
?>
</div>
```

3-2 サンプルテーマでの記述例［content.php］

MEMO
このソースコードは記事にアイキャッチ画像が存在しない場合の指定も含まれています。アイキャッチ画像の指定がないままだと、そこだけ文字のみの表示になりバランスが不自然になってしまいます。
そんな時のために、アイキャッチ画像が存在しない場合にはあらかじめ用意した画像を表示するよう指定しています。elseから始まる部分がアイキャッチ画像が指定されてない場合となり、echoでテンプレートディレクトリにあるno_image.gifを表示するよう指定しています。

▶アイキャッチ画像をカスタマイズ

4 アイキャッチに任意のサイズを追加する場合はfunctions.phpに **4-1** のように記述します。「top-thumb」の部分はアイキャッチ画像のサイズ名となりますので、任意で変更できます。これを使用する場合は **4-2** のように記述します。これで表示サイズが変わります **4-3** 。

また、アイキャッチ画像にclassを設定する場合は **4-4** のように記述します。

```
add_image_size( 'top-thumb', 210, 210, true);
```
4-1 サイズ210、210を指定

```
<?php the_post_thumbnail('top-thumb'); ?>
```
4-2 「top-thumb」の部分にアイキャッチ画像のサイズ名を指定

4-3 左はサイズ（110、110）、右はサイズ（210、210）における表示

```
<?php the_post_thumbnail('top-thumb', array('class' => 'hogehoge')); ?>
```
4-4 アイキャッチ画像にclassを指定

▶アイキャッチを登録

5 アイキャッチを登録する場合は、投稿画面の左下にある「アイキャッチ画像を指定」から登録します **5-1** 。画像をアップロード、もしくはメディアライブラリから選択して画像を登録できます **5-2** 。ここで登録した画像が投稿一覧で表示されます **5-3** 。

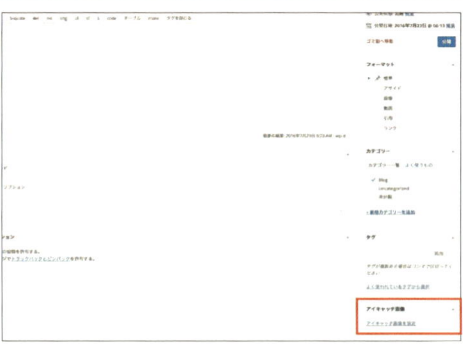

5-1 「アイキャッチ画像を指定」をクリック

5-2 アイキャッチ画像を指定

5-3 指定した画像がアイキャッチとして表示

▶投稿一覧にもアイキャッチを表示

6 投稿に指定されたアイキャッチ画像を投稿一覧で表示することができます 6-1 。その場合、6-2 を記述します。

6-1 投稿画面にアイキャッチを表示

MEMO

記事中の画像からアイキャッチを自動で指定してくれる「Auto Post Thumbnail」というプラグインも存在します。このプラグインを利用して、記事中に画像があれば自動でアイキャッチを設定し、なければアイキャッチがない場合の画像を表示するといった形で運用してもよいでしょう。
http://wordpress.org/plugins/auto-post-thumbnail/

```
function add_thumbnail_column( $columns ) {
    $post_type = isset( $_REQUEST['post_type'] ) ? $_REQUEST['post_type'] : 'post';
    if ( post_type_supports( $post_type, 'thumbnail' ) ) {
        $columns['thumbnail'] = __( 'Featured Images' );
    }
    return $columns;
}

function display_thumbnail_column( $column_name, $post_id ) {
    if ( $column_name == 'thumbnail' ) {
        if ( has_post_thumbnail( $post_id ) ) {
            echo get_the_post_thumbnail( $post_id, array( 50, 50 ) );
        } else {
            _e( 'none' );
        }
    }
}
add_filter( 'manage_posts_columns', 'add_thumbnail_column' );
add_action( 'manage_posts_custom_column', 'display_thumbnail_column', 10, 2 );
```

6-2 functions.php に記述

まとめ

アイキャッチ画像は視覚的に記事を認識できるため、ビジュアル要素の比重の高いサイトにおいて有効です。記事の多いサイトや更新頻度の高いサイトでも、アイキャッチ画像だけで読んだ記事を認識できるという利点もあります。ただし、アイキャッチ画像がない記事が続くなどして同じ画像が並んでしまうと、利用者に単調な印象を与えることもあるので注意が必要です。

012 コメント欄の設置とコメント機能の停止

Part 2
WordPress
サイトの基本構築

WordPressにはコメントに関連する機能が備わっています。ここではコメントの設置方法と、コメント欄を非表示にする際の注意点を紹介します。

使用技術

PHP / CSS / プラグイン

制作のポイント

- ●コメント欄の設置
- ●コメント欄を表示したくない場合の処理

使用するテンプレート＆プラグイン

- ●single.php
- ●functions.php

▶コメント欄の設置

1 WordPressでコメント欄を設置する場合、記事ページのテンプレートファイルであるsingle.phpにcomments_template()関数を記述します **1-1** **1-2** 。

```
<?php while ( have_posts() ) : the_post(); ?>
    <?php the_content(); ?>
    <?php comments_template(); ?>
<?php endwhile; // end of the loop. ?>
```

1-1 コメント欄を有効化

1-2 コメント欄の表示

TIPS テーマファイルの中にコメント欄用のファイルがなくても、WordPressの機能によってコメント欄が表示されます。コメント欄を独自にカスタマイズしたい場合などはテーマディレクトリの中にcomment.phpというファイルを作成すると、その内容が反映されます。

▶コメント欄を表示したくない場合の処理

2 コメント欄が不要な場合は、comments_template()の部分を削除すればよいと思いがちです。確かに、閲覧ユーザーの投稿を制限するだけならこれで問題ありません。ただしスパムコメントが大量に届く可能性があります。

コメントの投稿はwp_comments_post.phpで処理されています。スパムのコメント投稿については、各ページのコメント投稿欄から投稿されるのではなく、wp_comments_post.phpから直接投稿されます。そのため、コメントを完全にシャットアウトするにはコメント機能をしっかり停止しておく必要があります。次に具体的な方法について解説します。

3 固定ページのコメント機能を停止するにはfunctions.phpに **3-1** のようなコードを記述します。コメント機能にはcomments_openというフィルターフックが用意されているので、これを利用してコメント機能を停止します。

```
function add_comment_close( $open, $post_id ) {
    $post = get_post( $post_id );   // idが$post_id(整数)の投稿の情報を$postに格納
    if ( $post && $post->post_type == 'page' ) {
        $open = false;
    }
    return $open;
}
add_filter( 'comments_open', 'add_comment_close', 10, 2 );
```

3-1 固定ページのコメントを停止
赤字の10は実行される順序。2の部分は関数が実行された時の返り値

4 固定ページだけではなく、投稿（post）もコメント機能を停止する場合は、**3-1**のif文を**4-1**のように配列で指定します。

すべての投稿タイプでコメント欄を使用しない場合は**4-2**の記述をします。たとえば、カテゴリーが「お知らせ（スラッグ:info）」という投稿ではコメント欄を表示したくないといった場合は**4-3**のように記載します。

```
if ( $post && in_array( $post->post_type, array( 'page', 'post' ) ) ) {
```

4-1 投稿のコメントを停止

```
function add_comment_close( $open ) {
    $open = false;
    return $open;
}
add_filter( 'comments_open', 'add_comment_close', 10, 2 );
```

4-2 すべての投稿タイプでコメントを非表示

```
function add_comment_close( $open, $post_id ) {
    $cats = get_the_category( $post_id );
    foreach ( $cats as $cat ) {
        if ( $cat->slug == 'info' ) {
            $open = false;
            break;
        }
    }
    return $open;
}
add_filter( 'comments_open', 'add_comment_close' );
```

4-3 カテゴリー情報を取得して、カテゴリーのスラッグで条件分岐

まとめ

Facebookなどの外部サービスのコメント欄を埋め込むケースも見かけますが、それらは外部サービスのユーザーでないとコメントを投稿できません。

コミュニケーションを重視するようなコンテンツの場合は、WordPressのコメント欄を設置しておいた方がよいでしょう。

013 お問い合わせフォームを作成する

Part 2
WordPress
サイトの基本構築

WordPressでは、プラグインの「Contact Form 7」を使って簡単にお問い合わせフォームを設置することができます。PHPの知識がなくても、高機能な問い合わせフォームを簡単に設置できます。

使用技術

PHP　CSS　プラグイン

制作のポイント

- ●お問い合わせフォームを設定
- ●送信内容確認メールを自働送信
- ●ファイルのアップロードとメール添付
- ●GoogleAPI ReCAPTCHAとの連携
- ●CSSでフォームを装飾

使用するテンプレート＆プラグイン

- ●Contact Form 7

▶基本的なお問い合わせフォームを設定

1 まずは「Contact Form 7」をインストールして有効化します。すると左側の管理メニューに「お問い合わせ」というメニューが表示されるのでクリックします **1-1** 。お問い合わせフォームを作成するためのページが表示されるので「新規追加」をクリックしてお問い合わせフォームを新規で作成します。編集 **1-2** で表示される「ContactForm7の設定を検証する」をクリックすると、メール設定に不備がないかをテストすることができます。

1-1 Contact Form 7の管理画面

1-2 「ContactForm7の設定を検証する」でメール設定のテストが可能

MEMO

1-1 の画面にあるように、問い合わせフォームは複数作成することが可能です。

088

▶お問い合わせフォームを設置する

2 新規追加すると 2-1 の画面が表示されます。フォームのタイトルを決めて保存ボタンをクリックすると、フォーム設置用のショートコードが表示されます 2-2 。このショートコードは「投稿記事」にも「固定ページ」にも設置できます。

2-1 フォームのタイトルを決めたら保存ボタンをクリック

2-2 フォーム設置用のショートコード（赤枠）が表示される

3 今回はサイト上に表示させたいので「固定ページ」に設置します。固定ページを新規で追加して 2-2 で表示されたフォーム用のコードをコピー＆ペーストします 3-1 。ペーストしたら公開、またはプレビューで設置された状態を確認しましょう 3-2 。これが設置の流れです。

3-1 ショートコードを固定ページにコピー＆ペースト

3-2 デフォルトのお問い合わせフォーム
サンプルテーマでは、後述するCSSが適用されている

▶より詳細な設定

4 次に、送信先のメールアドレスや、自働返信のメールの内容、送信完了後に表示されるメッセージなど、より詳細な設定を進めていきます。あわせて、お問い合わせの項目も増やして、カスタマイズしていきます。ここでは例として「カフェスペースのご予約フォーム」を作ってみることにします。

まず、予約に必要な項目をあげてみます 4-1 。お名前・メールアドレスはそのまま使い、メッセージは「その他ご要望」と項目名だけ変更することにして、そのほかのフォームパーツを追加してみましょう。

項目名	必須かどうか	フォームパーツ
名前	必須	テキストボックス
メールアドレス	必須	メールアドレス
電話番号	必須	電話番号
予約日	必須	日付
予約人数	必須	数値(スピンボックス)
喫煙・禁煙	ー	ラジオボタン
希望の席	ー	チェックボックス
その他ご要望	ー	テキストエリア

4-1 今回表示する項目

5 4-1 にあるリストの中から、電話番号を追加します。お問い合わせフォームの編集ページから「電話番号」 5-1 ボタンをクリックするとポップアップが出現します 5-2 。入力必須にするためには項目タイプの「必須項目」にチェックを入れます。

「デフォルト値」にはフォームに最初から入っている文字を任意設定できます。「このテキスト項目のプレースホルダーとして使用する」にチェックを入れると「デフォルト値」で入力した値がプレースホルダーとして設定されます。また、「ID属性」や「クラス属性」は追加するフォームパーツにidやclassが設定できます。

設定が完了したら「タグを挿入」ボタンを押せばフォームに「電話番号」のフォームパーツが追加されます。

一度保存をしてここまでの設定を保存しましょう。

5-1 「フォーム」からボタンを押してパーツを追加

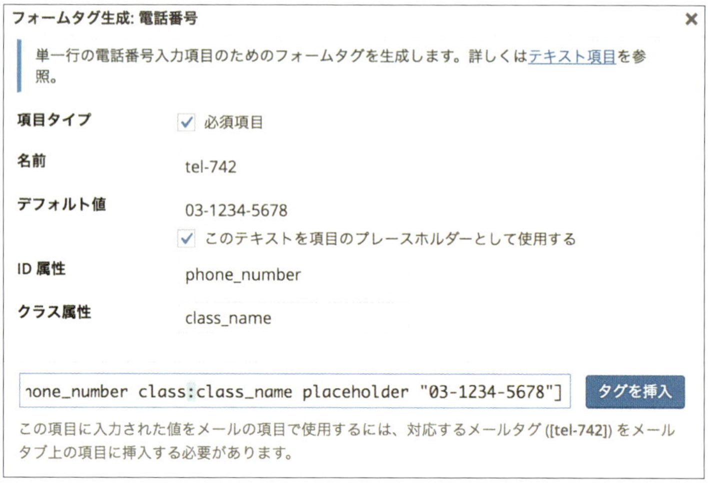

5-2 「タグを挿入」ボタン

> **MEMO**
> 項目のテキストは別途記述する必要あります。今回の場合は`<p>`電話番号(必須)`<br />`[ショートコード]`</p>`と記述します。

6 次に自動送信用のメッセージにも電話番号を追加します。

5-1 のタブから「メール」を選択し「以下の項目にて、これらのメールタグを利用できます」から[tel-番号]と書いてあるショートコードをコピーし、メッセージ本文にペーストします **6-1** 。これで返信メールにも追加した項目が反映されます。

```
ッセージ本文    お名前:
              [your-name]
              メールアドレス：
              [your-email]
              電話番号:
              [tel-742]
              予約日：
              [date-60]
              予約人数：
              [number-543]
              喫煙・禁煙：
              [radio-686]
              希望の席：
              [checkbox-824]
              その他ご要望：
```

6-1「電話番号」と記述した下にペースト

7 手順がわかったところで、**4-1** のフォームパーツを同様の手順で設置してみましょう。**7-1** はそのサンプルです。実際の表示は **7-2** となります。

MEMO

デフォルトで用意されている<p>題名
[text your-subject]</p>の項目は、メール送信時のサブジェクトとしても使えます。ここではメールのサブジェクトは「予約がありました」と固定にするため、この項目は削除しています。

```
フォーム
テキスト  メールアドレス  URL  電話番号  数値  日付  テキストエリア  ドロップダウンメニュー
チェックボックス  ラジオボタン  承諾確認  クイズ  reCAPTCHA  ファイル  送信ボタン

<p>お名前 (必須)<br />
    [text* your-name placeholder "お名前を入力下さい"] </p>

<p>メールアドレス (必須)<br />
    [email* your-email placeholder "メールアドレスを入力下さい"] </p>

<p>電話番号 (必須)<br />
    [tel* tel-742 id:phone_number class:class_name placeholder "03-1234-5678"] </p>

<p>予約日 (必須)<br />
    [date* date-60] </p>

<p>予約人数 (必須)<br />
    [number* number-543]</p>

<p>喫煙・禁煙：<br />
    [radio radio-686 "喫煙" "禁煙"]</p>

<p>希望の席<br />
    [checkbox checkbox-824 "カウンター席" "テーブル席" "貸し切り"] </p>
```

```
メッセージ本文    名前：
                [your-name]
                メールアドレス ：
                [your-email]
                電話番号：
                [tel-742]
                予約日：
                [date-60]
                予約人数：
                [number-543]
                喫煙・禁煙：
                [radio-686]
                希望の席：
                [checkbox-824]
                その他ご要望：
                [textarea your-message]
```

7-1 上記のように設定

7-2 **7-1** で設定したお問い合わせフォームの表示

▶送信内容確認メールを自動送信する

8 「Contact Form 7」には フォームで入力した内容を 自動で送信する機能がついています。お問い合わせフォームを入力したユーザーに対しても内容確認のメールを送ることができます。なお何も設定していないと初期設定では管理者宛にしか届きません。

「メール(2)を使う」にチェックを入れると、もう一つ自動送信メール用のボックスが表示されます。

なお、宛先を[your-email]のままにしておけば、ユーザーへのお問い合わせ内容の確認メールとして使うことができます 8-1 。

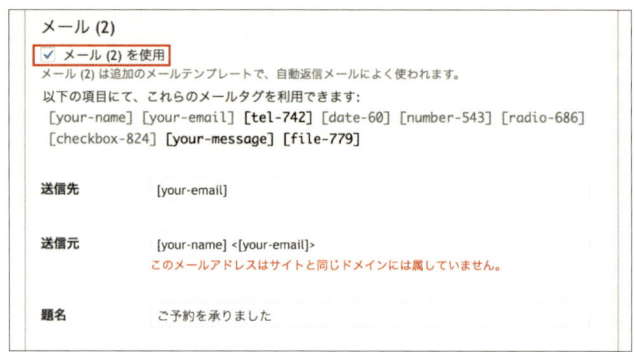

8-1 「メール(2)を使う」にチェックを入れ、自動返信用のメッセージを設定。

9 次に送信完了用のメッセージを設定します。デフォルトの設定では送信完了後に送信完了のメッセージが表示されます 9-1 。デフォルトではフォームの下に表示されますが、[response]というショートコードで好きな場所に表示できます。たとえば 9-2 のように記述すると 9-3 のような表示となります。

9-1 デフォルトの表示

9-2 フォームの一番上にメッセージを表示するように設定

9-3 フォームの上にメッセージが表示される

10 デフォルトの設定では送信完了後に表示されるメッセージは 9-1 の通りですが、「メッセージ」の設定を変更することで任意のテキストを表示させることも可能です 10-1 。

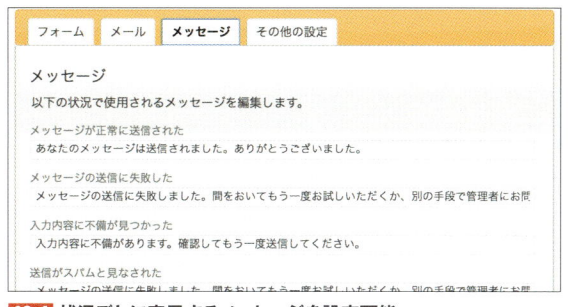

10-1 状況ごとに表示するメッセージを設定可能

▶ファイルのアップロードとメール添付

11 今回のサンプルでは使用していませんが、「Contact Form 7」ではファイルアップロードとメール添付も可能です。

まずは「ファイル」ボタンを選択します 11-1 。ファイルサイズの上限や受け入れ可能なファイル形式を設定し、ショートコードをフォームに設定します 11-2 。メール添付として設定するにはショートコードを「メール」タブの「ファイル添付」に設定します 11-3 。すると、お問い合わせ画面のフォームが 11-4 のように表示されます。

MEMO

ファイルタイプ:gif|png|jpg|jpeg
ファイルサイズ:1024kb または1mb など
ファイルサイズはkb(キロバイト)、mb(メガバイト)などの単位指定が可能。ファイルサイズは小数点不可。単位がない場合はバイトが単位となります。

11-1 ファイルのアップロードを選択

11-2 ファイルアップロード用のショートコード

11-3 コードを[ファイル添付]にペースト

11-4 ファイルのアップロードが表示される

013 お問い合わせフォームを作成する 093

▶reCAPTCHAと連携する

12 「Contact Form 7」ではbotなどによる連続投稿を防止するGoogleAPIのreCAPTCHAと連携が可能です **12-1** 。なお、「Contact Form 7」でreCAPTCHAを使うには、GoogleにログインしてからreCAPTCHAの管理ページにアクセスして、サイトキーとシークレットキーを取得する必要があります **12-2** 。

12-2 下記URLから「Get reCAPTCHA」をクリックで管理ページに
https://www.google.com/recaptcha/intro/index.html

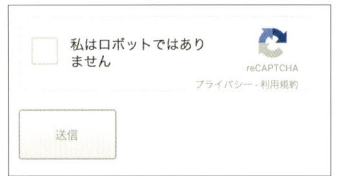

12-1 reCAPTCHAをはめ込んだ様子

13 reCAPTCHA管理ページの「Register a new site」にreCAPTCHAを使いたいサイトの情報を記載します。Labelには任意の情報（サイト名など）、Domainsにはサイトのドメインを記載します。両方記載したらRegisterボタンを押して登録します **13-1** 。

発行されたサイトキーとシークレットキー **13-2** を、WordPressの［管理画面＞お問い合わせ＞インテグレーション］の、reCAPTCHAの「サイトキー」「シークレットキー」に設定します **13-3** 。

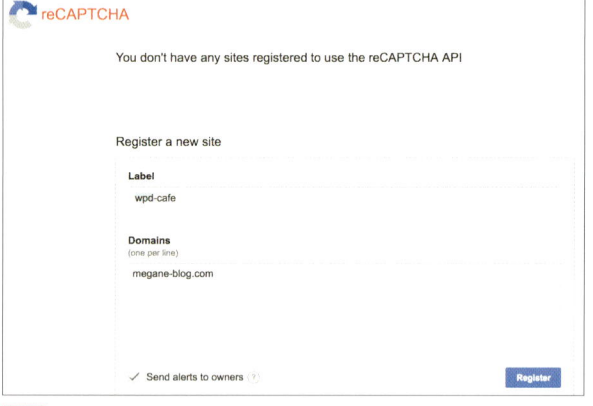

13-1 reCAPTCHA管理ページ

13-2 サイトキーとシークレットキーの取得

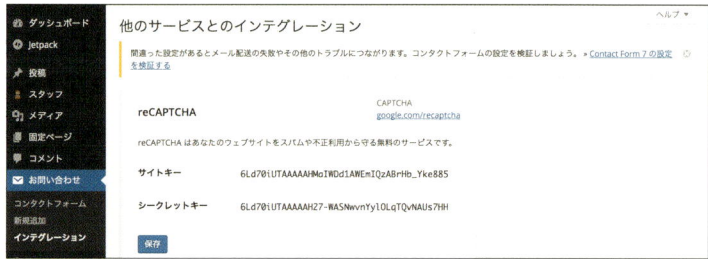

13-3 取得したキーを設定

14 「インテグレーション」に「サイトキー」と「シークレットキー」を設定するとreCAPTCHAが使えるようになります **14-1**。

テーマは「明るい」で背景が白、「暗い」で背景が黒になります。サイズはノーマルとコンパクトが選べるのでサイトのデザインにあわせて設定してください。後は他のフォームパーツ同様「タグを挿入」するだけです。なお、reCAPTCHAは他のフォームパーツと違い1ページにつきひとつしか設定できません。

設置されたreCAPTCHAを画面から確認すると「私はロボットではありません」というチェックボックスが出現します **14-2**。フォームを使うユーザーはこれにチェックをしないとフォームでエラーが発生し送信できないようになっています **14-3**。

14-1 reCAPTCHAのタグ生成画面

14-2 フォームに設置されたreCAPTCHA

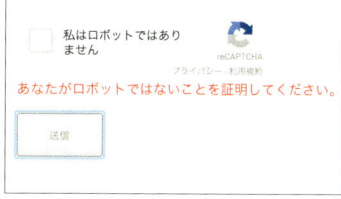

14-3 reCAPTCHAのエラー表示

▶ CSSの設定

15 これでフォームは完成しました。サンプルテーマではCSSでフォームの見た目を整えていますが、この方法についても解説しておきましょう。まず、実際に出力されるHTMLを確認してみます **15-1**。「Contact Form 7」で作成したフォームは、「wpcf7」というクラスのついたdivで全体が囲まれいることがわかります。

```
<div class="wpcf7" id="wpcf7-f2228-p2229-o1">
<form action="/wordpress/?page_id=2229&..." method="post" class="wpcf7-form" enctype="multipart/form-data" novalidate="novalidate">
<div style="display: none;">
<input type="hidden" name="_wpcf7" value="2228" />
…中略…
</div>
<p><div class="wpcf7-response-output wpcf7-display-none"></div></p>
<p>お名前（必須）<br />
<span class="wpcf7-form-control-wrap your-name"><input type="text" name="your-name" value="" size="40" class="wpcf7-form-control wpcf7-text wpcf7-validates-as-required" aria-required="true" placeholder="お名前を入力下さい" /></span> </p>
<p>メールアドレス（必須）<br />
<span class="wpcf7-form-control-wrap your-email"><input type="email" name="your-email" value="" size="40" class="wpcf7-form-control wpcf7-text wpcf7-email wpcf7-validates-as-required wpcf7-validates-as-email" aria-required="true" placeholder="メールアドレスを入力下さい" /></span> </p>

…中略…

<p><input type="submit" value="送信" class="wpcf7-form-control wpcf7-submit" /></p>
</form></div>
```

15-1 Contact Form 7が出力するHTML（抜粋）

16 HTMLで出力されたクラスを利用してstyle.cssに記述したコードが **16-1** です。横幅が広すぎると使いにくいので、全体の幅を400pxに設定しました。また、CSSではフォームの入力しやすいように、パーツひとつひとつを少し大きめに設定しています。テキストのフォームパーツは角丸にしてみました。送信ボタンはCSS3のグラデーションを利用してやや立体的に表現しています。

なお、メールアドレス、電話番号、数値、日付などの通常のテキストボックスではないものは、input[type="text"]ではスタイルがあたりませんので注意しましょう。CSSはテンプレートのスタイルシート（style.css）に設定すれば有効になります。

```css
/*Contact Form 全体を囲う div*/
.wpcf7{
    width:400px;
}
/*フォームの文字のフォント変更*/
.wpcf7 input[type="text"],.wpcf7 input[type="number"],.wpcf7 input[type="email"],
.wpcf7 input[type="tel"],.wpcf7 input[type="date"],
.wpcf7 textarea{
    font-size:14px;
    border: 1px solid #999;
    border-radius:5px;
    padding: 12px 5px;
    height: 50px;
    box-shadow: inset 0 1px 1px rgba(0,0,0,0.2);
}
.wpcf7 textarea{
    height: 100px;
}
/*サブミットボタン*/
.wpcf7-submit{
    text-align: center;
    width: 100px;
    font-family: Arial, Helvetica, sans-serif;
    font-size: 12px;
    color: #848483;
```

```css
    padding: 15px 20px;
    background: -moz-linear-gradient(
        top,
        #f2f2f2 0%,
        #dadada);
    background: -webkit-gradient(
        linear, left top, left bottom,
        from(#f2f2f2),
        to(#dadada));
    -moz-border-radius: 3px;
    -webkit-border-radius: 3px;
    border-radius: 3px;
    border: 1px solid #848483;
    -moz-box-shadow:
        0px 0px 0px rgba(000,000,000,0.5),
        inset 0px 0px 0px rgba(015,015,015,0);
    -webkit-box-shadow:
        0px 0px 0px rgba(000,000,000,0.5),
        inset 0px 0px 0px rgba(015,015,015,0);
    box-shadow:
        0px 0px 0px rgba(000,000,000,0.5),
        inset 0px 0px 0px rgba(015,015,015,0);
    text-shadow:
        1px 1px 1px rgba(255,255,255,1),
        0px 0px 0px rgba(255,255,255,0);
}
```

16-1 CSSはテンプレートファイルのスタイルシート（style.css）に設定

16-2 CSSを適用する前後の比較

MEMO
reCAPTHCAと前後のパーツの間隔は、**14-1** のようにidを指定してCSSでマージンを設定します。

▶ お問い合わせ内容を保存する

17 サンプルテーマでは使用していませんが、「Flamingo」**17-1** というプラグインをあわせて使うことで、お問い合わせ内容を保存することができます。万が一、自分のところにメールが届かなくてもお問い合わせ内容が保存されるので安心です。

インストールして有効化すると左メニューに「Flamingo」が追加されます **17-2** 。お問い合わせフォームから送信があった場合、その詳細が保存されます **17-3** 。連絡先もアドレス帳に保存されていくので、問い合わせをもらった方々に対してお知らせを一斉送信するなど、さまざまな使い方ができます **17-4** 。

17-1 Flamingo
http://wordpress.org/plugins/flamingo/

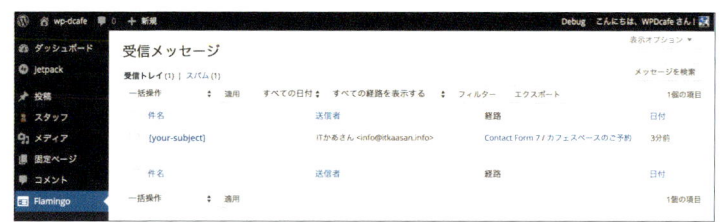

17-2 問い合わせがあった時、その内容が保存される

17-3 保存されたメッセージの詳細

17-4 「アドレス帳」で保存された連絡先が表示される

まとめ

「Contact Form 7」は、お問い合わせフォームを作成するプラグインの定番です。問い合わせはもちろん、アンケートなどアイデア次第で色々な使い方が可能です。
「Flamingo」とあわせて使うことで顧客情報をデータベース化することも簡単にできます。「うっかりお客さんのお問い合わせメールを確認するのを忘れた!」「メールサーバーが停止していてメールを確認できなかった!」などのトラブルを避けるためにも、「Contact Form 7」と「Flamingo」はあわせて使うことをオススメします。

014 アクセスページにグーグルマップを使う

Part 2
WordPress
サイトの基本構築

アクセスページにはマップがつきものです。ここではスマートフォンなどさまざまな環境でも見やすいように、レスポンシブWebデザインに対応したグーグルマップを表示してみましょう。

使用技術

PHP　CSS　**プラグイン**

制作のポイント
- ●固定ページにグーグルマップを設置
- ●プラグインの適用
- ●地図の貼り付け方法

使用するテンプレート&プラグイン
- ●Simple Map

▶プラグイン「Simple Map」の導入

1 グーグルマップをとても簡単に表示できるプラグイン「Simple Map」 1-1 を導入します。管理画面からプラグインを検索してインストール後、有効化しましょう。なお、利用には「Google Maps APIキー」の設定が必要です。[設定＞Simple Map]で表示されている「APIキー取得方法」を参考に設定してください 1-2 。

1-1 Simple Map
https://wordpress.org/plugins/simple-map/

MEMO
2016年6月から新規サイトでGoogle Mapsを使用する場合はAPIキーが必須になりました。なお、埋め込み機能を利用する場合はAPIキーは不要です。

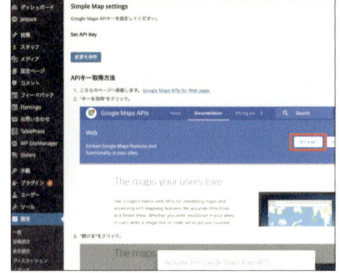

1-2 Google Maps APIキーの設定

2 「Simple Map」の使い方は非常に簡単です。グーグルマップを表示したいページや投稿に、ショートコードを挿入するだけです。表示する場所は住所で指定します 2-1 。また地図の幅や高さ、倍率も指定することができます 2-2 。

```
[map addr="東京都武蔵野市吉祥寺南町2-8-1 サンパレス1F"]
または
[map]東京都武蔵野市吉祥寺南町2-8-1 サンパレス1F[/map]
```

2-1 ショートコードの記述例

```
[map addr="東京都武蔵野市吉祥寺南町2-8-1 サンパレス1F" width="100%" height="400px" zoom="18"]
```

2-2 地図のサイズと倍率を設定

また、「Simple Map」で表示する地図は、ウインドウ幅が480px以下のときは自動的にスマートフォンなどのタッチデバイスでの表示に適した「Google Static Maps」で表示されます 2-3 。個別に切り替えのブレークポイントを設定することもできます 2-4 。

MEMO
地図の表示は、幅:width、高さ:height、倍率:zoom(デフォルトは16)で設定します。zoomの数値を大きくするとズームインします。

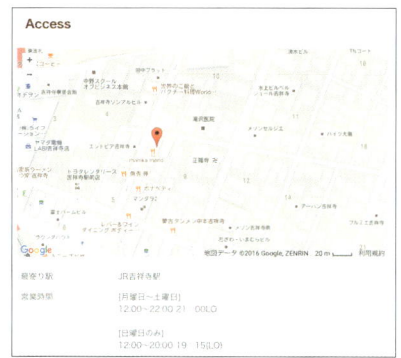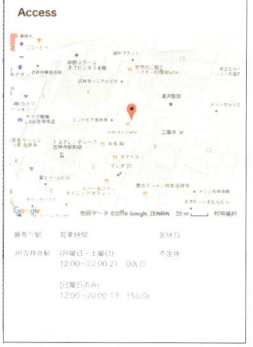

2-3 Simple Map の表示

```
[map addr="東京都武蔵野市吉祥寺南町2-8-1 サンパレス1F" breakpoint="320px"]
```

2-4 画面の横幅が320px以下でGoogle Static Mapsを表示

TIPS
マップの場所は、緯度経度でも指定が可能です。その場合、[map lat="緯度" lng="経度"]と記述します。

3

さらに「Simple Map」は、oEmbed機能(自動メディアリンク)に対応しているので、マイマップなどさまざまな地図も表示できます。

たとえばルートマップを表示させる場合、マイマップのURLをコピーし 3-1 、エディタにURLをペースト 3-2 します。高さを指定したい場合はショートコード 3-3 で指定します 3-4 。

ATTENTION
この機能を使った場合にはGoogle Static Mapsの表示に対応しなくなるので注意しましょう。

3-1 囲みの部分をコピー

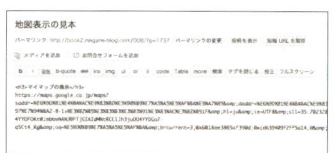

3-2 エディタにURLをペースト

```
[map url="ここにURLをペースト" height="480px"]
```

3-3 ショートコードで高さを指定

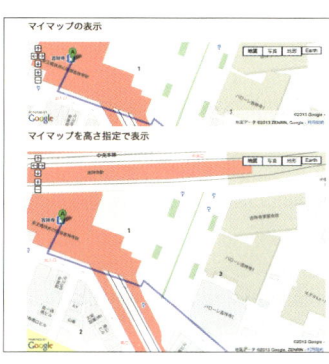

3-4 マイマップの表示
上はURLをペーストしただけの状態、下はショートコードで高さを指定した状態

まとめ

「Simple Map」を利用すれば、PC、スマートフォンとともに最適化されたグーグルマップを簡単に表示できます。Webサイトへの地図掲載は、いまや必須の条件といえます。また、スマートフォンなどのモバイルデバイスの発達によって、リアルタイムでさまざまな確認もできるグーグルマップの導入の必要性も高まっていくことでしょう。

015 カスタムフィールドを応用した商品メニューの作成

Part 2
WordPress
サイトの基本構築

カスタムフィールドを利用して、飲食店などによくあるメニューページを作成します。商品説明ページとして、さまざまな見せ方が考えられるタイプのページです。ここでは、プラグイン「Advanced Custom Fields」のアドオンを利用します。

繰り返しフィールドで表示

使用技術

PHP　CSS　プラグイン

制作のポイント

- プラグインとアドオンの導入
- カスタムフィールドの作成
- 固定ページにカスタムフィールドを表示する

使用するテンプレート＆プラグイン

- page-menu.php
- Advanced Custom Fields
- Advanced Custom Fields:Repeater Field

⚠ ATTENTION

このセクションでは有料のアドオンである「Advanced Custom Fields：Repeater Field」を使用したカスタムフィールドの作成方法を解説しています。有料のアドオンであるため、配布サンプルテーマには同梱していません。また、この「Repeater Field」を有効にしていないと作成した「Menu」ページ自体が表示されないため、サンプルテーマのデフォルトの状態では、カスタムフィールドを使わずに通常の固定ページのコンテンツとして作成した「Menu」ページを表示させています。「Repeater Field」を購入後、カスタムフィールドを使用した状態の「Menu」ページに切り替えるときはP16の手順を行ってください（P105にも簡単な説明があります）。

▶「Advanced Custom Fields」と「Repeater Field」の導入

1 カスタムフィールドとは、WordPress の投稿に任意の情報を追加する機能です。たとえば今回のサンプルでは、メニューに「Food」や「Sweets」などのカテゴリーがあります。またメニューには項目として「メニュー名」「値段」「説明」「写真」があります。カスタムフィールドを利用すれば、これらの項目を投稿欄に追加することができます **1-1** 。

カスタムフィールドを実装するには、テンプレートにPHPを記述する必要があります。少し高度な知識が必要になるので、今回はプラグイン「Advanced Custom Fields」と、そのアドオンである「Repeater Field」を利用する方法を紹介します。「Repeater Field」は有料ではありますが（2016年7月現在で25オーストラリアドル）、サイト運営者にとって使いやすいUIを提供でき、かつ構築時間短縮にも繋がる非常に優れたプラグインです。

まず、プラグインの「Advanced Custom Fields」をインストールして有効化します。その後、管理画面左メニューの[カスタムフィールド > Add-ons]を表示します **1-2** 。すると、左に「繰り返しフィールド」というブロックが表示されるので、その中の「購入してインストールする」ボタンから「Repeater Field」の購入画面に移動します **1-3** 。購入後プラグインディレクトリにアップロードして有効化します。

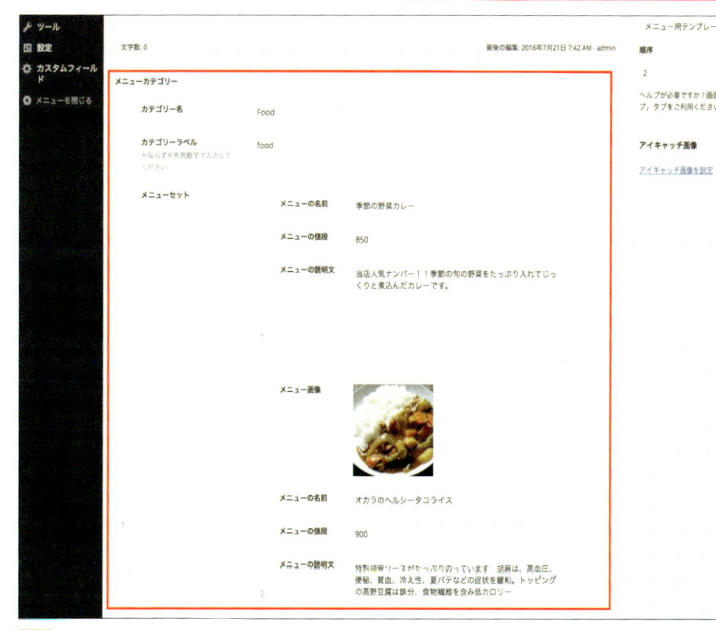

1-1 サンプルにおけるカスタムフィールド
メニュー名などの項目を入力する欄が追加されている

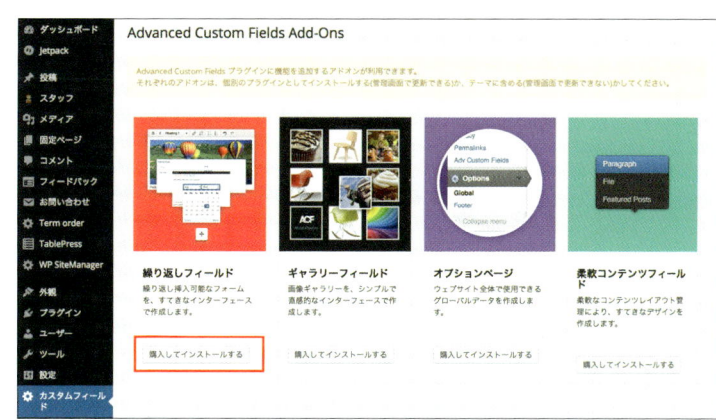

1-2 「Advanced Custom Fields」のアドオン追加画面

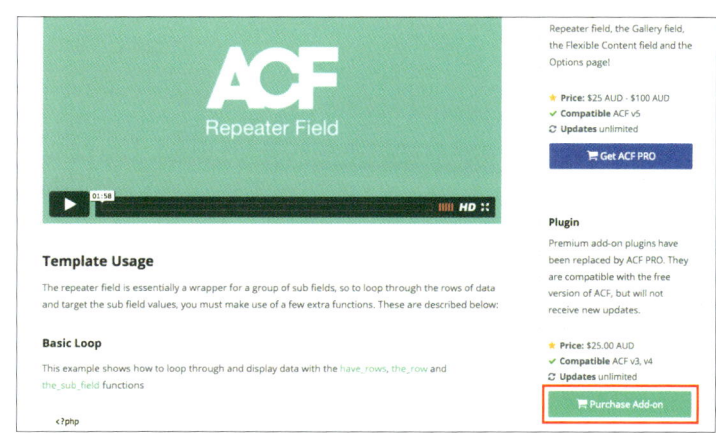

1-3 Repeater Field購入画面
http://www.advancedcustomfields.com/add-ons/repeater-field/

▶カフェメニューカテゴリー用のカスタムフィールドの作成

2 作成するのはカフェメニュー用のカスタムフィールドです。まず[カスタムフィールド>カスタムフィールド]で「新規追加」、「＋フィールドを追加」をクリックします **2-1**。フィールド名は「メニュー」とします。カフェメニューは「Food」「Sweets」などと分類するので、フィールドラベルは「メニューカテゴリー」、フィールド名は「menu-cat」とします（フィールド名はフィールドの値を呼び出す時に使用します）。また「Food」や「Sweets」などのカテゴリーをセットで繰り返し表示するので、フィールドタイプは「Repeater（繰り返し）」を選択。「Repeater Filed（繰り返しフィールド）」の項目が表示されたら「+Add Sub Fields（サブフィールドを追加する）」ボタンをクリックします **2-2**。

2-1 フィールドを新規追加

2-2 フィールド編集画面

3 「メニューカテゴリー（menu-cat）」フィールドのサブフィールドとして「カテゴリー名」「カテゴリーラベル」を作成します（前ページの完成図 **1-1** を参照）。「カテゴリー名」のサブフィールドは「Food」や「Sweets」といった分類名を記入するためのフィールドです **3-1**。「カテゴリーラベル」はカテゴリーごとにページ内リンクを作成するための識別用ラベルを入力するフィールドです **3-2**。フィールド名はそれぞれ「menu-cat-name」、「menu-cat-label」としています。フォーマットは「No Formatting（無し）」です。

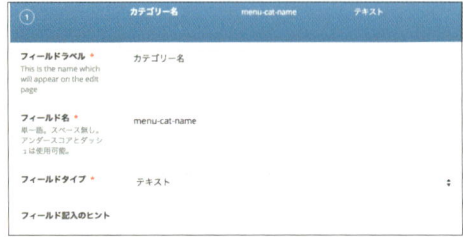
3-1 サブフィールド「カテゴリー名」

3-2 サブフィールド「カテゴリーラベル」

4 「メニューカテゴリー（menu-cat）」フィールドのサブフィールドとして「メニューセット」を作成します。これは実際に料理を入力していくフィールドです。「Food」や「Sweets」といったカテゴリーのなかに複数の料理を入力していくことになるため、フィールドタイプは「Repeater（繰り返し）」になります **4-1**。

4-1 サブフィールド「メニューセット」

5 メニューセットは「メニューの名前」、「メニューの値段」、「メニューの説明文」、「メニュー画像」の項目がセットになります。「+Add Sub Fields」をクリックし、これらのフィールドをメニューセットのサブフィールドとして作成していきましょう。

・メニューの名前 5-1
フィールド名：menu-set-name
フィールドタイプ：テキスト

・メニューの値段 5-2
フィールド名：menu-set-price
フィールドタイプ：テキスト

MEMO
画像の「返り値」ですが、「画像オブジェクト」は画像の情報が配列で返ってくるので、そのままでは使いづらい返り値です。「画像URL」は元画像のURLが返ってくるので、違うサイズの画像が表示できません。「元画像のID」ならwp_get_attachment_image()関数でさまざまなサイズの画像を簡単に呼び出すことができます。

・メニューの説明文 5-3
フィールド名：menu-set-description
フィールドタイプ：テキストエリア

・メニュー画像 5-4
フィールド名：menu-set-image
フィールドタイプ：画像

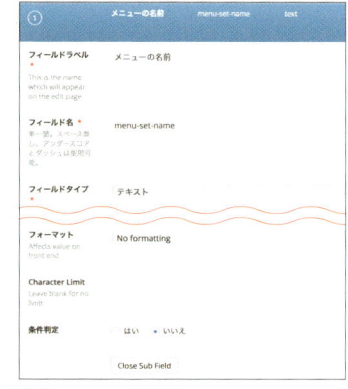
5-1 メニューの名前

5-2 メニューの値段

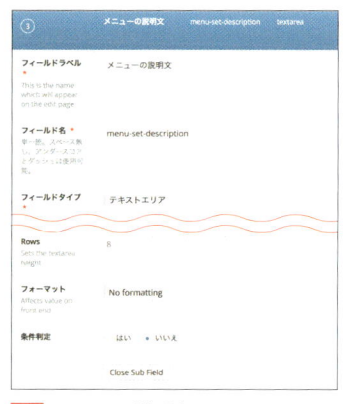
5-3 メニューの説明文

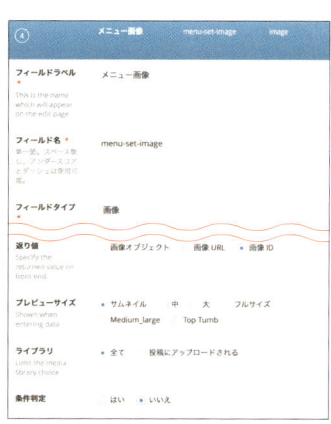
5-4 メニュー画像

▶ 特定の固定ページにカスタムフィールドを表示

6 「Advanced Custom Fields」で作成したカスタムフィールドの適用先は、「位置」で設定します。

サンプルテーマでは「Menu（メニュー）」という固定ページをあらかじめ作成し、そのページに作成したカスタムフィールドの値を反映させています。

フィールド設定する箇所の下の「位置」の中に「ルール」という項目があります。固定ページの「Menu」で表示したいので、「ページ」、「等しい」、「Menu」を選択して、「公開」ボタンをクリックします 6-1 。

6-1 表示する固定ページを設定

015 カスタムフィールドを応用した商品メニューの作成 **103**

▶メニュー情報の登録

7 それでは設定した固定ページの編集画面を開いてメニューを登録してみましょう **7-1**。本文入力欄の下に今回追加したメニューのカスタムフィールドが表示されていますので、まずはメニューカテゴリーの「Add Row」ボタンをクリックして、入力欄を追加します。

7-1 固定ページの編集画面を表示

8 メニューのカテゴリー名を「Food」、カテゴリーラベルを「food」とし、メニューセットの「Add Row」ボタンをクリックして、メニューの入力欄を追加します **8-1**。

メニュー名や価格などを入力し、ひとつのメニューごとに行を追加して登録していきます **8-2**。

「Food」メニューを登録し終わったら、下の「Add Row」ボタンをクリックしてメニューカテゴリーの行を追加、同様に「Sweets」などの項目を作成して登録していきましょう。

8-1 カテゴリー名とカテゴリーラベルを入力

MEMO
リピーターフィールドで行を追加するボタンのテキストはデフォルトでは「Add Row」です。ただ、リピーターフィールドの設定画面の「Button Label」の項目から自由に変更できますので、ボタンの名称は「メニューカテゴリーの追加」や「メニューセットの追加」など、状況に応じて設定しておくとより使いやすくなります。

8-2 メニューごとに情報を入力
図はフィールド作成時に「レイアウト」をROWに設定した状態

COLUMN

サンプルにおけるカスタムフィールドの適用

「Advanced Custom Fields:Repeater Field」は有料のアドオンです。アドオンをインストールしないとページを表示できないため、サンプルのデフォルトの状態では固定ページで別途作成した「Menu」ページを表示しています。

ただし、ページそのものは用意されているので(固定ページの下書き状態の「Menu」)、「Advanced Custom Fields:Repeater Field」をインストールして有効化すれば、カスタムフィールドを使用した状態を確認できます。その場合、次のような手順が必要です。

❶「Advanced Custom Fields:Repeater Field」をインストールして有効化
❷現在表示中の「Menu」ページのステータスを「下書き」に変更してスラッグを書き換える
❸カスタムフィールド用の「Menu」ページのステータスを「下書き」から「公開済み」に変更して、スラッグを「menu」に変更 01

❹[外観>メニュー]から「メニュー構造」にある「Menu」を削除して設定をリセット
❺改めて左にある固定ページボックスから「Menu」を追加し、元通りに並べなおす

以上の操作で、サンプルテーマのカスタムフィールドが使用可能になります。なお、P16でも手順を詳しく解説しています。

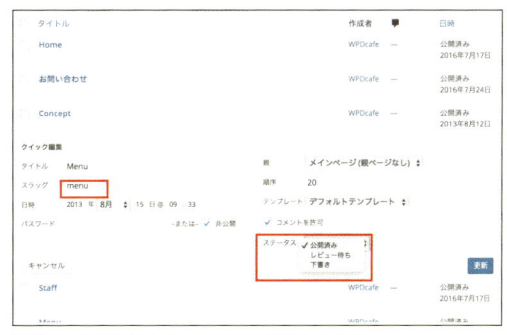

01 公開状態を変更してスラッグを書き換える

▶メニューページ用のテンプレートの制作

9 メニューが登録できたところで、実際に表示するテンプレートを作成しましょう。今回は固定ページでメニューを表示するので、page.phpを複製してメニュー表示用のテンプレートファイルを作成します。ファイル名は 9-1 としておけば、該当のスラッグ名のページを表示する時に自動的に適用されます。

page-固定ページのスラッグ名.php

9-1 表示テンプレート名

MEMO
たとえば、サンプルのように固定ページ「メニュー」のスラッグ名が「menu」の場合は、page-menu.phpとします。

TIPS カスタムフィールドを複数のページで使用する場合、9-1 では1つの固定ページでしか利用できません。複数のページで使いたい場合は、管理画面からテンプレートが選択できるようにする必要があります。その場合、メニュー表示用テンプレートの最初に 01 のように記載すると、固定ページ編集画面の[ページ属性>テンプレート]のプルダウンから「メニュー用テンプレート」が選べるようになります 02 。

```
<?php
/*
Template Name: メニュー用テンプレート
*/
?>
```
01

02

10 まず、繰り返しのカスタムフィールドでページ内リンクメニュー **10-1** を作成します。メニューカテゴリーに移動するためのページ内リンクは **10-2** のように記載します。

Repeater Fieldではプラグイン独自の関数を使用します。

❶ get_field()を使ってメニューカテゴリー用のフィールド名であるmenu-catを取得し、値が入っていれば次の行に進むという条件分岐をしています。

❷ while(has_sub_field('menu-cat')) では、menu-cat がサブフィールドを持つ値の場合に、サブフィールドの数ぶん以下をループ処理します。

❸ アンカーリンクを指定しています。the_sub_field('menu-cat-label') で、menu-catのサブフィールドであるmenu-cat-labelの値を表示しています。

❹ 同じくthe_sub_field('menu-cat-name')で、メニューのカテゴリー名であるmenu-cat-nameを表示しています。

```php
<?php if( get_field('menu-cat') ): ?>      ――❶
  <ul id="page_link_menu">
    <?php while( has_sub_field('menu-cat') ): ?>  ――❷
      <li>
        <a href="#<?php esc_attr( the_sub_field('menu-cat-
          label') ); ?>"                    ――❸
          <?php esc_html( the_sub_field('menu-cat-name') ); ?>  ――❹
        </a>
      </li>
    <?php endwhile; ?>
  </ul>
<?php endif; ?>
```

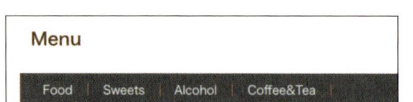

10-1 ページ内リンクメニュー

10-2 メニュー用テンプレートに記述（page-menu.php）

---

11 繰り返しのカスタムフィールドでメニュー一覧 **11-1** を作成します。メニューのカテゴリーだけではなく、メニューのカテゴリーに属するメニューもループするので少しソースコードが長くなります **11-2** 。

メニューのカテゴリーの次は、各メニューのループになります。サブフィールドの場合はget_sub_field()で条件分岐します。ここがget_field()ではデータが正常に取得できませんので注意して下さい。

11-1 メニュー一覧における表示

> **MEMO**
> 一番外側のメニューカテゴリーのループである while(has_sub_field('menu-cat')) の部分は先ほどのページ内リンクと同じです❶。次の行でページ内リンク用のidを表示し、続いてメニューカテゴリー名を表示しています❷。

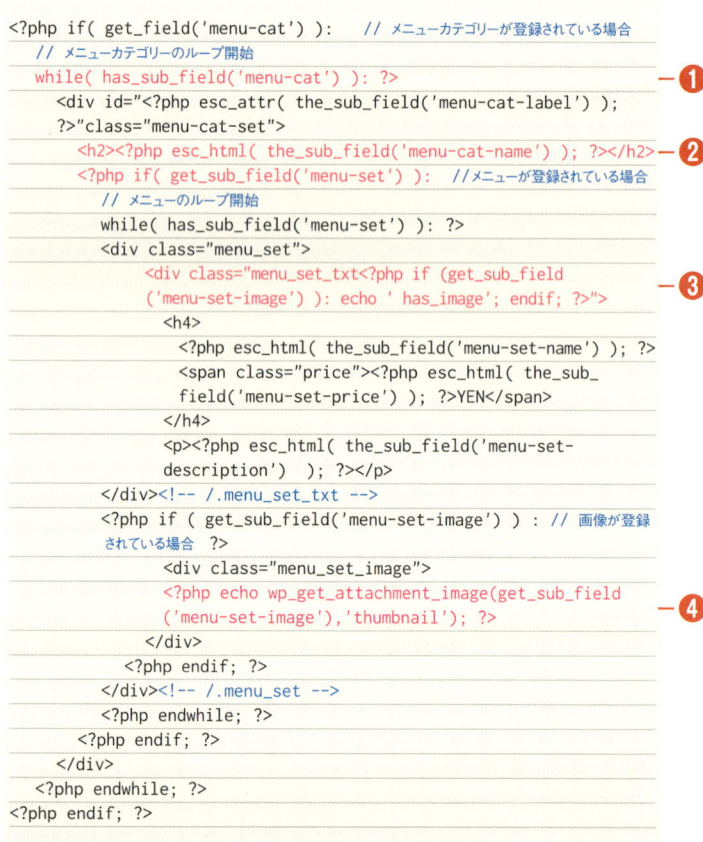

11-2 メニュー用テンプレートに記述（page-menu.php）

12 メニューは文字部分と写真の部分に分かれますが、写真がある時とない時でレイアウトを調整する必要があります。そのため、写真がある場合はhas_imageというクラス名を付与しています **12-1**。画像については、カスタムフィールドの値を画像のIDが返り値となるように設定してあるので、get_sub_field('menu-set-image')で画像IDを取得できます。

```
<div class="menu_set_txt<?php
if ( get_sub_field('menu-set-
image') ) : echo ' has_image';
endif; ?>">
```

12-1 「menu-set-image（メニューセットの画像）」を取得（**11-2** - **3**）

```
<?php echo wp_get_attachment_
image(get_sub_field('menu-set-
image'),'thumbnail'); ?>
```

12-2 thumbnaiサイズで画像を表示（**11-2** - **4**）

wp_get_attachment_image(画像ID , 画像のサイズ)で表示したいサイズの画像を取得できるので、**12-2** と記述してサムネイルの画像を表示しています。

最後にサンプルのCSSを **12-3** に記載しますので参考にしてみてください。出力されるHTMLは **12-4** になります。

```
.menu h1 { color:#5F2F08;background-color: #E0D5B8;border-
radius: 5px;font-weight:bold; box-shadow: inset 1px 1px 1px
rgba(0,0,0,0.1);padding:8px 15px 5px;   }
.menu-cat-set { margin:0 25px 25px 15px;padding-top:25px; }
.menu #content h2 { color:#5F2F08;font-weight:bold;border-bottom:1px
dashed #5F2F08;padding:5px 0 10px; line-height: 110%; position:
relative; }
.menu .menu_set { border-bottom: 1px dashed #C6B688;display:block;
overflow:hidden;padding:15px 0; }
.menu .menu_set .menu_set_txt.has_image { width:78%;float: left; }
.menu .menu_set .menu_set_txt .price { margin-left:1em;font-size:0.75e
m;color:#5F2F08;float:right;border:1px solid #C6B688; padding:1px 5px;
border-radius: 3px; }
.menu .menu_set .menu_set_txt p { margin-bottom:0;font-size:0.857em; }
.menu .menu_set .menu_set_image { width:20%;max-width:100px;
float:right; }
.menu .menu_set .menu_set_image img { border:1px solid #C6B688;border-
radius:5px; }

ul#page_link_menu { border-left:1px solid #C6B688;margin-left:0; }
ul#page_link_menu li { display:inline; list-style: none; }
ul#page_link_menu li a { padding:0 20px; border-right:1px solid
#C6B688;}
```

12-3 メニューのCSS

```
<div id="food" class="menu-cat-set">
    <h2>Food</h2>
    <div class="menu_set">
        <div class="menu_set_txt has_image">
            <h4>季節の野菜カレー<span class="price">850YEN</span></h4>
            <p>当店人気ナンバー1!季節の旬の野菜をたっぷり入れてじっくりと煮込んだカレーです。</p>
        </div><!-- /.menu_set_txt -->
        <div class="menu_set_image">
            <img width="150" height="150" src="http://sample.com/wp-content/uploads/menu_image01.jpg" class="attachment-thumbnail" alt="カレー" />
        </div>
    </div><!-- /.menu_set -->
    <div class="menu_set">
        <div class="menu_set_txt">
            <h4>オカラのヘルシータコライス<span class="price">900YEN</span></h4>
            <p>特製胡麻ソースがたっぷりのっています　胡麻は、高血圧、便秘、貧血、冷え性、夏バテなどの症状を緩和。トッピングの高野豆腐は鉄分、食物繊維を含み低カロリー</p>
        </div><!-- /.menu_set_txt -->
    </div><!-- /.menu_set -->
    .
    .
    .
```

12-4 出力されるHMTL

まとめ

「Advanced Custom Fields」と有料のアドオン「Repeater Field」を使うことによって、かなり柔軟にページを構築することができます。

今回はメニューのカテゴリーとメニューをひとつの固定ページで実装しましたが、項目が多ければ多いほど入力画面が縦にどんどん長くなってしまいますので、メニューのカテゴリーごとに固定ページを分けたり、次項で解説するカスタム投稿タイプで作るなど、状況に応じて最適な構築方法を模索してみてください。

016 カスタム投稿タイプによる スタッフ紹介ページの登録

Part 2
環境構築と
テーマの準備

前項ではカスタムフィールドを利用したメニューページを作成しました。次に「カスタムフィールド」「カスタム投稿タイプ」「カスタム分類」の3大カスタム機能を使用したスタッフ紹介用のページを作成してみます。

WordPressの
3大カスタム機能を活用

使用技術
PHP　　CSS　　プラグイン

制作のポイント
- カスタム投稿タイプを追加
- カスタム分類の追加
- カスタム分類の投稿一覧を表示

使用するテンプレート&プラグイン
- functions.php
- single-staff.php
- sidebar.php
- archive-staff.php
- content-staff-loopitem.php
- taxonomy-staff-cat.php
- Advanced Custom Fields

▶「カスタムフィールド」でスタッフ紹介用の入力欄を追加

1 まず、スタッフ紹介で掲載する項目を決めます。今回のサンプルでは、各スタッフの「写真」「趣味」「出身地」「ひとこと」とします **1-1** 。

これらの項目を見栄えよくレイアウトするには本文欄にHTMLを記述する必要があるので、知識の少ないサイトの運営者は追加・更新をするのは難しくなります。

このような問題を解決するために、WordPressにはカスタムフィールドという機能があります。通常の投稿画面ではデフォルトで決められた「タイトル」「本文」「抜粋」などの限られた入力欄しかありません。しかし、カスタムフィールドを設定すると「趣味」「出身地」「ひとこと」など、入力欄を新たに

追加することができます。カスタムフィールドはWordPressの標準機能として利用可能ですが、標準の入力フィールドは使いにくいので、ここでは前項

に引き続きプラグイン「Advanced Custom Fields」を使用します（有料アドオンの「Repeater Field」は使用しません）。

ぐっしー　店長

趣味
珈琲とケーキとメガネをこよなく愛する店長です。

出身地
兵庫県神戸市

ひとこと
はじめまして、店長のぐっしーです。
WPDカフェはこだわりの自家焙煎豆をネルドリップで一杯一杯心を込めて淹れています。
淹れたての香りをぜひお楽しみ下さい！

1-1 スタッフ紹介での掲載項目

2 まず、「Advanced Custom Fields」をインストールして有効化します。管理画面の左側のメニューに「カスタムフィールド」という項目が表示されるので、［カスタムフィールド＞カスタムフィールド］から新規のカスタムフィールドグループを作成します **2-1** 。今回はスタッフ紹介に関する入力欄を増やすので、名前を「スタッフ紹介」としました。次に「＋フィールドを追加」ボタンをクリックするとフィールドの設定画面が表示されます **2-2** 。

2-1 上にある新規追加をクリックし作成

2-2 名前を入力し「＋フィールドを追加」をクリック

3 表示された画面でフィールドラベルを「趣味」、フィールド名を「favorite」、フィールドタイプを「テキスト」、フィールド記入のヒントを「お客様との会話のきかけとなるような趣味を記入して下さい。」、フォーマットを「No formatting（無し）」に設定します **3-1** 。フィールドタイプはラジオボタンやチェックボックスなど、さまざまな種類が選べます。「出身」、「ひとこと」の項目も作成したら、「公開」ボタンをクリックしましょう **3-2** 。

・出身
フィールドラベル:出身
フィールド名:from
フィールドタイプ:テキスト
フィールド記入のヒント:都道府県など
フォーマット:No formatting（無し）

・ひとこと
フィールドラベル:ひとこと
フィールド名:message
フィールドタイプ:テキストエリア
フィールド記入のヒント:お客様へのメッセージ。
フォーマット:No formatting（無し）

3-1 上記を参考に情報を入力

3-1 表示する項目についてフィールドグループを追加

4 投稿画面を見ると、先ほど追加したカスタムフィールドが増えていることが確認できます 4-1 。

しかし、ひとつ問題があります。カスタムフィールドで追加した項目はスタッフ紹介以外では使用しません。このままではサイト運営者が迷う原因にもなるので、スタッフ紹介以外の投稿でこのカスタムフィールドが表示されているのは好ましくないといえるでしょう。

そこで、スタッフ紹介専用の投稿タイプを追加します。

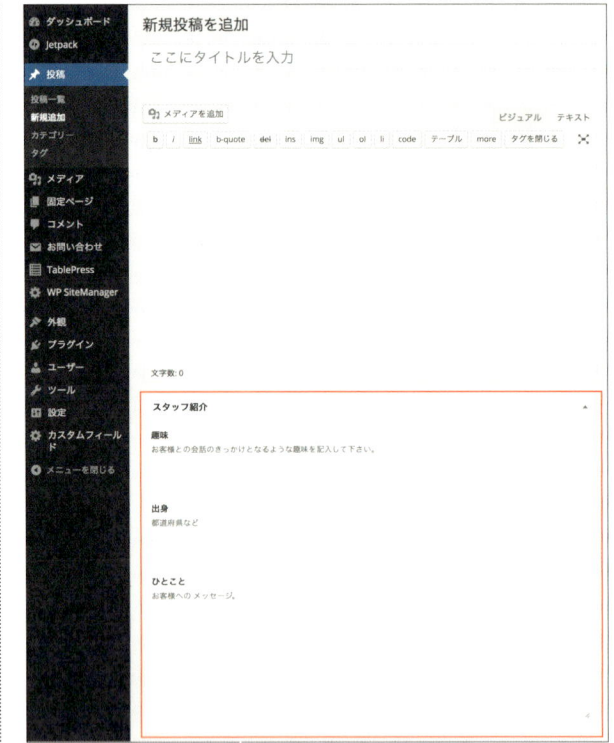

4-2 下部に「スタッフ紹介」の項目が追加される

▶カスタム投稿タイプを追加する

5 WordPressの投稿タイプには「投稿」と「固定ページ」の2種類が標準で用意されていますが、ここに新たな投稿タイプを追加することもできます。これを「カスタム投稿タイプ」と呼びます。

今回は「スタッフ」というカスタム投稿タイプを作りながら説明を進めていきます。なお、カスタム投稿タイプには次のような2つのメリットがあります。

❶投稿や個別ページとは別のメニュー、入力画面を作ることができ、公開ページでは、入力項目にあわせたレイアウトで表示できる 5-1 。

❷投稿や固定ページとは分けて情報を管理することができる。

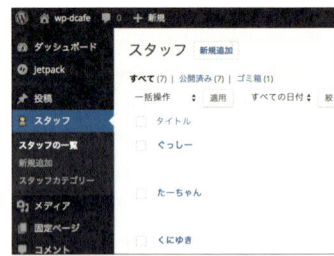

5-1 管理画面に追加されたメニュー

6 カスタム投稿タイプを追加するためには、プラグイン（Custom Post Type UIなど）を使うか、テーマファイルのfunctions.phpに直接記述する方法があります。今回は後者の方法で説明します。

まずはfunctions.phpに 6-1 のコードを追加します。

```
function create_post_type_staff() {
  $labels = array(
    'name'            => 'スタッフ',
    'all_items'       => 'スタッフの一覧',
  );
  $args = array(
    'labels'          => $labels,
    'supports'        => array('title','editor','excerpt','thumbnail'),
    'public'          => true,       // 公開するかどうが
    'show_ui'         => true,       // メニューに表示するかどうか
    'menu_position'   => 5,          // メニューの表示位置
    'has_archive'     => true,       // アーカイブページの作成
    'menu_icon'       => get_template_directory_uri().'/assets/img/icon-staff.png',
  );
  register_post_type( 'staff', $args );
}
add_action( 'init', 'create_post_type_staff', 0 );
```

6-1 register_post_type関数を使用[functions.php]

この状態で管理画面を見ると、左側に「スタッフ」のメニューが追加されています 6-2 。register_post_type の最初のパラメーター 'staff' がカスタム投稿タイプの名前になります。supports は新たに追加する投稿タイプで利用する項目で 6-3 のようなものがあります。

6-2 左側の投稿に「スタッフ」というメニューが追加される

> **MEMO**
> カスタム投稿タイプの詳細は WordPress Codex 日本語版の投稿タイプのページで紹介されているので参考にしましょう。

パラメーター	概要
title	タイトル
editor	本文欄 (content)
author	投稿者選択プルダウン
thumbnail	アイキャッチ画像 (使用中のテーマがアイキャッチ画像／投稿サムネイルをサポートしていることが必要)
excerpt	抜粋
trackbacks	トラックバック
comments	コメント
custom-fields	カスタムフィールド
revisions	リビジョンを保存する

6-3 supports のパラメーター

COLUMN

プラグインを使用する場合との違い

「Custom Post Type UI」などのプラグインを使うと、手軽にカスタム投稿タイプを作成することができて非常に便利です。しかし、テーマを流用して類似のサイトを作ったり、サイトを横展開する場合には、サイトごとにプラグインをインストールをして、プラグインの設定を行う必要があります。functions.php に直接書くとそれらの手間が省ける上に、カスタム投稿タイプに関する理解も深まるので、状況に応じて使い分けるとよいでしょう。なおカスタムフィールドの場合は設定する項目も多いので、fucntions.php に記述するよりも、プラグインで作成して設定をインポートした方が楽です。

7 スタッフ用のカスタム投稿タイプが完成したところで、先ほど作成したカスタムフィールドをカスタム投稿タイプ「スタッフ」に割り当てます。

管理画面左メニューの「カスタムフィールド」より、先ほど設定した画面に移動します 7-1 。

7-1 設定したカスタムフィールド「スタッフ紹介」を編集する

016 カスタム投稿タイプによるスタッフ紹介ページの登録

8 「フィールドグループを編集」にある「位置」の中に「ルール」という項目があります。

今回はカスタム投稿タイプ「staff」で表示したいので、「投稿タイプ」、「等しい」、「staff」を選択して「更新」ボタンをクリックします 8-1 。これで、「スタッフ」の記事を投稿・編集する時にだけカスタムフィールドが適用されます。

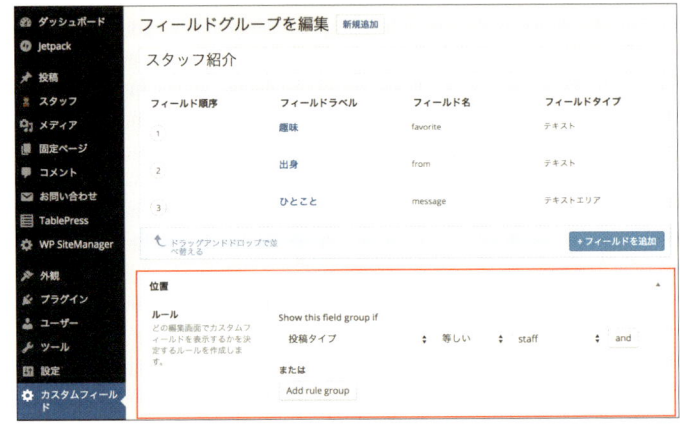

8-1 「位置」の項目を設定

▶カスタム分類（カスタムタクソノミー）の追加

9 スタッフ情報登録用のカスタム投稿タイプはできましたが、スタッフは「店長」「ホール」「キッチン」などのカテゴリーに分類されます。これら分類情報をWordPressに登録するために、投稿の「カテゴリー」のような分類を新たに追加する機能がカスタム分類（カスタムタクソノミー）です。

カスタム分類もプラグインによって追加することはできますが、今回はカスタム投稿タイプ同様に、functions.phpに 9-1 のように記載することにします。

```
function create_custom_taxonomy_staff()
{
register_taxonomy(
    'staff-cat',    // カスタム分類名
    'staff',        // カスタム分類を使用する
                       投稿タイプ名
    array(
        'hierarchical' => true,
        'label' => 'スタッフカテゴリー',
        'singular_label' => 'スタッフカテゴリー',
        'public' => true,
        'show_ui' => true,
    )
);
}
add_action( 'init', 'create_custom_taxonomy_staff', 0 );
```

9-1 カスタム分類（カスタムタクソノミー）の設定 [functions.php]

MEMO
register_taxonomyの最初のパラメーターがカスタム分類名となります。作成したカスタム分類をどの投稿タイプで使用するのかを次のパラメーターで指定します。今回はスタッフ紹介で使用しますので、先ほど作成した投稿タイプ名の'staff'になります。

MEMO
カスタム分類に登録する項目のことを「ターム」と呼びます。今回の例では「店長」「ホール」「キッチン」がタームとなります。

▶カスタム投稿の詳細ページを表示する

10 カスタム投稿タイプの個別投稿を表示するテンプレートはsingle.phpになります。投稿タイプごとに表示を変える場合は「single-投稿タイプ名.php」のファイル名でテンプレートを作成します。カスタム投稿タイプ「staff」の場合は「single-staff.php」です。single.phpを複製し、ファイル名をsingle-staff.phpと変更して、カスタムフィールドで入力した情報を 10-1 のようにレイアウトをしていきましょう。

10-1 スタッフ紹介の詳細ページ

11 まず、カスタム分類のタームの取得について解説します。「ぐっしー」という名前の右側に表示される「店長」マークがタームです。記事が登録されているカスタム分類はget_the_term_list()で取得してechoで出力します **11-1** 。

```
<?php echo get_the_term_list( $post->ID, 'staff-cat' ); ?>
```
11-1 get_the_term_list(カスタム分類を取得する記事ID,カスタム分類名)

> **MEMO**
> 最初のパラメーターはカスタム分類を取得する記事IDです。今回の例では現在の記事IDになりますので、$post->ID となります。次の staff-cat が取得するカスタム分類名となっています。

12 カスタムフィールドの値はpost_custom('カスタムフィールド名')で呼び出すことができますが、これはphpの値として呼び出すだけなので、実際に表示するにはechoをつける必要があります **12-1** 。今回はカスタムフィールドで趣味('favorite')、出身地('from')、ひとこと('message')の3つを作成しましたので、それぞれ出力するには **12-2** のようになります。また、カスタムフィールドはthe_title()やthe_content()などと同様に、 **12-3** のようなループの中でしか通常は使えないので注意してください。まとめると、詳細ページ用のsingle-staff.phpの記述は **12-4** のようになります。CSSは次ページにある **12-5** のように記述しました。

```
<?php echo esc_html( post_custom('カスタムフィールド名') ); ?>
```
12-1 カスタムフィールドの値を呼び出す

```
<dl>
<dt>趣味</dt>
<dd><?php echo esc_html( post_custom('favorite') ); ?></dd>
</dl>
<dl>
<dt>出身地</dt>
<dd><?php echo esc_html( post_custom('from') ); ?></dd>
</dl>
<dl>
<dt>ひとこと</dt>
<dd><?php echo nl2br( esc_html( post_custom('message') ) ); ?></dd>
</dl>
```
12-2 カスタムフィールドの出力

> **! ATTENTION**
> 入力されるテキストでHTMLタグを無効にしておかないとセキュリティ上問題があるため、カスタムフィールドの値はそのまま出力するのではなく、エスケープ処理を忘れないようにしましょう。通常HTMLを許可しない場合はesc_html()、HTMLの属性の場合はesc_attr()、URLの場合はesc_url()などを使用します。

> **MEMO**
> 3つ目の「ひとこと('message')」は、入力欄がテキストエリアで改行があるので、改行を反映させるためにnl2br()関数で処理しています。

```
<?php while ( have_posts() ) :
the_post(); ?>
// ここに書きます
<?php endwhile;?>
```
12-3 カスタムフィールドの記述場所

```
<div id="content" class="site-content staff" role="main">
<h1>スタッフ</h1>
<?php while ( have_posts() ) : the_post(); ?>
<div class="entry-content">
  <h2><?php the_title();?> <?php echo get_the_term_list( $post->ID,
  'staff-cat', '<span class="staffCate">', ' , ', '</span>' );?></h2>
  <div class="staff-thumbnail"><?php the_post_thumbnail(); ?></div>
  <div class="staff-info">
    <dl>
    <dt>趣味</dt>
    <dd><?php echo esc_html( post_custom('favorite') ); ?></dd>
    </dl>
    <dl>
    <dt>出身地</dt>
    <dd><?php echo esc_html( post_custom('from') ); ?></dd>
    </dl>
    <dl>
    <dt>ひとこと</dt>
    <dd><?php echo nl2br( esc_html( post_custom('message') ) ); ?></dd>
    </dl>
  </div>
  <div class="staff-content"><?php the_content(); ?></div>
</div>
<?php endwhile; ?>
<?php _s_content_nav( 'nav-below' ); ?>
</div><!-- #content -->
```
12-4 スタッフ詳細ページの記述［single-staff.php］

```
.staff h1 { color:#5F2F08;background-color: #fff4f4;border-radius: 5px;font-weight:bold; box-shadow: inset 1px 1px 1px rgba(0,0,0,0.1);padding:8px 15px 5px;    }
.staff .entry-content { margin:0px 0px 20px;display:block; overflow:hidden;padding:10px 25px;background-color: #fff; box-shadow:1px 1px 0px 1px rgba(255,255,255,1);border-radius: 5px;border:1px solid #f7dcdc;}
.staff .entry-content h2 { color:#5F2F08;font-weight:bold;border-bottom:1px dashed #5F2F08;padding:5px 0 10px; line-height: 110%; position: relative; border-left: none;}
.staff .entry-content .staffCate { font-size:12px;font-weight: lighter;margin-left:15px; position:relative;top:-4px; }
.staff .entry-content .staffCate a {background-color: #fff4f4;border-radius: 3px; padding:2px 10px;}
.staff .entry-content .staff-thumbnail { float:right;width:30%;border:4px solid #fff;box-shadow:1px 1px 3px rgba(0,0,0,0.2); }
.staff .entry-content .staff-thumbnail img { width:100%;height:auto; }
.staff .entry-content .staff-info { margin-bottom:20px;width:65%; }
.staff .entry-content .staff-info dl  { margin-bottom:10px; }
.staff .entry-content .staff-info dl dt { color:#5F2F08;margin-bottom:8px;border-bottom:1px solid #fff4f4; box-shadow: 0 1px 0 1px rgba(255,255,255,1); }
.staff .entry-content .staff-content img { margin:0 15px 10px 0; border-radius: 5px; border:1px solid #fff4f4; }
```

12-5 カスタムフィールドのCSS［style.css］

▶サイドバーにカスタム分類のリストを表示

13 「店長」「ホール」「キッチン」という項目をカスタム分類で作成しました。それぞれに該当するスタッフの一覧（アーカイブ）ページへアクセスしやすいように、カスタム分類のリストをサイドバーに表示します。カスタム分類のリストを表示するには、sidebar.phpに **13-1** のように記載します。

```
<ul>
<?php wp_list_categories(
'title_li=&taxonomy=staff-
cat&orderby=order' ); ?>
</ul>
```

13-1 サイドバーに表示するための記述

TIPS カスタム分類の表示順は、プラグイン「PS Taxonomy Expander」などを使うと簡単に変更することができます。ただし、wp_list_categories()のパラメーターで、「orderby=order」が指定していないと設定通りの表示にならないので注意して下さい。

14 全ページ共通で使用しているsidebar.phpに記載する場合は、スタッフ紹介の詳細ページでも、ブログの記事一覧ページでも同じものを表示させることになります。スタッフのページのみで表示させる場合は、if ('カスタム投稿タイプ名' == get_post_type()) で条件分岐する方法があります **14-1** 。なお、表示されるリストは **14-2** のようになります。

```
<?php if ( 'staff' == get_post_type()) : ?>
    <aside class="widget">
    <h4 class="widget-title">スタッフカテゴリー</h4>
    <ul>
    <?php wp_list_categories( 'title_li=&taxonomy=staff-cat&
    orderby=order' ); ?>
    </ul>
    </aside>
<?php endif; ?>
```

14-1 全ページ共通のサイドバーにカスタム分類のリストを表示

スタッフカテゴリー
店長
キッチン
ホール

14-2 表示されるリスト

▶カスタム投稿タイプの投稿一覧を表示する

15 スタッフの詳細ページができたので、次に **15-1** のような一覧ページを作成します。

カスタム投稿タイプの投稿一覧ページのパスは「WordPressのサイトURL/カスタム投稿タイプ名/」となります。アーカイブ用のテンプレートはarchive.phpになります。投稿タイプごとに異なる表示にしたい場合は「archive-投稿タイプ名.php」のファイル名でテンプレートを作成します。カスタム投稿タイプ「staff」の場合は「archive-staff.php」です。archive-staff.phpには **15-2** のようなコードを記述します。

15-1 スタッフ紹介の一覧を表示

MEMO
コード中の❶の部分については次ページで触れます。

TIPS
投稿件数（今回の場合はスタッフの人数）が多く、WordPressの[設定＞表示設定]の「1ページに表示する最大投稿数」を超える場合は、ページナビをつけるとよいでしょう。ページナビのつけ方については、P61を参照してください。

MEMO
archive.phpは記事の投稿年別や月別などの一覧ページ用としても使われるので、たとえば年別アーカイブの場合ならif (is_year())という条件分岐を記述することで、archive.phpだけで表示内容を切り替えることもできます。

```php
<?php get_header(); ?>

  <section id="primary" class="content-area large-9 columns">
    <div id="content" class="site-content staff" role="main">

    <?php if ( have_posts() ) : ?>

      <header class="page-header">
      <h1 class="page-title">スタッフ</h1>
      </header><!-- .page-header -->
      <?php while ( have_posts() ) : the_post(); ?>
        <?php // スタッフ一人分の情報 ?>
        <article class="entry-content">
          <div class="row">
            <div class="large-3 small-3 columns thumbnail">
              <a href="<?php the_permalink(); ?>">
              <?php if ( has_post_thumbnail()) {
                the_post_thumbnail('top-tumb');
              } else {
                echo '<img src="' . get_bloginfo('template_url') .'/
                assets/img/no_image.gif" alt="" title="" />';
              } ?>
              </a>
            </div> <!-- thumbnail -->
            <div class="large-9 small-9 columns">
              <header class="entry-header">
                <h2 class="entry-title"><a href="<?php the_permalink();
                ?>"><?php the_title(); ?></a> <?php echo get_the_term_
                list( $post->ID, 'staff-cat', '<span class=
                "staffCate">', ' , ', '</span>' );?></h3>
              </header><!-- .entry-header -->
              <div><?php the_excerpt(); ?></div>
            </div>
          </div>
        </article><!-- .entry-content -->

      <?php endwhile; ?>
      <?php _s_content_nav( 'nav-below' ); ?>
    <?php else : ?>

      <?php get_template_part( 'no-results', 'archive' ); ?>

    <?php endif; ?>

    </div><!-- #content -->
  </section><!-- #primary -->

<?php get_sidebar(); ?>
<?php get_footer(); ?>
```

❶

15-2 archive-staff.php

16 スタッフ一人分の情報を出力するコードは、スタッフカテゴリー一覧ページでも共通して使用するので、モジュールテンプレート化します。「content-staff-loopitem.php」というファイルを作成し、15-2 の❶の部分を記述してテーマディレクトリに置きます。次に archive-staff.php で❶の部分を削除し、代わりに 16-1 を記述して content-staff-loopitem.php を呼び出します。こうすることで、複数のテンプレートで共通する部分をモジュールとして別ファイルに管理できます 16-2 。

```php
<?php get_template_part( 'content-staff-loopitem' ); // スタッフ一人分の情報 ?>
```

16-1 content-staff-loopitem.php を呼び出すコード

```php
<?php get_header(); ?>

    <section id="primary" class="content-area large-9 columns">
        <div id="content" class="site-content staff" role="main">

        <?php if ( have_posts() ) : ?>

            <header class="page-header">
                <h1 class="page-title">スタッフ</h1>
            </header><!-- .page-header -->
            <?php while ( have_posts() ) : the_post(); ?>
                <?php get_template_part( 'content-staff-loopitem' ); // スタッフ一人分の情報 ?>
            <?php endwhile; ?>

        <?php else : ?>

            <?php get_template_part( 'no-results', 'archive' ); ?>

        <?php endif; ?>

        </div><!-- #content -->
    </section><!-- #primary -->

<?php get_sidebar(); ?>
<?php get_footer(); ?>
```

16-2 モジュールテンプレートを利用した archive-staff.php

TIPS 一覧ページにおける記事の表示順序は公開日付で入れ替えられますが、プラグイン「Post Types Order」などを使うとドラッグ＆ドロップ操作でより簡単に並び替えられます。

▶カスタム分類の投稿一覧を表示する

17「キッチン」や「ホール」など、17-1 のようなカスタム分類による一覧ページを作成します。

カスタム分類の一覧も、カスタム投稿タイプとほぼ同じレイアウトです。どのカスタム分類の一覧を表示しているのかを見出しなどに表示するケースが多いでしょう。

タクソノミー用のテンプレートファイルは taxonomy.php ですが、今回はカスタム分類 staff-cat を作成したので、テンプレートは taxonomy-staff-cat.php となります 17-2 。

17-1 カスタム分類の一覧ページ

17 ソースコードはarchive-staff.phpとほぼ同じですが、どのカテゴリーを表示しているかがわかりやすいように、見出しであるh1の部分にsingle_term_title()関数を用いてターム名を表示します。ただ、先述のようにレイアウトはほぼ同じになるケースがほとんどなので、共通のアーカイブ用テンプレートファイルを用い、if (is_tax()) で条件分岐を行ってタームを出力する方法をとってもよいでしょう **17-3**。

```php
<<?php get_header(); ?>

    <section id="primary" class="content-area large-9 columns">
        <div id="content" class="site-content staff" role="main">

        <?php if ( have_posts() ) : ?>

            <header class="page-header">
                <h1 class="page-title">スタッフ - <?php single_term_title(); ?>-</h1>
            </header><!-- .page-header -->
            <?php while ( have_posts() ) : the_post(); ?>
                <?php get_template_part( 'content-staff-loopitem' ); ?>
            <?php endwhile; ?>
            <?php _s_content_nav( 'nav-below' ); ?>
        <?php else : ?>

            <?php get_template_part( 'no-results', 'archive' ); ?>

        <?php endif; ?>

        </div><!-- #content -->
    </section><!-- #primary -->

<?php get_sidebar(); ?>
<?php get_footer(); ?>
```

17-2 taxonomy-staff-cat.php

```php
<?php if ( is_tax() ) :    // カスタム分類のアーカイブの場合 ?>
<?php single_term_title(); // カスタム分類を出力 ?>
<?php endif; ?>
```

17-3 カスタム分類の一覧表示

COLUMN カスタム投稿タイプを使うメリット

たとえば「スタッフ紹介」を更新したいと思っても、管理者や制作者でもない限り、どこを編集すればいいのか、一見しただけではわかりません。その結果、編集する場所を探すために、固定ページ一覧や投稿メニューを確認することになります。

しかし、カスタム投稿タイプを利用すれば、管理画面のメニュー項目に「スタッフ紹介」が表示されているため、どこを編集すればいいのかがすぐにわかります。

まとめ

カスタム投稿タイプ、カスタム分類を理解すると、カスタマイズの幅が飛躍的に広がる反面、実装方法で迷う場面が増えてきます。たとえば今回のスタッフ紹介コンテンツに関しても、スタッフが数名程度の場合であればカスタム投稿タイプを使用するのではなく、固定ページにカスタムフィールドだけで実装した方が楽で、サイト管理者にとっても便利です。使いやすさ、メンテナンス性、実装工数を考慮し、使いどころをしっかり判断して、効果的に活用するようにしましょう。

セキュリティ対策を考えよう

アップデートの徹底

WordPressのコア、プラグイン、テーマは日々アップデートが続けられています。このアップデートには、機能の改善や拡張などだけでなく、セキュリティ的な改善が含まれていることも多くあります。現在、利用中のWordPressのバージョンは最新であるかどうか、常に確認をするようにしましょう。バージョンが古いまま放置すると、自サイトが改ざんされる可能性を残すこととなります。定期的なアップデートを心がけましょう。

WordPress本体のアップデートサイクル

WordPress本体のアップデートは3ヶ月に一回程度行われます。その予定や内容は、WordPress公式のロードマップのページにて確認することができます 01 。予定されているアップデートに加え、セキュリティ改善などの理由でリリースの間にマイナーバージョンアップが行われる場合もあります。この場合、WordPressをデフォルト設定で利用している場合は、自動バックグラウンド更新機能が働き、自動的にアップデートされた後に管理者にメールが届きます。特別な理由がない限り、この機能は停止しないようにしておきましょう。

最大の防御策はパスワードを工夫すること

単純で基本的ですがパスワードを複雑なものにすることは、とても有効なセキュリティ対策の一つです。最新のWordPressではインストール時に自動的に強度の高い複雑なパスワードが割り当てられます 02 。また、割り当てられるパスワードを変更した場合にも強度が高いものでなければ、基本的にはインストールできないようになっています。これらを参考にパスワードを設定しましょう。決して'1234'や'password'といった安易なものにはしないようにしましょう。ランダムなパスワードの生成を行なってくれるWebサービスもあるので、これを活用するのもよいでしょう 03 。

クライアントに周知徹底する

特にクライアントにWordPressで制作したサイトを納品する場合、クライアントはわかりやすいパスワードを利用しがちです。必ず前述のような理由を説明し、多少面倒であったとしても複雑なパスワードを利用してもらうようにしましょう。

そしてもちろん、WordPress自体をなるべく最新のバージョンにアップデートするようにしましょう。

より詳しくWordPressのセキュリティについて知りたい場合は、公式ドキュメントであるcodex内の「WordPressの安全性」を高める を参考にしてください。

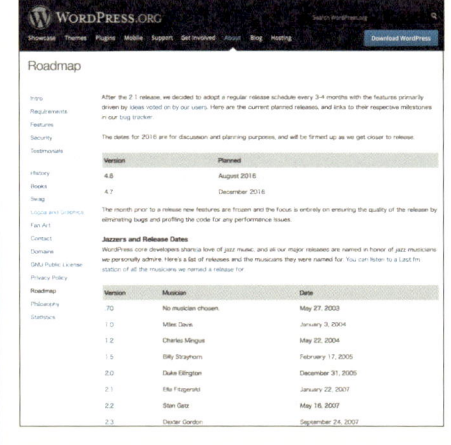

01 About » Roadmap - WordPress
https://wordpress.org/about/roadmap/

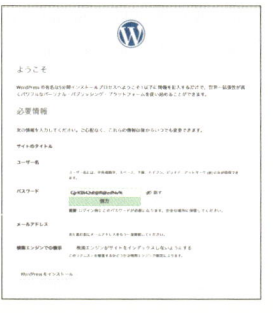

02 WordPressにおけるパスワード強度インジケーター

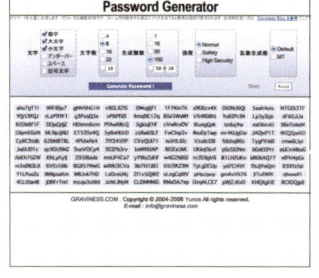

03 Password Generator
http://www.graviness.com/temp/pw_creator/

Part 3
多彩なカスタマイズ

基本SEO&SMO対策
トップページに表示する情報を別の固定ページで管理する
特定のカテゴリーの最新記事をトップページに表示する
OGPを設定しSNSで表示される情報を最適化
SNSのソーシャルボタンを記事本文に表示する
ソーシャルウィジェットをウィジェットエリアに表示
記事の投稿と同時に、自動的にSNSにも投稿する
WordPressのコメント欄をFacebookと連携する
定型作業用にショートコードをつくる
Infinite Scrollを組み込む
メインビジュアルをスライドショーに
タブインターフェイスを導入する
Lightbox系プラグインで画像を見栄えよく表示
おしゃれな写真ギャラリーを設置
上部固定ナビゲーション
Pinterst風に画像を一覧表示
ページトップへ戻るボタンの導入する
Webフォントを利用する
アイキャッチ画像をカッコよくするCSS
レスポンシブ対応した動画の埋め込み
スマートフォン閲覧時のメニュー表示のバリエーション
レスポンシブ対応の表組みを作成する

001 基本 SEO&SMO 対策

Part 3
多彩な
カスタマイズ

SEO対策は、検索エンジンの検索結果ページでなるべく上位に表示させるための施策です。また最近では、ソーシャルメディアでの評判を高めようとするSMO対策も注目されています。

OGP等を設定しSEO&SMO対策

使用技術
PHP　　CSS　　**プラグイン**

制作のポイント
- プラグイン「WP SiteManager」を利用
- 投稿記事ごとのメタ情報を設定

使用するテンプレート&プラグイン
- WP SiteManager

▶ WordPressプラグインを利用する

1 ここでは、プラグイン「WP SiteManager」 **1-1** を利用し、メタ情報の設定とソーシャルメディアへの対応を行います。すでに前章でも何度か登場していますが、「WP SiteManager」はWordPressをCMSとして利用する際に必要な機能を網羅した統合パッケージとして人気があります。数ある機能の中から、今回は「メタ情報設定」の機能を使います。

1-1 WP Site Maneger
https://ja.wordpress.org/plugins/wp-sitemanager/

> **MEMO**
> 「WP SiteManager」が持つその他の機能については P58、P66、P72をご覧ください。

▶「WP SiteManager」の設定

2 SEO（Search Engine Optimization）は、検索エンジンの検索結果ページで、より上位に表示されることを目的とします。「WP SiteManager」では、HTMLヘッダーのメタキーワードとメタディスクリプションを設定します。これらは検索エンジンが検索キーワードとして参照したり、検索結果に表示する際の説明文として利用されます。

一方で、SMO（Social Media Optimization）は、ソーシャルメディアでの認知度や評判を高めることを目的とします。「WP SiteManager」ではOGPとTwitter Cardsを設定します。OGPはFacebookをはじめとするSNSで、Twitter CardsはTwitterのタイムラインでリンクを貼られたりシェアされた際にサイトの情報を表示するために利用されます。

管理画面の[WP SiteManager＞SEO & SMO]から設定できる項目の詳細は次のとおりです。

❶サイトワイド設定

共通キーワードと基本ディスクリプションを設定します。共通キーワードは、すべてのページで出力されるメタキーワードを入力します。基本ディスクリプションは、基本となるメタディスクリプションを入力します。カテゴリーの分類や、投稿記事のメタディスクリプションが個別に入力されている場合は、そちらが優先して出力されます。

❷記事設定

記事のキーワードとしてカテゴリーやタグを追加するかどうかを設定します。記事のメタディスクリプション「抜粋を記事のディスクリプションとして利用する」にチェックを入れると、抜粋または記事本文より自動生成したテキストがメタディスクリプションとして出力されます。

❸タクソノミー設定

「分類名をキーワードに含める」にチェックを入れると、カテゴリーなど分類のアーカイブを表示する際に、メタキーワードに分類名が追加されます。

❹ソーシャル設定

OGPとTwitter Cardsの設定を行います。画像の定義と、OGPやTwitter Cardsの出力を行うかどうかを指定します。

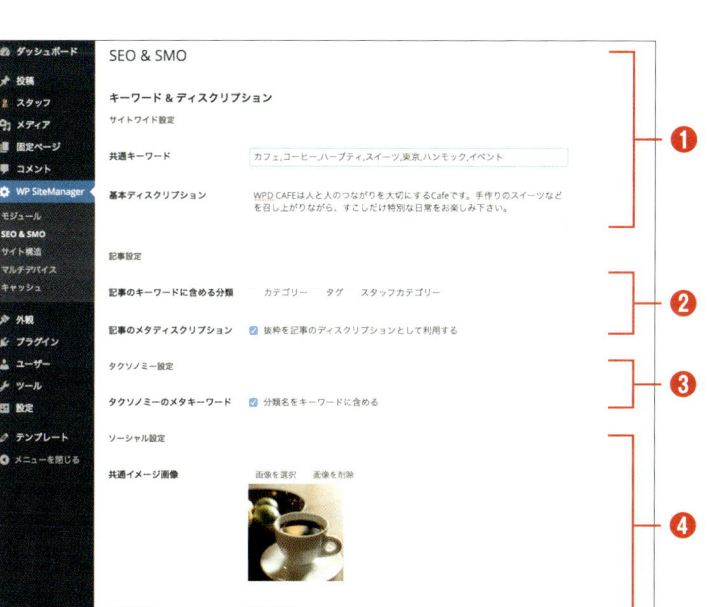

2-1「WP SiteManager」の設定画面

WordPressがSEOに強いといわれる理由

WordPressがSEOに強いといわれる根拠のひとつとして、まず構造化HTMLがあげられます。テンプレートファイルごとに分かれた構造と適切なマークアップにより、検索エンジンに適したHTMLを提供することが可能です。

次に、ページごとに異なるタイトルタグがあげられます。

たとえば、トップページのタイトルタグはトップページ[サイトのタイトル | キャッチフレーズ]のようにカスタマイズすることができます。

このようにページごとに適したタイトルタグを提供することもSEOに有効とされます。

▶投稿記事ごとのメタ情報を設定

3 「WP SiteManager」を有効化すると、投稿や固定ページ、カスタム投稿タイプの編集画面に、メタ情報の入力ボックスが追加されます。メタ情報入力ボックスの「メタキーワード」、「メタディスクリプション」を入力すると記事独自のキーワードを追加したり、メタディスクリプションを変更することができます 3-1 。

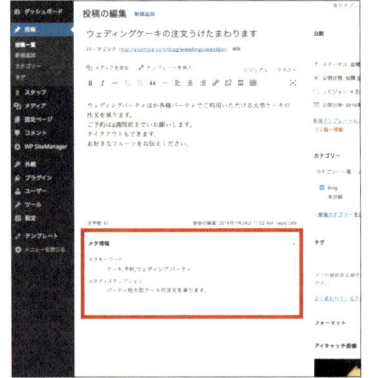

3-1 投稿画面でメタ情報を入力

> **MEMO**
> メタ情報入力ボックスの表示／非表示は、編集画面右上の「表示オプション」タブ内のチェックボックスで切り替えられます。

▶カテゴリー、タグ、カスタム分類のメタ情報を設定

4 カテゴリー、タグ、カスタム分類のメタキーワード、メタディスクリプションについてもメタキーワードの追加とメタディスクリプションの変更ができます。それぞれの編集ページで入力する項目が表示されるので、必要項目を入力しましょう 4-1 。最終的にはHTMLヘッダー内に 4-2 のようなメタタグが出力されます。

4-1 カテゴリーの編集
[投稿>カテゴリー]から編集画面を表示

> **MEMO**
> この方法は検索順位にすぐ影響するものではありません。ただ、Web上で目にとまりやすくなり、ソーシャルメディアで拡散しやすくなる効果が期待できます。ぜひ設定しておきましょう。

```
<meta name="keywords" content="カフェ,コーヒー,ハーブティ,スイーツ,東京,ハンモック,イベント" />
<meta name="description" content="WP-D Cafeは人と人のつながりを大切にするCafeです。" />

<!-- WP SiteManager OGP Tags -->
<meta property="og:title" content="WPD-CAFE" />
<meta property="og:type" content="website" />
<meta property="og:url" content="http://example.com" />
<meta property="og:description" content="WP-D Cafeは人と人のつながりを大切にするCafeです。手作りのスイーツなどを召し上がりながら、すこしだけ特別な日常をお楽しみ下さい。" />
<meta property="og:site_name" content="WPD-CAFE" />
<meta property="og:image" content="http://example.com/wp-content/uploads/2016/06/cafe.jpg" />

<!-- WP SiteManager Twitter Cards Tags -->
<meta name="twitter:title" content="WPD-CAFE" />
<meta name="twitter:url" content="http://example.com" />
<meta name="twitter:description" content="WP-D Cafeは人と人のつながりを大切にするCafeです。手作りのスイーツなどを召し上がりながら、すこしだけ特別な日常をお楽しみ下さい。" />
<meta name="twitter:card" content="summary" />
<meta name="twitter:site" content="@example" />
<meta name="twitter:image" content="http://example.com/wp-content/uploads/2016/06/cafe.jpg" />
```

4-2 出力されたメタタグの例

▶ソーシャル設定

5 最近では、ソーシャルメディアを利用したSMO対策が増えています。そこで重要になるものがOGP（Open Graph Protocol）です。

OGPはFacebook、Google+、mixiなどSNSにおいてページがシェアされたり「いいね」ボタンを押された際に表示される情報を提供します。OGPを設定しない場合でも、SNS側によって自動的にページの概要やサムネイルは表示されます。ただし、よりページの魅力を伝えるものになるように、意図した情報を提供するにはOGPの設定が必要です **5-1**。なお、「WP SiteManager」が出力するOGPの項目は **5-2** になります。

5-1 OGPを設定しない場合（左）、OGPを設定した場合（右）

項目	内容
title	ページのタイトル
type	ページの種類（website）
url	ページのURL
description	ページの概要
site_name	サイト名
image	ページのサムネイルのURL

5-2 WP SiteManagerにおけるOGP設定

6 Twitter Cardsでは、Twitterでページがツイートされた際に表示される情報を提供できます **6-1**。「WP SiteManager」が設定するTwitter Cardsの項目は **6-2** のとおりです。Twitter Cardsの利用には、以前は申請が必要でしたが現在は必要ありません。なお、Twitterに投稿した際の見え方はTwitter Developers（https://dev.twitter.com/ja/cards/overview）で検証できます。

6-1 Twitter Cardsの表示プレビュー

項目	内容
title	ページのタイトル
url	ページのURL
description	ページの概要
card	Cardsの種類（summary）
site	Twitter Cardsのサイトアカウント
image	ページのサムネイルのURL

6-2 「WP SiteManager」におけるTwitter Cards設定

まとめ

SEO対策として、検索エンジンで有効なキーワードと検索結果ページに表示されるページの説明を設定します。SMO対策として、SNSでページをシェアされた際に最適な情報を提供します。

SEO対策には、ここに紹介したもの以外にも数多くありますが、もっとも重要なのはよいコンテンツであることは肝に銘じておきましょう。

002 トップページに表示する情報を別の固定ページで管理する

Part 3
多彩な
カスタマイズ

WordPressでは特定の固定ページをトップページに設定できますが、修正の手間を考えると、すべての情報を1つの固定ページで管理するのは避けたいものです。そこで、別の固定ページで表示する内容を管理し、その内容をトップページに読み込ませてみましょう。

使用技術

制作のポイント
- 特定の固定ページを用意
- カスタムフィールドを設定
- ページを指定するコードをテンプレートに記述

使用するテンプレート&プラグイン
- front-page.php
- Advanced Custom Fields

▶管理用の固定ページを用意

1 本書のサンプルテーマにおいて、トップページで表示されている部分は「front-page.php」に記述されています。ここに更新頻度が高い情報を表示したい場合は、そのつど「front-page.php」を書き換えることになります。これは、管理や手間の面から見ても、あまり好ましい状況とはいえません。そこで、ここで表示されている情報をそれぞれ別の固定ページで管理し、修正しやすくしてみます。

1-1 は、「Conceptページ」「Menuページ」「Accessページ」へのリンク・画像・タイトル・テキスト文が設定されています。カスタムフィールドを使い、これらをそれぞれのページで管理・設定できるようにします。

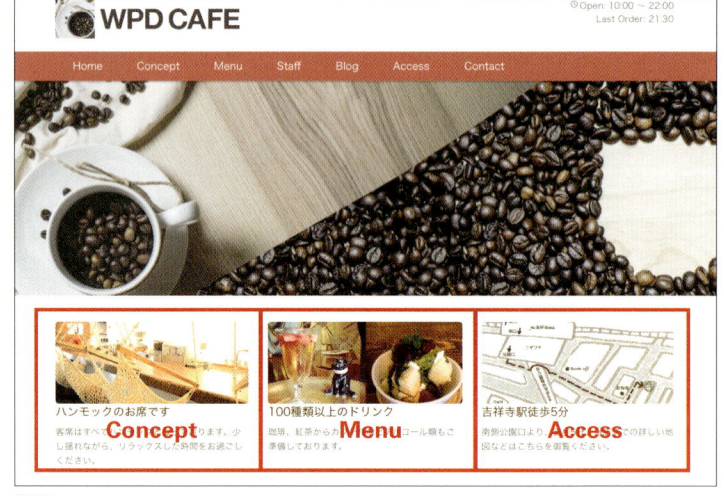

1-1 特定の固定ページで表示する内容を管理
左から「Conceptページ」「Menuページ」「Accessページ」で管理

2 今回はサンプルテーマに用意してある固定ページ「Concept」「Menu」「Access」とリンクした情報を表示するので、それぞれの「ページID」「スラッグ」「ページタイトル」で指定して表示することになります。

ここではスラッグで指定するので、各ページのスラッグを「concept」「menu」「access」とします（サンプルテーマではすでにこれらのスラッグが設定されています）**2-1**。

スラッグは固定ページの編集画面の下部からも確認できます。もし表示されていない場合は、編集画面上部の「表示オプション」を開き「スラッグ」にチェックを入れてください **2-2**。

2-1「Access ページ」のスラッグ
クイック編集で入力可能

2-2 スラッグの表示

> **MEMO**
> 固定ページのタイトルと内容は、管理する情報とは関係ないので自由に書いて問題ありません。
> 本書のサンプルの場合、「Menuページ」には、すでにMenu表示用のカスタムフィールドが設定されています。新たにトップページ表示用のカスタムフィールドを追加すると、編集画面が長くなり、わかりづらくなるおそれがあるので、トップページ表示用として「Menu_top」などの固定ページを別途作成してもよいでしょう。

▶カスタムフィールドを設定

3 次に、表示する情報を入力するカスタムフィールドを設定します。カスタムフィールドの設定には、プラグインの「Advanced Custom Fields」**3-1** を使用するとよいでしょう。

表示したい項目はリンク・画像・タイトル・テキスト文です。ただ、カスタムフィールドではパーマリンクの設定は必要ないので、そのほかの3つに関して設定しましょう。

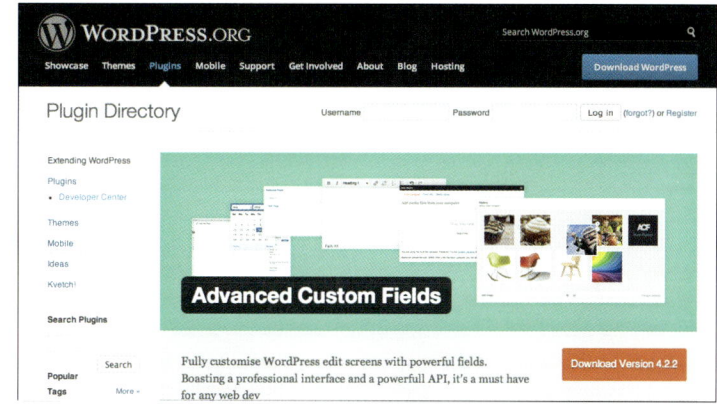

3-1 Advanced Custom Fields
http://wordpress.org/plugins/advanced-custom-fields/

> **MEMO**
> 「Advanced Custom Fields」によるカスタムフィールド作成の詳細はP100を参照してください。

002　トップページに表示する情報を別の固定ページで管理する

4 まず、必要なフィールドを設定します。管理画面の［カスタムフィールド＞カスタムフィールド］から「新規追加」をクリックします。フィールドグループに適当な名前をつけた後、「＋フィールドを追加」ボタンをクリックして、「トップページ用画像」「トップページ用タイトル」「トップページ用テキスト」のフィールドを作成します **4-1**。

また「ルール」についても、指定した固定ページ3つのみとして余計なページには表示されないようにしておきます。

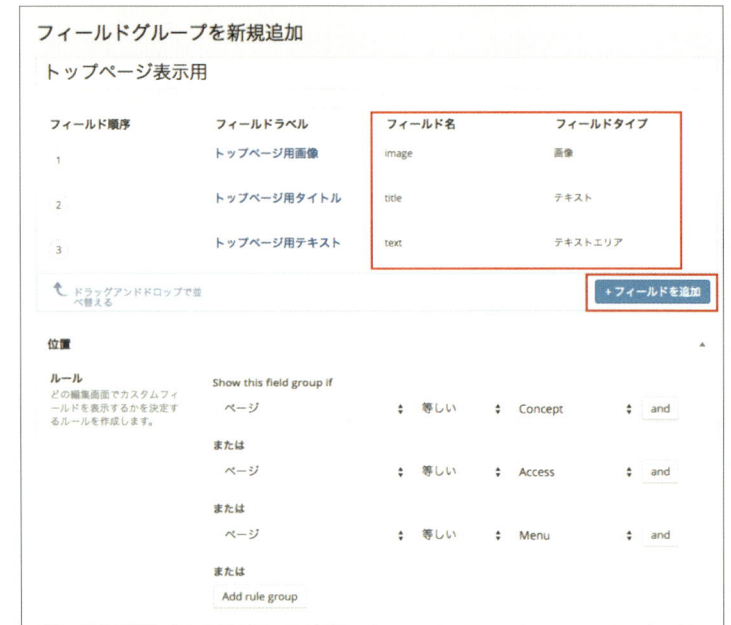

4-1 カスタムフィールドの設定
今回は上記のような内容で設定。「ルール」では「Add rule group」をクリックして表示するページを追加していく

▶固定ページのカスタムフィールドに情報を入力

5 作成したカスタムフィールドにそれぞれのデータを入力しましょう。

まず、管理画面の［固定ページ］から、管理用の固定ページの編集画面を開きます **5-1**。ここで、先ほど設定した「トップページ用画像」、「トップページ用タイトル」、「トップページ用テキスト」をそれぞれ入力します。

TIPS 「Advanced Custom Fields」で作成したカスタムフィールドは、メディアアップローダーから画像挿入が可能なので、テキスト以外でも簡単に指定することができます。

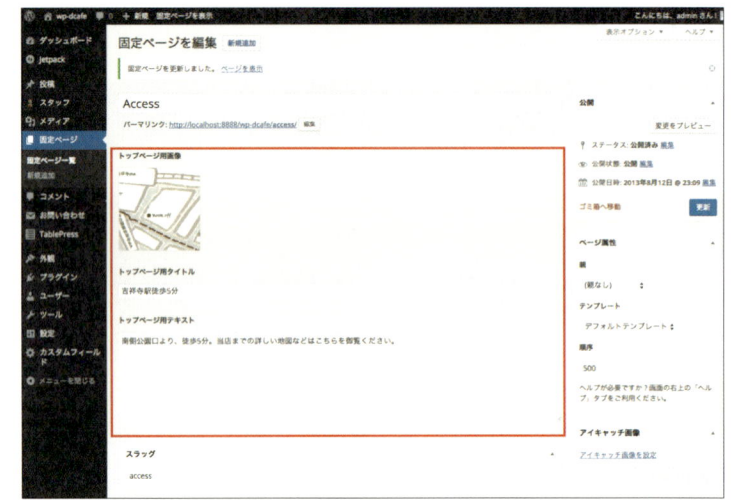

5-1 「Accessページ」の設定
同様に「Conceptページ」「Menuページ」も設定

MEMO
画像はサンプルテーマの/assets/img/にある1.jpg、2.jpg、3.jpgを利用しています。

▶スラッグでページを指定する

6 front-page.phpの3つの項目を表示する部分に **6-1** のコードを挿入し、ページのスラッグにあわせてスラッグ記述指示を加えます。

今回のコードは同じ内容（画像、タイトル、テキスト）で3つのページを読んでいるので、スラッグの指示も3つです。もちろんスラッグ指定部分を変更すれば、ほかのスラッグでも指定できます。

これで各固定ページで表示内容を指定できるようになります。たとえば、「Conceptページ」のカスタムフィールドで画像を差し替えると **6-2** 、トップページにおける「Concept」部分も **6-3** のように表示されます。

```php
<div class="row front-feature">
  <?php foreach ( array( 'concept', 'menu', 'access' ) as $path ) : ?>//スラッグ名（'concept'、'menu'、'access'）でのページ指定
    <?php if ( $page = get_page_by_path( $path ) ) : ?>//get_page_by_path=スラッグで情報を取得する指定
    <div class="large-4 columns">
      <?php if ( $img_id = get_post_meta( $page->ID, 'image', true ) ) : ?>//カスタムフィールドimageのチェック
      <a href="<?php echo get_permalink( $page->ID ); ?>">//ページのパーマリンク表示
        <?php echo wp_get_attachment_image( $img_id, 'full' ); ?>//カスタムフィールドimageの画像の表示
      </a>
      <?php endif; ?>
      <?php if ( $title = get_post_meta( $page->ID, 'title', true ) ) : ?>//カスタムフィールドtitleのチェック
      <h5><a href="<?php echo get_permalink( $page->ID ); ?>">//ページのパーマリンク表示
        <?php echo esc_html( $title ); ?>//htmlテキストとしてtitleを出力
      </a></h5>
      <?php endif; ?>
      <?php if ( $text = get_post_meta( $page->ID, 'text', true ) ) : ?>//カスタムフィールドtextのチェック
      <p><?php echo esc_html( $text ); ?></p>//htmlテキストとしてtextを出力
      <?php endif; ?>
    </div>
    <?php endif; ?>
  <?php endforeach; ?>
</div>
```

6-1 表示用の記述
front-page.phpの<?php get_header(); ?>直後に入力。なお、コメントによるコードの説明は紙面でわかりやすいように文末に入れているが、実際にこの形式で入れるとページに表示されてしまう点に注意しよう

6-2 「Conceptページ」のカスタムフィールドで画像を変更

6-3 トップページの画像が変更

> **MEMO**
> スラッグのよい点は「途中でページを変えられる」という点です。
> たとえばキャンペーンや季節などで読み込み先のページを切り替えたい場合、テンプレートファイルの中を変更しなくても、対象となるページのスラッグを変えてあげれば変更が可能です。

▶そのほかのページ指定方法

7 今回はページのスラッグで指定しましたが、「ページのタイトル」で指定する方法もあります。これもスラッグ同様、ページタイトルはあとから変更可能なので汎用性は高くなります。たとえば、ページタイトルを「Concept」、「Menu」、「Access」とした場合 7-1 は、front-page.phpに記述するコードは 7-2 となります。

> **!ATTENTION**
> タイトルによる指定の場合、変更の手軽さという点ではスラッグよりも面倒です。たとえば読み込んでいる固定ページのタイトルを「夏のキャンペーン」から「秋のキャンペーン」に変更したいといった場合、スラッグ指定であればタイトルを変更しても読み込みに影響はありませんが、タイトル指定の場合はfront-page.phpを書き換える必要があります。

7-1 「Access」とタイトルを指定

```
<div class="row front-feature">
<?php foreach ( array( 'Concept', 'Menu', 'Access' ) as $path ) : ?>//ページのタイトル('Concept', 'Menu', 'Access')でのページ指定
<?php if ( $page = get_page_by_title( $path ) ) : ?>//get_page_by_title=タイトルで情報を取得する指定
<div class="large-4 columns">
<?php if ( $img_id = get_post_meta( $page->ID, 'image', true ) ) : ?>
<a href="<?php echo get_permalink( $page->ID ); ?>">
<?php echo wp_get_attachment_image( $img_id, 'full' ); ?>
</a>
<?php endif; ?>
<?php if ( $title = get_post_meta( $page->ID, 'title', true ) ) : ?>
<h5><a href="<?php echo get_permalink( $page->ID ); ?>">
<?php echo esc_html( $title ); ?>
</a></h5>
<?php endif; ?>
<?php if ( $text = get_post_meta( $page->ID, 'text', true ) ) : ?>
<p><?php echo esc_html( $text ); ?></p>
<?php endif; ?>
</div>
<?php endif; ?>
<?php endforeach; ?>
</div>
```

7-2 タイトルで指定
赤字部分を変更している

8 固定ページを作成した際に割り振られるIDで表示を設定することも可能です。ただし、IDは「そのページ固有のもの」になるので、ほかのページに切り替えたい場合はページテンプレートのコードを修正する必要があります。IDによる指定は「クライアント側でページ変更操作をしない」または「表示するページを変更する予定がない」などの場合に使用しましょう。

IDで指定する場合には当然ID番号が必須となります。固定ページの編集画面を一度「下書きとして保存」または「公開」すると、その時点で「?page_id=●●」とIDが表示されます 8-1 。

8-1 ページIDの表示
ページタイトル下にある「パーマリンク」の「?page_id=」以降。上記の場合は2031

ただし、ここにIDを表示させるためには、管理画面の[設定>パーマリンク設定]が基本である必要がありますので注意してください **8-2**。

> **TIPS** ほかにページIDを確認する方法としては、固定ページの編集画面を表示して、URLの『?post=XX』の部分の数値を確認する方法があります。

8-2 パーマリンク設定の確認
サンプルではテーマを読み込む際に「カスタム構造」を選択しているので、IDを確認するためにはいったん「基本」に変更する必要がある

9 IDで指定する場合、front-page.phpに記述するコードは **9-1** となります。IDでの指定で注意したいのは「ページテンプレートをサイトによって修正しなければいけない」点です。

テーマとして作っておいても、新しいサイトで使用したい場合には再編集が必要となります。

```php
<div class="row front-feature">
<?php foreach ( array( '8', '110', '2031' ) as $path ) : ?>//ページのID( '8', '110', '2208' )でのページ指定
<?php if ( $page = get_page( $path ) ) : ?>//get_page=IDで情報を取得する指定
  <div class="large-4 columns">
  <?php if ( $img_id = get_post_meta( $page->ID, 'image', true ) ) : ?>
  <a href="<?php echo get_permalink( $page->ID ); ?>">
  <?php echo wp_get_attachment_image( $img_id, 'full' ); ?>
  </a>
  <?php endif; ?>
  <?php if ( $title = get_post_meta( $page->ID, 'title', true ) ) : ?>
  <h5><a href="<?php echo get_permalink( $page->ID ); ?>">
  <?php echo esc_html( $title ); ?>
  </a></h5>
  <?php endif; ?>
  <?php if ( $text = get_post_meta( $page->ID, 'text', true ) ) : ?>
  <p><?php echo esc_html( $text ); ?></p>
  <?php endif; ?>
  </div>
<?php endif; ?>
<?php endforeach; ?>
</div>
```

9-1 IDで指定
赤字部分を変更している

まとめ

トップページに表示する情報は、常に最新のものにすべきです。しかし、front-page.phpなどに直接入力してしまうと、情報の更新ごとにコードを書き換えなければならないため、非常に手間がかかります。ここで紹介したように、固定ページのカスタムフィールドを使って表示する情報を管理すれば、情報を更新するためにコードを書き換える必要がないため非常に便利です。

3 特定のカテゴリーの最新記事をトップページに表示する

ここではサイトのトップページの設定と、トップページに任意の投稿のカテゴリーの最新記事を表示する方法などについて紹介します。

最新記事の情報を表示

使用技術

PHP　　CSS　　プラグイン

制作のポイント
- ●トップページ用のテンプレートを作成
- ●任意のカテゴリーの最新記事を取得
- ●記事が見つからない場合に備える

使用するテンプレート&プラグイン
- ● front-page.php

▶トップページ用のテンプレートの作成

1 まず、トップページ用のテンプレートファイルを作成します。トップページとして利用できるテンプレートファイルには front-page.php、home.php、page.php、index.php などがあります。

front-page.phpは名前の通りトップページ用として用意されているファイルで、適用される優先順位も最も高くなっています。通常はサンプルと同様に front-page.php にしておくとよいでしょう **1-1**。

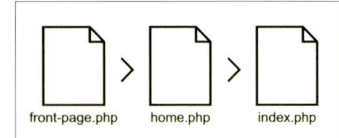

1-1 トップページの優先順位

▶任意のカテゴリーの最新記事を表示

2 トップページには、さまざまな情報を任意に表示したくなります。そのような「表示したい情報」を取得するのに便利なのが get_posts() 関数です。

たとえばトップページに「カテゴリースラッグが blog の情報を5件」という条件を指定し、それに一致する投稿を表示したい場合は **2-1** のように記載します。

この例の場合、get_posts() で取得したデータは $top_blog に配列で格納されます。それを foreach 文を使って一つの記事データずつ $post に格納します。

この $post を setup_postdata() 関数で処理することによって、the_title() や the_content() などの関数を使ってデータを表示できます **2-2**。

なお、サンプルテーマではカテゴリーは「お知らせ」として「blog（カテゴリースラッグ）」が用意されているので、この blog をトップページに表示させてみます。もしもスラッグを「news」や「pickup」にしている場合は、スラッグの指定に注意しましょう。

```php
<?php
global $post;
$top_blog = get_posts( array(
    'category_name' => 'blog', // カテゴリーのスラッグが 'blog'
    'posts_per_page' => 5, // 1ページでの表示件数が5件
) ); ?>
<ul class="postList">
    <?php foreach( $top_blog as $post ) : setup_postdata($post); ?>
        <li><?php the_title(); ?></li>
    <?php endforeach; ?>
</ul>
<?php wp_reset_postdata(); ?>
```

2-1 スラッグがblogの投稿を5件表示

> **ATTENTION**
>
> 最後のwp_reset_postdata()関数では、今回取得したデータをリセットしています。これを忘れると、他の場所に影響を与えてしまう可能性があります。get_posts()を使用したら最後に必ずwp_reset_postdata()は記載するようにしましょう。

2-2 表示例
blogの記事タイトルが表示される(サンプルにはこのCSSの記述はありません)

▶表示したい記事情報を取得するパラメーター

3 get_posts()は投稿の情報を取得する関数です。さまざまなパラメーターを指定して情報を取得することができます。**2-1**のサンプルソースでは、取得するカテゴリー(blog)と表示件数(5件)を指定しています。そのほかのパラメーターとしては**3-1**のようなものがあります。たとえば、カテゴリーのスラッグが'blog'、作成者のユーザーIDが1、1ページでの表示件数を昇順で5件ずつ表示する場合は**3-2**のように記述します。

パラメーター記載例	意味
'cat' => 3,	カテゴリーIDが3の投稿
'cat' => array(3,5),	カテゴリーIDが3と5の投稿
'order' => 'ASC',	昇順で取得(デフォルトは'DESC')
'author' => 1,	ユーザーIDが1の記事
'post_type' => 'page',	投稿タイプがpageの記事
'p' => 10,	IDが10の記事

3-1 get_posts()のおもなパラメーター

> **MEMO**
>
> get_posts()のパラメーターは、ほかにも数多くの種類があります。詳しく知りたい場合は公式の関数リファレンスでWP_Queryのパラメーターの項目をみたり、「WP Query パラメーター一覧」などをキーワードに検索してみてください。

```php
<?php
global $post;
$top_blog = get_posts( array(
    'category_name' => 'blog', // カテゴリーのスラッグが 'blog'
    'author' => '1', // 作成者のユーザーIDが1の投稿
    'order' => 'ASC', // 昇順で取得(デフォルトは'DESC')
    'posts_per_page' => 5, // 1ページでの表示件数が5件
) ); ?>
<ul class="postList">
    <?php foreach( $top_blog as $post ) : setup_postdata($post); ?>
        <li><?php the_title(); ?></li>
    <?php endforeach; ?>
</ul>
<?php wp_reset_postdata(); ?>
```

3-2 昇順で表示するパラメーターと投稿者のパラメーターを追加

▶該当記事がないケースに備える

4 条件を指定しても、それに該当する記事がない場合もあります。そのような時でも表示が不自然にならないようにしておく必要があります。

4-1 では、get_posts()で該当する記事がある場合（$top_blogに記事が入った場合）は該当した記事の情報を、該当する記事がない場合は「お知らせはありません。」という表示をしています **4-2**。

```php
<?php
global $post;
$top_blog = get_posts( array(
    'category_name' => 'blog', // カテゴリーのスラッグ
    'posts_per_page' => 5, // 1ページでの表示件数
) ); ?>
<ul class="postList">
    <?php if($top_blog) : ?>
        <?php foreach( $top_blog as $post ) : setup_postdata($post); ?>
            <li>
                <span class="postDate"><?php the_time( 'Y.m.d' ); ?></span>
                <span class="postCategory">[<?php the_category(',') ?>]</span>
                <span class="postTitle"><a href="<?php the_permalink(); ?>"><?php the_title(); ?>
                </a></span>
            </li>
        <?php endforeach; ?>
    <?php else : ?>
        <li>お知らせはありません。</li>
    <?php endif; ?>
</ul>
<?php wp_reset_postdata(); ?>
```

4-1 条件にあった記事がない場合、「<li>お知らせはありません。</li>」を表示

```
2016.07.07 [Blog] 乙女におくるスイーツ
2016.07.07 [Blog] 夏本番！新メニューのご紹介
2016.07.02 [Blog] フレンチトーストのパフェ
2016.06.29 [Blog] 夏もホットで楽しんで
2016.06.20 [Blog] 新メニューのお知らせ
```

```
お知らせはありません。
```

4-2 該当記事があった場合の表示（上）と、該当記事がなかった場合の表示（下）

COLUMN

PHPのforeachを理解しよう

WordPressはPHPで書かれていますが、その中でもWordPressに頻繁に出てくる構文の1つがforeachです。foreachを理解するとWordPressでできることも広がるので、ぜひ覚えておきましょう。

4-1 のソースをもとに、foreachがどういう処理をしているのかかりやすくしたのが **01** になります。

```php
<?php $top_blog = get_posts(); // get_posts()で取得した記事のデータを$top_blogに代入 ?>
<ul>
<?php
// $top_blog に代入されているデータの中から、記事1件分ずつ$postに代入しながらループ
foreach( $top_blog as $post ) :
// $postに入っている記事のデータの中身を the_time() やthe_content() などのWordPress独自の関数で取得できるようにする
setup_postdata($post); ?>
<li><?php the_time( 'Y/m/d' ); ?> <?php the_title();
?></li>
<?php endforeach; ?>
```

01

データは配列で代入されている

まず、$top_blog = get_posts(); で$top_blogという変数に該当記事の情報を格納します。$top_blog という単語は1つですが、この中には該当する記事の件数分のデータが入ってます。

では、実際にどういう内容が入っているのか見てみましょう **02**。print_r(調べたい変数)で中身を見ることができますが、その結果を見やすいように前後を pre タグで囲っています。ブラウザでは **03** のように表示されます。紙幅の都合上一部省略しましたが、記事のデータが複数格納されているのがわかります。これが配列でデータが入っている状態です。

```
<?php
$top_blog = get_posts();
print '<pre>';
print_r($top_blog); // $top_blog の中身を表示
print '</pre>';
?>
```
02

配列のデータをforeachでループする

foreachを使うことによって $top_blog のように配列で格納されているデータの中身をループ処理によって1件ずつ $postに取り出して、記事ごとに表示処理を行うことができます。今度は取り出された $postの中身を見てみましょう **04**。ブラウザでは **05** のように表示され、$postの中には1件分のデータだけが入っているのがわかります。$postの中のIDを取得・表示したい場合は **06** となります。このように、foreach を使うといろいろな情報をループして表示することができますので、ぜひ理解して使いこなせるようになりましょう。

```
WP_Post Object
(
    [ID] => 1935
    [post_author] => 2
    [post_date] => 2016-07-07 10:00:49
    [post_date_gmt] => 2016-07-07 10:00:49
    [post_content] => フランボワーズを使ったロンマンチックなチーズケーキです。
        一口食べただけで甘酸っぱさが広がりますよ。
        ミントの葉を添えてどうぞ。
)
~略~
```
05

```
Array
(
    [0] => WP_Post Object
        (
            [ID] => 1935
            [post_author] => 2
            [post_date] => 2016-07-07 10:00:49
            [post_date_gmt] => 2016-07-07 10:00:49
            [post_content] => フランボワーズを使ったロンマンチックなチーズケーキです。
                一口食べただけで甘酸っぱさが広がりますよ。
                ミントの葉を添えてどうぞ。
~略~
        )
    [1] => WP_Post Object
        (
            [ID] => 1976
~略~
        )
    [2] => WP_Post Object
        (
            [ID] => 1924
~略~
        )
    [3] => WP_Post Object
        (
            [ID] => 1746
~略~
        )
    [4] => WP_Post Object
        (
            [ID] => 1754
~略~
        )
)
```
03

```
<?php
$top_blog = get_posts();
foreach( $top_blog as $post ) :
    print '<pre>';
    print_r($post); // $post の中身を表示
    print '</pre>';
endforeach;
?>
```
04

```
<?php
$top_blog = get_posts();
foreach( $top_blog as $post ) :
    echo $post->ID; // $postの中のIDを表示
endforeach;
?>
```
06

まとめ

トップページに更新情報が表示されていれば、ユーザーが最新の記事に気づきやすくなり、届けたい情報も伝えやすくなります。ただし、更新が滞っている場合は、その情報もトップページに表示されてしまい逆効果になることも考えられます。最新記事を表示する場合は、できるだけ頻繁に記事を更新することを心がけましょう。

004 OGPを設定しSNSで表示される情報を最適化

Part 3
多彩なカスタマイズ

OGP（Open Graph Protocol）を活用して、WordPressで書いた記事がFacebookなどのSNSにシェアされた時に、意図した情報が流れるようにコントロールしましょう

OGPの設定により情報が表示される

使用技術

PHP　　CSS　　**プラグイン**

制作のポイント

- ●プラグインのインストールと有効化
- ●プラグインの設定

使用するテンプレート＆プラグイン

- ●Jetpack by WordPress.com

▶ Jetpack by WordPress.comでOGPを設定

1 OGPとは、記事に設置したソーシャルボタンがクリックされた時に、SNSでのタイムライン表示を最適化することができる規格のことです。

OGPは、Facebookで特に注目される規格ですが、Google+、GREE、mixiなどでも使われます。ここでは、「Jetpack by WordPress.com」 **1-1** プラグインを使って設定する方法について説明します。

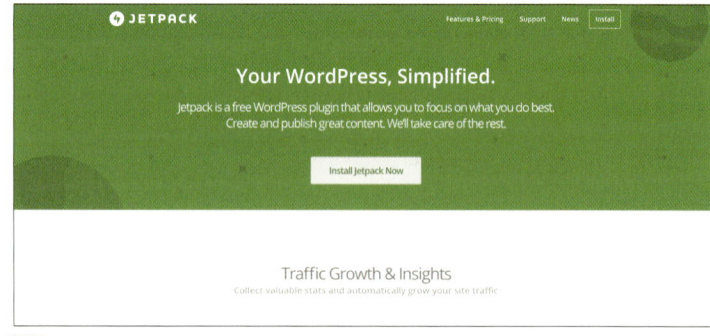

1-1 https://jetpack.com/

> **MEMO**
> たとえばFacebookなどで「いいね！」をされた時、OGPが設定されていない場合はウォール上に「○○さんがリンクについていいね！と言っています」とだけ表示されます。一方、OGPを設定すると元記事のURL、ページのタイトル、サイトや記事の説明、サムネイルなどが表示されるようになります。

> **⚠ ATTENTION**
> 「Jetpack by WordPress.com」プラグインはMAMPやXAMPPなどのローカル環境では動作しません。本記事の解説内容はインターネット上のサーバ環境でお試しください。

▶ WordPress.comと連携

2 プラグイン「Jetpack by WordPress.com」をインストールして有効化するとWordPress.comとの連携を求められます **2-1**。

「WordPress.comと連携」をクリックして、表示された画面でWordPress.comユーザー名とパスワードを入力します **2-2**。WordPress.comユーザー名を持っていない場合には、アカウントを新規で取得します **2-3**。連携が成功すると、**2-4** のような画面が表示されます。

2-1 緑色の「WordPress.comと連携」ボタンをクリック

2-2 WordPress.comのユーザー名とパスワードを入力

2-3 https://wordpress.com/start/survey/jp

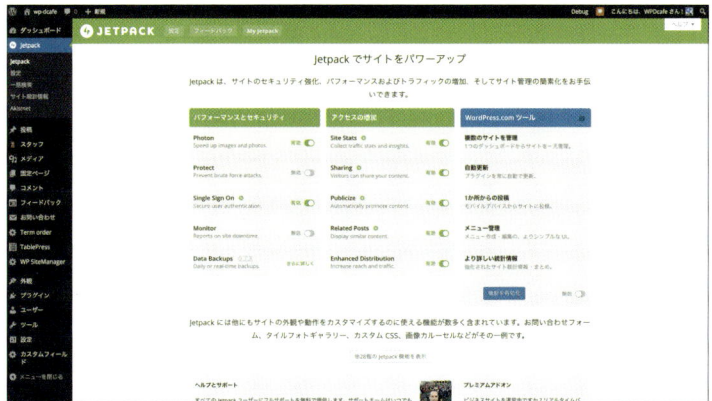

2-4 WordPress.comとの連携が完了

MEMO

Automattic社が提供するプラグインには、WordPress.comとの連携を求められる場合がよくあります。WordPress.comのアカウントは、WordPressの利用には必須と言えるので、あらかじめ用意しておきましょう。

▶ OPGの設定

3 「パブリサイズ」が有効化された状態になると **3-1**、OGPタグが自動的に挿入されます（Jetpackを有効化＆連携後は有効化された状態になりますが、なっていない場合は手動で有効化しましょう）。具体的には、＜head＞～＜/head＞内に **3-2** のようなmeta要素が出力されます。

FacebookなどのSNSで、いいね！やシェアされた場合は **3-3** のように表示されます。

MEMO
OGPの内容は次のようになります。
meta property="og:title":記事タイトル
meta property="og:url":記事URL
meta property="og:description":本文
meta property="og:image":アイキャッチ画像

TIPS
OGPはP120で紹介している「WP SiteManager」でも出力できます。また、header.phpに自分で設定することで、独自にカスタマイズすることも可能です。ただし、OGPの設定が重複すると正しく機能しなくなってしまうので、どれかひとつの方法で出力し、ほかのOGPは出力しないようにしておく必要があります。
「Jetpack」プラグインのOGPは、「パブリサイズ（共有）」を無効化するほか、テーマ内のfunctions.phpに「remove_action('wp_head', 'jetpack_og_tags');」のコードを1行追加すると出力を停止できます。
また、「WP SiteManager」の場合は、管理画面の[WP SiteManager > SEO & SMO]で「OGPの出力」のチェックを外すとOGPの出力を停止できます。
なお「WP SiteManager」では、「OGP出力」が有効になっている場合、OGPの重複を避けるためにJetpackのOGP出力を自動的に停止してくれます。

⚠ ATTENTION
「Jetpack by WordPress.com」はアクセスするために認証などが必要ない公開サイトのみで利用できます。ローカル環境における利用には、基本的に対応していません。

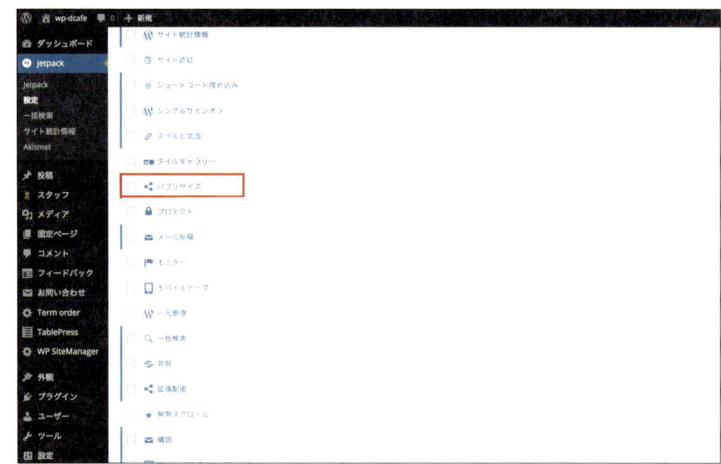

3-1 パブリサイズを有効化（[Jetpack＞設定]）

```
<!-- Jetpack Open Graph Tags -->
<meta property="og:type" content="article" />
<meta property="og:title" content="夏本番!新メニューのご紹介" />
<meta property="og:url" content="http://xxx.xxx/" />
<meta property="og:description" content="梅雨が明け、早くも今年の夏がやってきましたね。夏休みのご予定はお決まりでしょうか？ カフェでは夏野菜をつかった&hellip;" />
<meta property="article:published_time" content="2016-07-07T01:00:04+00:00" />
<meta property="article:modified_time" content="2016-07-18T02:27:51+00:00" />
<meta property="og:site_name" content="wp-dcafe" />
<meta property="og:image" content="http://xxx.xxx/uploads/2013/07/IMG_414611.jpg?fit=500%2C333" />
<meta property="og:image:width" content="500" />
<meta property="og:image:height" content="333" />
<meta property="og:locale" content="ja_JP" />
<meta name="twitter:image" content="http://xxx.xxx/wp-content/uploads/2013/07/IMG_414611.jpg?fit=500%2C333&#038;w=640" />
<meta name="twitter:card" content="summary_large_image" />
<link rel="canonical" href="http://xxx.xxx/blog/summernewmenu/" />
```

3-2 挿入されるコード

3-3 OGPを設定してシェアした状態

「Jetpack by WordPress.com」の主な機能

2016年7月現在、最新の「Jetpack by WordPress.com」には、37の機能（モジュール）が含まれています。これらはすべてJetpack設定画面から詳細へアクセス可能です（一部の機能については個別に有効化や設定が必要）。以下に、主な機能を紹介するので参考にしてください。

機能名	内容
Beautiful Math	数式などを LaTeX マークアップ言語で記入可能に
Gravatar ホバーカード	コメント投稿者の Gravatar プロフィールをポップアップ表示
JSON API	OAuth2 認証システムおよび WordPress.com REST API を使ってサイトのコンテンツへのアクセス・管理が可能になり、アプリケーションやサービスと連携するための機能
Markdown	主にライターやブロガー向けに、一般的な文字や記号を使ってリンク、リスト、その他のスタイルを投稿やコメントに追加できる機能
Photon	WordPress.comコンテンツ・デリバリー・ネットワーク (CDN) から画像を読み込んでサイトをスピードアップ
WP.me 短縮リンク	短くてシンプルな投稿の短縮リンクを取得
いいね	WordPress.com アカウントに基づいた「いいね!」ボタンを追加
ウィジェット表示管理	外観のウィジェットをページごとに公開・非公開をコントロール
カスタム CSS	テーマファイルを触れずにカスタム CSS を追加・置き換え可能
カルーセル	標準の画像ギャラリーにフルスクリーン表示オプションを追加
コメント	読者が Facebook、Twitter、WordPress.com アカウントでログインしてコメント可能に
コンタクトフォーム	カスタマイズしたフォームをショートコードを使って追加
サイトマップ	XML サイトマップファイルを生成
サイト統計情報	シンプルかつブログに特化したサイト統計情報ツール
ショートコード埋め込み	YouTube、Vimeo、SlideShare などのサイトから外部コンテンツを簡単に埋め込み可能に
シングルサインオン	WordPress.com のアカウントを使ってログインが可能に
スペル&文法チェック	After the Deadline 校正サービスによって、英語などのつづり・文法改善を補助
タイルギャラリー	複数の画像を含むギャラリーをモザイクレイアウトでスタイリッシュに表示
パブリサイズ	Facebook、Twitter、Tumblr、Google+ などに更新を自動投稿
メール投稿	メールを指定のアドレスへ送信するとブログ投稿される
モニター	5分ごとにサイトをチェックして、きちんと動作しているかを検知し、サイトが落ちていたらメール送信される
モバイルテーマ	モバイルデバイス向けに自動で最適化したテーマを必要に応じて適用
一括検索	投稿、固定ページ、コメント、メディア、プラグインの中から、キーワードを検索
共有	Facebook、Twitter、Google+ などのSNSへの共有（シェア）ボタンを簡単に表示
拡張配信	コンテンツを、リアルタイムで検索エンジンなどのサードパーティサービスへ配信しトラフィック増加を試みる
無限スクロール	ページの下の方へ近づくと自動的に投稿を追加して読み込む
購読	新規投稿やコメントの通知を読者へメールで配信
追加サイドバーウィジェット	Twitter ウィジェット、Facebook Like ボックス、画像、連絡先情報などの追加ウィジェットを利用可能に
通知	コメントなどの通知をサイト上のツールバー、ブラウザ拡張などで受け取る
関連投稿	サイト内の関係があるリンクを投稿の下に追加
データバックアップ	有料サービスであるVaultPressを使い、リアルタイムバックアップ＆セキュリティスキャンの実施

まとめ

現在では、サイト制作においてFacebookなどのSNSとの連携は必須と言えます。WordPressの場合、「Jetpack by WordPress.com」以外にもOGPを設定するプラグインが数多くあります。ただ、機能の多彩さや設定の簡単さなども考えると、やはりJetpackがオススメとなります。コラムの項目を参考に、そのほかの機能についても試してみてください。

005 SNSのソーシャルボタンを記事本文に表示する

Part 3
多彩な
カスタマイズ

WordPressで書いた記事にソーシャルボタンを設置すると、Facebook・Twitter・Google+・はてなブックマークなどのSNSにシェアされやすくなります。SNSのウォールやタイムラインに流れた記事URLからのアクセス増加が期待できます。

使用技術
PHP　CSS　**プラグイン**

制作のポイント
- ●プラグインのインストールと有効化
- ●プラグインの設定

使用するテンプレート＆プラグイン
- ●WP Social Bookmarking Light

▶プラグイン「WP Social Bookmarking Light」の設定

1 プラグイン「WP Social Bookmarking Light」`1-1` は、Facebook、Twitter、Google+、はてなブックマークなど、数十種類の主要なソーシャルボタンを気軽に設置できるプラグインです。まずは管理画面からプラグインをインストールし有効化します。

［設定＞WP Social Bookmarking Light］からさまざまな設定が可能です。設置したいソーシャルボタンを右側から選択して、左側にドラッグ＆ドロップします `1-2` 。ソーシャルアイコンの並び順は、左側のメニューの上から順番に並びます。この並び順もドラッグ＆ドロップで選択します。なお一般設定の項目は `1-3` を参考にしてください。

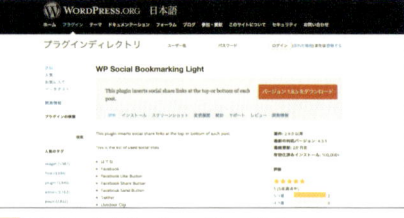

`1-1` WP Social Bookmarking Light
https://ja.wordpress.org/plugins/wp-social-bookmarking-light/

「Wp Social Bookmarking Light」プラグインはMAMPやXAMPPなどのローカル環境では正しく動作しない場合があります。本記事の解説内容はインターネット上のサーバ環境でお試しください。

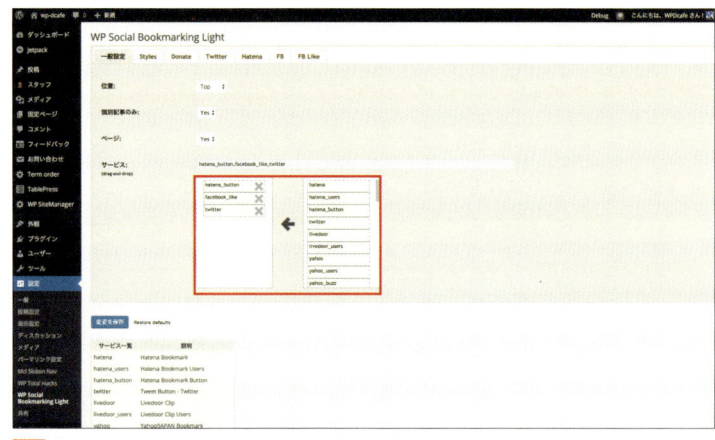

`1-2` 「WP Social Bookmarking Light」の設定

1-3 一般設定の項目

ボタンの設置位置	設定内容
Top	ページ上部
Bottom	ページ下部
Both	記事の上下
None	非表示

個別記事のみ	設定内容
Yes	投稿記事のみ表示
No	Topページにも表示

ページ	設定内容
Yes	固定ページでボタンを表示
No	固定ページでボタン非表示

2 ボタンのデザインについては「Styles（スタイル）」タブからCSSの設定を行うことができます 2-1 。

追加したボタンは上部にタブが追加されるので、ここから設定を追加することができます 2-2 。たとえばTwitterでは、「Via:」に自分のアカウントを設定すると、リプライ（返信）の形でツイートしてもらうことができます。また「Hashtags:」にハッシュタグを設定することもできます 2-3 2-4 。

これらの設定が完了したら「変更を保存」をクリックします。これで設置が完了し、 2-5 のようにソーシャルボタンが表示されます。

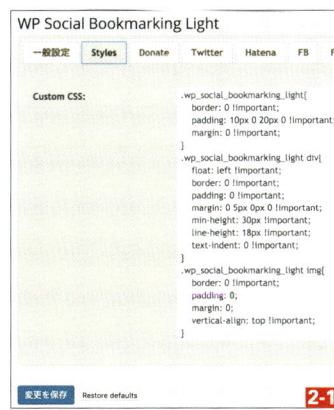
2-1 「変更を保存」をクリックすると修正したCSSが反映される

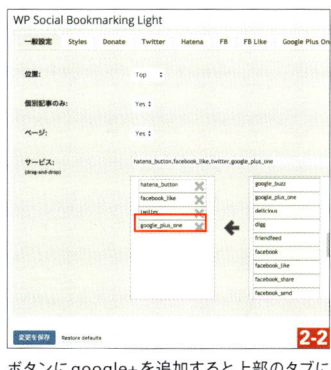
2-2 ボタンにgoogle+を追加すると上部のタブにも表示される

> **ATTENTION**
> 設定する項目がない場合は、ボタンを追加してもタブは表示されません。

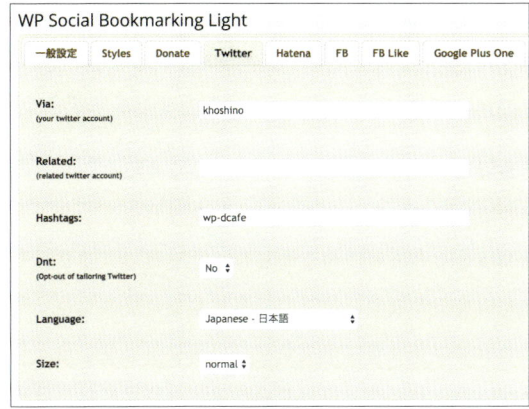
2-3 「Twitter」でアカウントを設定

2-5 ソーシャルボタンが設置

2-4 アカウントとハッシュタグが設定された状態

▶おもなソーシャルボタンの設定

3 おもなソーシャルサービスのボタンの設定を紹介しましょう。Facebook 3-1 は「FB」、「facebook_like」（いいね!）、「facebook_share」（シェア）、「facebook_send」（送信）の4種類の項目があります。ドラッグ&ドロップで有効にしたボタンが表示されます。

このほか、Twitter 3-2 、はてなブックマーク 3-3 、Google＋ 3-4 の設定もまとめておきます。

項目	設定内容
Locale	「ja_JP」で日本語指定。「Like!」が「いいね!」
Version	「xfbml」は幅・高さの自動補正、ボタンのクリックがリアルタイムで更新、クリック時にコメントを求めることが可能 「iframe」はリアルタイム性はやや劣るが、「xfbml」より表示速度が早い
Add fb-root	「Yes」を選択すると、Facebookの機能をWebサイト上で有効化するためのコードが表示される

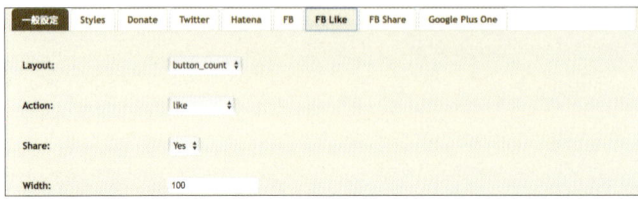

項目	設定内容
Layout	「button」と「button_count」の2つから選択。「button_count」を選択するといいね!数がアイコンに表示される
Action	「like」と「recommend」の2つから選択。「like」を選択すると「いいね!」と表示され、「recommend」を選択すると「おすすめ」と表示される
Share	「Yes」を選択すると、「シェア」ボタンが表示される
Width	ボタンの横幅指定

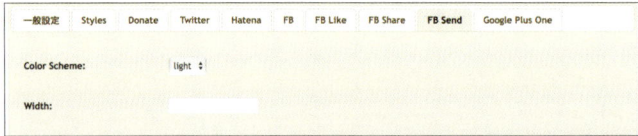

項目	設定内容
Layout	「button」と「button_count」の2つから選択。「button_count」を選択するといいね!数がアイコンに表示される
Width	Shareボタンの横幅指定

項目	設定内容
Color Scheme	「Light」と「dark」から選択
Width	ボタンの横幅指定
Height	ボタンの縦幅指定

3-1 Facebook

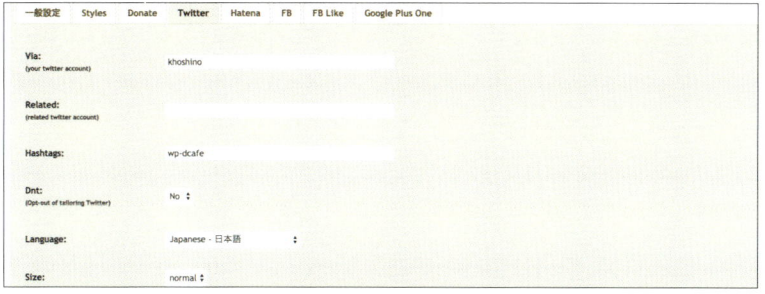

項目	設定内容
Via	自分のTwitterアカウント
Related	関連するTwitterアカウント
Hashtags	ツイートする時に付けるハッシュタグ
Dnt	おすすめのユーザー欄に表示させるかどうかの選択
Language	言語指定
Size	「normal」と「large」の2つから選択

3-2 Twitter

項目	設定内容
Layout	「standard-balloon」「standard-noballoon」「standard」「simple」「simple-balloon」から選択

3-3 はてなブックマーク

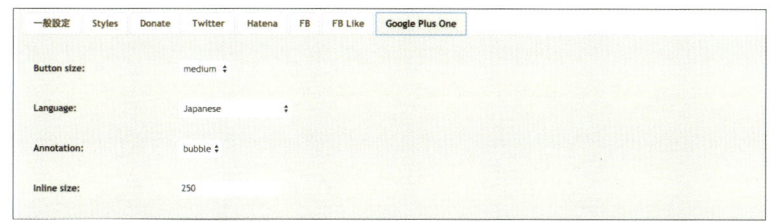

項目	設定内容
Button size	「small」「medium」「standard」「tall」から選択
Language	言語指定
Annotation	アイコン横に何を表示するか選択。「none」は非表示、「bubble」は+1された数（おすすめされた数）、「inline」は「Googleでおすすめする」と表示
Inline size	Google+の横幅を指定

3-4 Google+

まとめ

　ソーシャルボタンを投稿や固定ページ、フロントページなどに設置しておくことで、サイトや記事を気に入ってくれた人が気軽に共有できるようになりますから、SNSからのアクセスの流入増加が期待できます。「WP Social Bookmarking Light」にはほかにもさまざまなソーシャルサービスのボタンが用意されているので、ぜひ有効に活用しましょう。

006 ソーシャルウィジェットをウィジェットエリアに表示

Part 3 多彩なカスタマイズ

TwitterやFacebookが提供する公式ウィジェットをサイドバーやフッターなどのウィジェットエリアに貼り付けて、ソーシャルでの活動を表示させましょう。

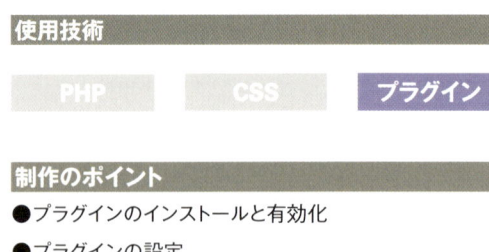

使用技術
PHP　　CSS　　プラグイン

制作のポイント
- プラグインのインストールと有効化
- プラグインの設定
- ウィジェットの作成

使用するテンプレート＆プラグイン
- Jetpack by WordPress.com

▶「Jetpack by WordPress.com」プラグインを利用

1 サイト用のTwitterアカウントやFacebookページを作ったら、それらのタイムラインを直接サイト上に貼り付けましょう。ソーシャルを利用していることを一般閲覧者に広めることができ、ファンの増加につながります。

TwitterとFacebookの更新ウィジェットを利用するには「Jetpack by WordPress.com」プラグインのウィジェットを利用するのが簡単です。まずはJetpackプラグインを有効化し、WordPress.comのアカウントと連携を行います（P135参照）。次に管理画面の[Jetpack＞設定]で機能一覧を表示し、「追加サイドバーウィジェット」が無効になっている場合は有効化します **1-1** 。[外観＞ウィジェット]でウィジェットが追加されているのを確認しましょう **1-2** 。

1-1 追加サイドバーウィジェットを有効化

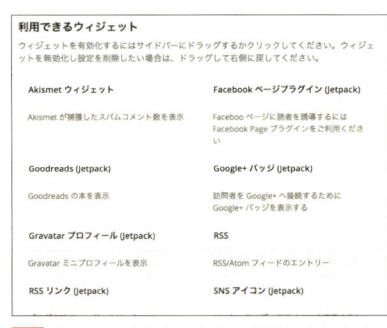

1-2 （Jetpack）となったものが追加されたウィジェット

MEMO
「Jetpack by WordPress.com」プラグインはMAMPやXAMPPなどのローカル環境では動作しません。本記事の解説内容はインターネット上のサーバ環境でお試しください。

▶ウィジェットを登録

2 「利用できるウィジェット」からドラッグ&ドロップしてウィジェットに登録すると、ウィジェット設定画面が表示されます。今回は、「Facebookページプラグイン（Jetpack）」と「Twitterタイムライン（Jetpack）」を使用してみましょう。
「Facebookページプラグイン（Jetpack）」の設定は **2-1** です。これを表示すると **2-2** となります。

2-1「Facebookページプラグイン（Jetpack）」

2-2 サイドバーにFacebookウィジェットが表示される

3 「Twitterタイムライン（Jetpack）」の設定は **3-1** になります。設定項目は、タイトル、幅（px）、高さ（px）、表示するツイート数、ウィジェットタイプ、ユーザー名 or ウィジェットID、レイアウトオプション（ヘッダーなし・フッターなし・枠線なし・透明の背景）、リンク色（hex値）、枠線の色（hex値）、枠線の色（hex値）、タイムラインテーマカラーです。

Twitterウィジェットは **3-2** のように表示されます。

3-1「Twitterタイムライン（Jetpack）」の設定

3-2 サイドバーにTwitterウィジェットが表示される

まとめ

Facebookやtwitterのウィジェットでタイムラインが流れていく様子は、サイト自体に賑やかな印象を与えます。これらのウィジェットを設置して活気あるサイトを演出すれば、ファンの増加にもつながるでしょう。

007 記事の投稿と同時に自動的にSNSにも投稿する

PPart 3
多彩なカスタマイズ

WordPressで書いた記事を公開したタイミングで自動的にソーシャルにもつぶやくようにしてみましょう。更新の告知の手間がかからず、情報の拡散も期待できることから、SNSからのアクセスの流入増加を期待できます。

使用技術

PHP　　CSS　　プラグイン

制作のポイント

- ●プラグインのインストールと有効化
- ●プラグインの設定
- ●記事投稿時の共有設定

使用するテンプレート&プラグイン

- ● Jetpack by WordPress.com

WordPressの記事をSNSに表示

144

▶「Jetpack by WordPress.com」を利用

1 これまでにも何度か登場している「Jetpack by WordPress.com」。ここでは、共有機能を使ってSNSと連携してみましょう。まず、管理画面の[Jetpack＞設定]で「パブリサイズ」を有効化します **1-1**。

> ⚠ **ATTENTION**
> 「Jetpack by WordPress.com」プラグインはMAMPやXAMPPなどのローカル環境では動作しません。本記事の解説内容はインターネット上のサーバ環境でお試しください。

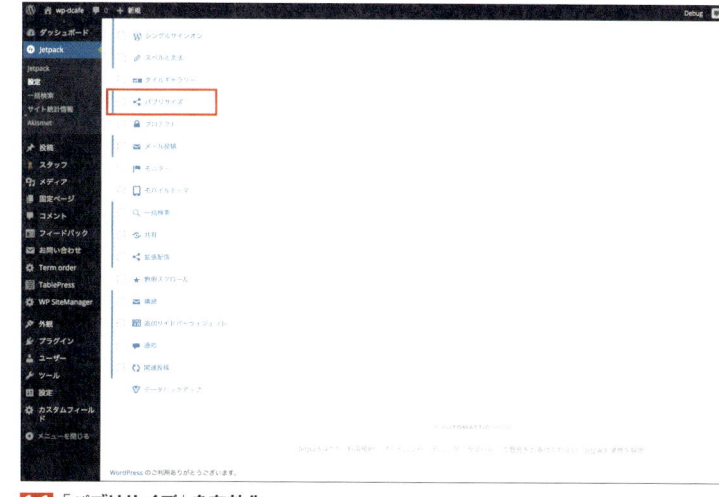

1-1「パブリサイズ」を有効化

▶Facebookとの共有設定

2 次に、[設定＞共有]で共有設定を開きます **2-1**。Facebook連携をクリックして、Facebookにログイン認証します。

Facebookにログインすると、「WordPressが受け取る情報：あなたの公開プロフィール、友達リスト。」と出ますので「ログイン」をクリックします **2-2**。続けて自分のFacebookウォールと、自分が更新権限を持っているFacebookページにWordPress投稿を連携させるかを聞かれるので、項目を選択します **2-3**。

さらに「このブログの他のユーザーもこの連携を利用できるようにしますか？」と聞かれます **2-4**。チェックを入れると、WordPressを複数人のユーザーアカウントで更新している場合には、ほかのWordPressユーザーも投稿時にFacebookに自動投稿できるようになります。

2-1 共有設定

2-2「ログイン」をクリックすると連携が完了する

2-3 共有するアカウントを選択

2-4 チェックを入れると他のユーザーとの連携が可能

▶ Twitterとの共有設定

3 共有設定の画面からTwitterの「連携」をクリックして、Twitterにログイン認証します **3-1**。さらに「このブログの他のユーザーもこの連携を利用できるようにしますか?」と聞かれます **3-2**。ここにチェックを入れると、WordPressを複数人のユーザーアカウントで更新している場合に、ほかのWordPressユーザーも投稿時にTwitterに自動投稿できるようになります。

3-1 「連携アプリを認証」をクリック

3-2 複数アカウントで更新している場合はチェックを入れる

4 ここまでの作業を行った後、新規投稿を選択すると、公開ボタンの上に「パブリサイズ共有」という設定が表示されます **4-1**。「編集」をクリックして詳細を表示したあと、ここにチェックを入れて投稿をすると、それらのSNSに自動的に同時に投稿されます **4-2** **4-3**。なお、そのまま記事の公開ボタンをクリックすると、記事タイトルがSNSにも流れます。もし、カスタムメッセージを設定していた場合はそちらが優先されます。

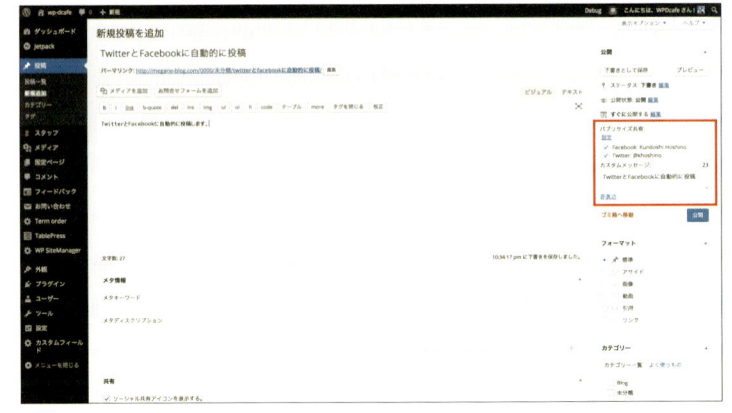

4-1 新規投稿でパブリサイズ共有を設定

4-2 Facebookへの投稿

4-3 Twitterへの投稿

5 WordPressには、「すぐに公開する」以外にも、未来の日時で投稿する予約投稿機能が備わっています。具体的な設定方法としては、投稿画面の右上にある「公開」の中の「すぐに公開する」の日時を未来の日付にしてOKをクリックします 5-1 。

この操作で公開予定日時として表示されます。予約投稿ボタンを押すと設定され、その日時が来ると記事が公開されます 5-2 。

パブリサイズ共有でSNSと連携しておくと、自動投稿もその予約投稿の日時となるため、ソーシャルへの投稿も自動投稿として設定できます。

5-1 「すぐに公開する」の下にある日時を未来に設定

5-2 設定した公開予定日になると自動的に投稿

まとめ

「Jetpack by WordPress.com」では、Facebook、Twitter以外にも数多くのSNSと投稿を共有することができます。デフォルトで表示されているもの以外に新規で追加することもできるので、用途やターゲットに合わせて共有するサービスを選択するとよいでしょう。

008 WordPress のコメント欄を Facebook と連携する

Part 3
多彩な
カスタマイズ

WordPressのコメント欄をFacebookアカウントと紐づけたコメント欄にしてみましょう。
匿名性を排除することでコメントの価値を高めることができます。

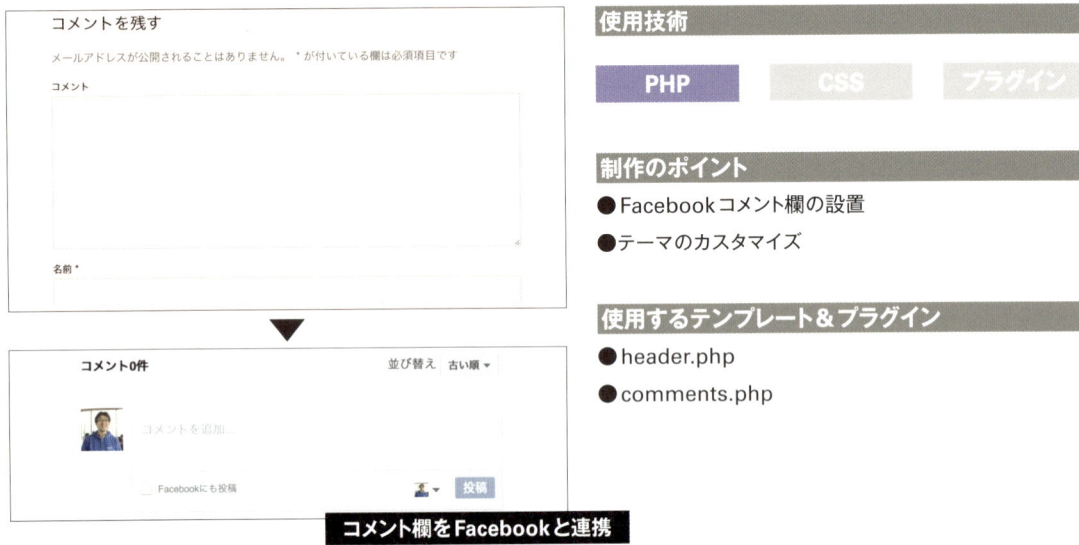

コメント欄をFacebookと連携

使用技術

PHP | CSS | プラグイン

制作のポイント
- Facebookコメント欄の設置
- テーマのカスタマイズ

使用するテンプレート＆プラグイン
- header.php
- comments.php

▶ Facebook for developersからソースコードを取得

1 ニュースサイトなどで見かける、Facebookアカウントと紐づけられたコメント欄を設置します。今回はFacebookが公式に用意している「Facebook for developers」の「コメントプラグインのコードジェネレータ」を使い、Facebookと紐づけしたコメント欄にしてみましょう。

まず、**1-1**のURLから「Facebook for developers」にアクセスします。

1-1 Facebook for developers
https://developers.facebook.com/docs/plugins/comments/

> ⚠ **ATTENTION**
> 本記事の解説内容はMAMPやXAMPPなどのローカル環境では正しく動作しません。インターネット上のサーバ環境でお試しください。

2 「コメントプラグインのコードジェネレータ」に、WebサイトのURL、コメント欄を設置する際の幅、表示させるFacebookコメント投稿数を入力します **2-1** 。「コードを取得」をクリックするとFacebookから提供されるソースコードが表示されます **2-2** 。

上に表示されたコード（ステップ2） **2-3** は<body>タグのすぐ下に設置します。WordPressではテーマのheader.phpに設置することになります。

下に表示されたコード（ステップ3） **2-4** はFacebookコメント欄を表示したい箇所に設置します。

ただし、Facebookから提供されるURLでは、WordPressの全ページに反映させることができません。そこで、各ページのURLが反映されるように「data-href="○○○"」部分のURLを<?php the_permalink();?>というテンプレートタグに書き換えます（次ページ参照）。

WordPressでは、テーマにあるcomments.phpに設置することになります。

2-1 「コードを取得」をクリック

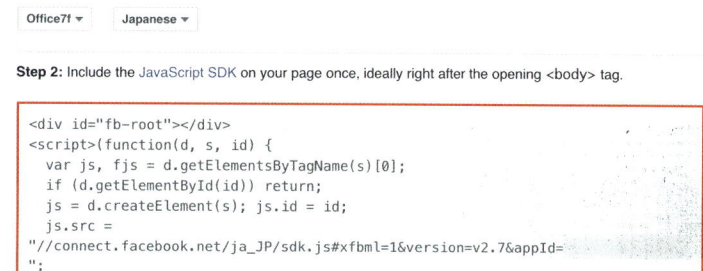

2-2 ステップ2とステップ3の2つのコードが表示される

```
<div id="fb-root"></div>
<script>(function(d, s, id) {
  var js, fjs = d.getElementsByTagName(s)[0];
  if (d.getElementById(id)) return;
  js = d.createElement(s); js.id = id;
  js.src = "//connect.facebook.net/ja_JP/sdk.js#xfbml=1&version=v2.7&appId=○○○";
  fjs.parentNode.insertBefore(js, fjs);
}(document, 'script', 'facebook-jssdk'));</script>
```

2-3 Facebookから提供されるソースコード例（ステップ2）

```
<div class="fb-comments" data-href="○○○" data-width="500" data-numposts="5"></div>
```

2-4 Facebookから提供されるソースコード例（ステップ3）

3 コメント欄は、3-1 のようなタグを追加することでカスタマイズすることが可能です。

設定	HTML5属性	説明	デフォルト値
colorscheme	data-colorscheme	コメントプラグインで使用するカラースキーム。「light」か「dark」のいずれかを選択	「light」
href	data-href	プラグインで投稿されたコメントが固定で関連付けられる絶対URL。コメントプラグインを使用して投稿されたコメントに関してシェアされているFacebookのすべての記事はこのURLにリンクされる	現在のURL
mobile	data-mobile	モバイルに最適化したバージョンを表示するかどうかを指定するboolean値	自動検出
num_posts	data-numposts	デフォルトで表示するコメント。最小値は1	10
order_by	data-order-by	コメントを表示する際に使用する並べ替え順。「social」、「reverse_time」、「time」のいずれかを選択。並べ替え順のタイプについては、「FAQ（よくある質問）」を参照	「social」
width	data-width	ウェブページ上のコメントプラグインの幅。ピクセル幅で指定、または可動幅に設定する場合はパーセンテージ（100%など）で指定。モバイルバージョンのコメントプラグインでは width パラメータが無視され、100%の可変幅が使用される。コメントプラグインでサポートされる最小幅は320ピクセル。	550

3-1 コメントプラグインの設定
https://developers.facebook.com/docs/plugins/comments#settings

4 では実際に、2-2 で取得したソースコードをWordPressに設置してみましょう。2-3 をheader.php（全ページのヘッダー部分）に 4-1 、2-4 をcomments.php（コメント欄の表示部分）に 4-2 記述します。WordPressのデフォルトのコメント欄を使わない場合にはFacebookから提供されているソースコードのみにします。

```
<body <?php body_class(); ?>>
<script>(function(d, s, id) {
  var js, fjs = d.getElementsByTagName(s)[0];
  if (d.getElementById(id)) return;
  js = d.createElement(s); js.id = id;
  js.src = "//connect.facebook.net/ja_JP/sdk.js#xfbml=1
&version=v2.7&appId=○○○";
  fjs.parentNode.insertBefore(js, fjs);
}(document, 'script', 'facebook-jssdk'));</script>
<div id="page" class="hfeed site">
```

4-1 header.php（全ページのヘッダー部分）に記述

```
<div class="fb-comments" data-href="<?php the_permalink();?>" data-width="500" data-numposts="5"></div>
```

4-2 comments.php（コメント欄の表示部分）

COLUMN

Facebookプラグイン

この章で紹介しているFacebookコメント欄の設置は、かつてはFacebook社が公式に開発していたプラグイン「Facebook for WordPress plugin」で対応することができました。しかしながら、Facebook社がWordPressプラグインのバージョンアップを辞めて2年以上が経ちますので、現在の仕様とは合わなくなっています。現在はここで紹介している流れの方が確実です。Facebookは仕様が変わる流れが早いので、開発者は最新の情報を追う意識が必要です。

プラグインディレクトリ内のCSSファイルを直接書き換えて対応することもできますが、プラグインのアップデートなどが行われた際に元の状態に戻ってしまうため、お勧めしません。

01 https://ja.wordpress.org/plugins/facebook/
長期間未更新のアラートが表示されている（2016年8月現在）

5 ソースコードをテーマに設置すると、5-1 5-2 のようにFacebookコメントに切り替わります。コメント欄に投稿すると 5-3 、Facebookのウォールにも流れるので、WordPressサイトの方へのアクセス流入も期待できます 5-4 。

5-1 パソコン画面から見た場合のFacebookコメント欄

5-2 スマートフォン画面から見た場合のFacebookコメント欄

5-3 Facebookと連携したコメント欄に投稿

5-4 投稿したコメントがFacebookのウォールに表示

まとめ

　WordPressの標準のコメント欄は匿名性が高いため、気軽にコメントしやすい反面、誹謗中傷なども受けやすいかもしれません。この点、Facebookアカウントと紐づけたコメント欄にしておけば匿名性を排除できるため、コメントが荒れることは少なくなるでしょう。
Facebookの仕様は変更が頻繁にありますが、解説した方法はFacebook社の公式ドキュメントに基づくものですので、安心して活用できます。

009 定型作業用にショートコードをつくる

Part 3 多彩なカスタマイズ

ショートコードは、投稿記事で [hello] のようなタグを記述することで定型出力を呼び出す機能です。ショートコードは自分で作ることもできます。簡単なショートコードを作ってテーマに組み込んでみましょう。

使用技術
PHP　CSS　プラグイン

制作のポイント
- ●ショートコードの実装
- ●ショートコードのパラメーター
- ●スタッフ紹介をショートコードで表示

使用するテンプレート&プラグイン
- ●functions.php
- ●style.css

▶ショートコードの実装

1 テーマにショートコードを実装するには、functions.php に **1-1** を追加します。これは簡単なショートコードの例で、投稿記事に [hello] を入力すると **1-2**、"Hello! WordPress." と表示されます **1-3**。

```
function showhello() {
    return "Hello! WordPress.";
}
add_shortcode( 'hello', 'showhello' );
```

1-1 functions.php に記述

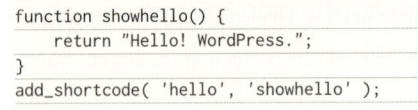

1-2 投稿記事にショートコードを入力

1-3 ショートコードの表示

MEMO
add_shortcode() で "hello" というショートコードの名前と、出力を行う "showhello" という関数の名前を登録します。関数 showhello() では "Hello! WordPress." を出力します。ここで注意が必要なのは、出力したい内容をかならず return とすることです。

▶ショートコードのパラメーター

2 ショートコードにはパラメーターを指定することができます。**2-1** はcolorというパラメーターを指定した例です。

投稿記事より[hello color="#FF000"]のようにカラーコードを渡すことで **2-2** 、出力する文字色を変更します **2-3** 。

```
function showhello($atts) {
    $atts = shortcode_atts( array( 'color' => '#000' ), $atts );
    return '<div style="color: ' .esc_attr( $atts['color'] ).';">Hello! WordPress.</div>';
}
add_shortcode( 'hello', 'showhello' );
```

2-1 functions.phpに記述

2-2 パラメーターを使ったショートコード

2-3 文字が赤くなる

> **MEMO**
> shortcode_atts()はショートコードのパラメーターを取得するテンプレートタグです。ひとつめのパラメーター array('color' => '#000')でデフォルトの値を設定しておきます。デフォルトは、パラメーターが指定されていない場合に使う値です。ショートコードでcolorが指定されている場合は、$atts['color']で参照することができます。

▶囲み型ショートコード

3 [hello]Code is Poetry.[/hello] のような形式を「囲み型ショートコード」といいます。ショートコードの開始タグと終了タグの間にテキストを含みます。テキストは $content で受け取ります。**3-1** では、"Hello! WordPress." に加えて、受け取ったテキストを表示しています **3-2** **3-3** 。

```
function showhello( $atts, $content = null ) {
    return 'Hello! WordPress. ' .$content;
}
add_shortcode( 'hello', 'showhello' );
```

3-1 functions.phpに記述

3-2 囲み型ショートコード

3-3 テキストが追加される

> **MEMO**
> 囲み型ショートコードに対応する場合、テキストが不要の際は投稿記事で[hello /]というように完結型の記述をするように注意しましょう。これを忘れると、閉じタグが見つからないためにショートコード以降の内容がページに表示されなくなる場合があります。

▶カフェのスタッフ紹介をショートコードで表示

4 Part2の「カスタム投稿タイプによるスタッフ紹介ページの登録」(P108)にてスタッフ情報の登録を行いました。ブログ記事のなかでショートコードを利用し、本日のスタッフを表示してみましょう。まず、パラメーターにidを用意します。idはスタッフを登録した際の投稿IDです。このコードでは、複数のスタッフを表示するため、idも複数指定できるようにしています **4-1** 。

❶ショートコード[staff]を登録
functions.phpにて[staff]の登録を行い、[staff]を出力するための関数 _s_shortcode_staff() を作成します。

❷パラメーターを受け取る
ショートコードよりidを受け取ります。idが指定されていない場合はスタッフ情報を取得できませんので、何も表示しません。

❸カスタム投稿を取得
get_postsにてカスタム投稿を取得します。パラメーターとして投稿タイプ(post_type)に'staff'、投稿ID(include)にショートコードで渡されたスタッフのidを指定します。スタッフのidはinclude="1,2,3"のように複数指定することができます。スタッフがひとりの場合はinclude="1"です。

❹スタッフ情報から投稿タイトル、カスタム分類、アイキャッチを取得
投稿タイトルはスタッフの名前、カスタム分類(カスタムタクソノミー)は「店長」「ホール」「キッチン」のいずれか、アイキャッチはスタッフの写真です。

❺出力HTMLを生成
アイキャッチのサムネイルに合わせて幅を150pxとしたカードのような表示にします。カードにはランダムに傾きを持たせます。ランダムに発生させた変数が奇数の場合は右に傾け、偶数の場合は左に傾けるようなCSSを用意しておきましょう **4-2** 。カードを表示するたびに、写真がどちらかに傾くような仕組みになります。

❻生成したHTMLをreturn
以上のように設定した後、**4-3** のような内容でショートコードを入力すると **4-4** のように表示されます。

```php
function _s_shortcode_staff( $atts ) {
    $output = '';

    /* ショートコードよりパラメータを受け取る */
    $atts = shortcode_atts( array( 'id' => 0 ), $atts );
    if ( 0 == $atts['id'] ) {
        return $output;
    }

    /* カスタム投稿を取得する */
    $args = array(
        'post_type'      => 'staff',
        'include'        => $atts['id'],
        'posts_per_page' => 10,
    );

    $posts = get_posts( $args );
    foreach ( $posts as $post ) {

        /* スタッフの名前、アイキャッチを取得する */
        $title = get_the_title( $post->ID );
        $permalink = get_permalink( $post->ID );
        $thumbnail = get_the_post_thumbnail( $post->ID, 'thumbnail' );

        /* カスタム分類を取得する */
        $term = get_the_term_list( $post->ID, 'staff-cat' );

        /* カードの傾きを決める */
        $angle = ( mt_rand() % 2 ) ? 'angle-right' : 'angle-left';

        /* リスト形式に生成し「リターン」 */
$output .= <<<EOD
    <li class="$angle">
        <a href="$permalink">$thumbnail<strong>$title</strong></a>
        <span class="term">$term</span>
    </li>
EOD;
    }

    if( $output ) {
        $output = '<ul class="staff-card">' . $output . '</ul>';
    }

    return $output;
}
add_shortcode( 'staff', '_s_shortcode_staff' );
```

4-1 functions.phpに記述する内容

```css
ul.staff-card {
  list-style: none;
  *zoom: 1; }

ul.staff-card:after {
  content: "";
  clear: both;
  display: block; }

ul.staff-card li {
  width: 150px;
  padding: 5px 5px 15px;
  margin: 20px 20px;
  text-align: center;
  font-size: 0.9em;
  position: relative;
  float: left;
  -webkit-box-shadow: 0px 0px 3px #AAA;
  -moz-box-shadow: 0px 0px 3px #AAA;
  box-shadow: 0px 0px 3px #AAA; }

ul.staff-card li img {
  margin-bottom: 5px; }

ul.staff-card li strong {
  display: block; }

ul.staff-card li .term {
  position: absolute;
  top: -10px;
  left: 10px;
  display: block;
  background-color: #E0D5B8;
  border-radius: 50px;
  width: 50px;
  height: 50px;
  font-size: 12px;
  padding: 15px 0; }

ul.staff-card li.angle-right {
  -moz-transform: rotate(4deg);
  -webkit-transform: rotate(4deg);
  -o-transform: rotate(4deg);
  -ms-transform: rotate(4deg);
  transform: rotate(4deg); }

ul.staff-card li.angle-left {
  -moz-transform: rotate(-4deg);
  -webkit-transform: rotate(-4deg);
  -o-transform: rotate(-4deg);
  -ms-transform: rotate(-4deg);
  transform: rotate(-4deg); }
```

4-2 style.cssへ追記

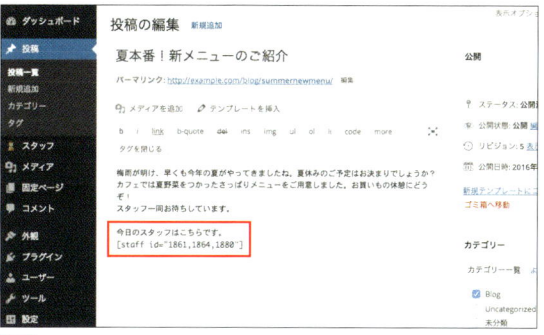

4-3 スタッフを紹介するショートコードを入力

新規投稿をカテゴリー「blog」で作成。スタッフのIDを確認するときは、管理画面の[スタッフ>スタッフの一覧]から目的のスタッフの編集画面を開き、URLの「post=○○」の数値を見る

4-4 ショートコードによるスタッフ紹介の表示

> **MEMO**
>
> functions.phpでは、1件のスタッフ情報を表示するカード<li>に対して"angle-right"と"angle-left"という2種類のクラスを用意しています。"angle-right"は少し右に回転し、"angle-left"は左に回転することで表示に変化をもたせます。どちらのクラスを使うかは、mt_rand()という乱数を発生させるPHPの関数を利用してランダムに決めています。

まとめ

投稿記事などで同じような入力を何度も行う場合は、ショートコードがあると便利です。WordPressにはギャラリーを表示する[galley]と、画像のキャプションを表示する[caption]という2つのショートコードがデフォルトで用意されています。Simple Mapなどのようなショートコードを定義したプラグインもたくさんあります。ショートコードをうまく利用して効率的な運用につなげましょう。

010 Infinite Scroll を組み込む

Part 3
多彩なカスタマイズ

Infinite Scrollは、スクロールがコンテンツの末尾に達したときに、自動的に後続するコンテンツを読み込んでいく機能です。ここでは、ブログの記事一覧にInfinite Scroll機能を実装してみましょう。

使用技術

PHP　CSS　プラグイン

制作のポイント

● プラグインのインストール & 有効化

使用するテンプレート&プラグイン

● Jetpack by WordPress.com

次々と投稿を読み込む

▶無限スクロール（Infinite Scroll）の実装

1 WordPressのInfinite Scroll（無限）スクロールは、プラグインの「JetPack」**1-1**を利用すれば、対応しているテーマであれば、簡単に実装することができます。まず、P134などを参考に、管理画面から「JetPack」を有効化しましょう。

有効化した後、[Jetpack＞設定]で表示される機能一覧より、無限スクロールを有効化します **1-2**。

リンプルテーマは無限スクロールに対応しています。Blogページをスクロールをすると、次の一覧が読み込まれているのが確認できます **1-3**。

1-1 Jetpack by WordPress.com
https://ja.wordpress.org/plugins/jetpack/

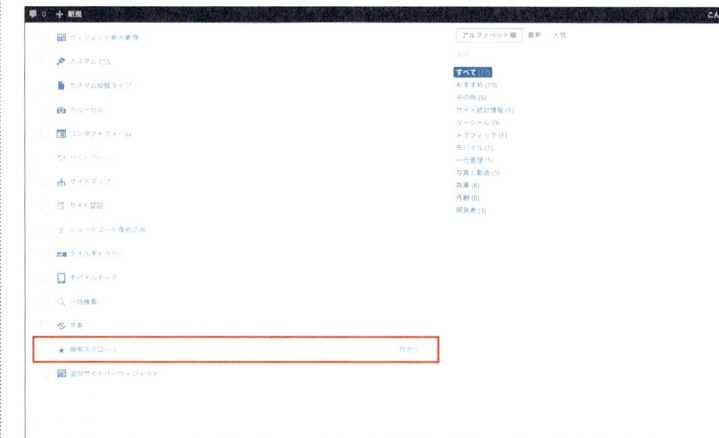

1-2 無限スクロールを有効化

⚠ ATTENTION

JetpackのInfnite Scrollを利用するためにはループ内の読み込みについて、WordPressの一般的な手法である、以下のソースコードにて読み込む必要があります。

```
get_template_part( 'content', get_post_format() );
```

この方法でなければ上手く動かないので注意しましょう。

1-3 スクロールすると次のページ一覧が読み込まれる

▶ページナビゲーションの削除

2 現状のままでは、スクロールの途中にページナビゲーションが表示されてしまいます 2-1 。これは不要なので該当箇所から削除しましょう。具体的には archive.php 内の 2-2 の記述を削除します。これで、間にページナビゲーションが表示されることなく、無限スクロールが設定できます。

2-1 ページナビゲーションが表示されている

```php
<?php if ( class_exists( 'WP_SiteManager_page_navi' ) ) {
        WP_SiteManager_page_navi::page_navi( 'items=7
        &prev_label=Prev&next_label=Next&first_label=First
        &last_label=Last&show_num=1&num_position=after' );
} else {
        _s_content_nav( 'nav-below' );
}
?>
```

2-2 archive.php の上記を削除

▶無限スクロールの関数について

3 Jetpack の無限スクロールを実装するためには、プラグインで有効にするだけではなく、functions.php において無限スクロール用の関数を追加する必要があります。なお、今回のテーマの中では functions.php に 3-1 という記載があり、これでテーマの inc 内にある Jetpack の無限スクロール用の関数を記述したファイルを読み込んでいます。なお、このファイル (/inc/jetpack.php) の中は 3-2 のようになっています。ここでは、add_theme_support 関数内で、infinite-scroll を呼び出し、各種設定をパラメータ内で行っています。それを _s_infinite_scroll_setup と名付けた、独自関数に設定し、after_setup_theme のフックを利用して動かしています。

❶ container パラメーター
container において、スクロールした時に呼び出される HTML の div の ID を指定しています。これによって `<div id="content"> </div>` が呼び出されます。

❷ footer パラメーター
footer は無限スクロールを利用する場合、最下部まで行かないとフッターが表示されないため、TOP に戻るなどの仮のフッターがデフォルトで表示されます 3-3 。その幅を決定する ID を指定します。指定した ID と同じ幅のフッターが中央寄せで表示されます。
不要な場合は 'footer' => false, とします。

```php
require( get_template_
directory() . '/inc/jetpack.php'
);
```

3-1 functions.php の記載

```php
function _s_infinite_scroll_setup() {
        add_theme_support( 'infinite-scroll', array(
                'container' => 'content',
                'footer'    => 'page',
        ) );
}
add_action( 'after_setup_theme', '_s_infinite_scroll_setup' );
```

3-2 /inc/jetpack.php のパラメーター設定

3-3 トップに戻るボタン（下部左「wp-dcafe」）などのフッターが表示される

▶無限スクロールの追加設定

4 JetPackによる無限スクロールは管理画面の［設定＞表示設定］で、追加の設定を行うことができます **4-1** 。

❶Infinite Scroll Behavior
チェックがついているデフォルトの状態では一覧表示において7件ごとに無限スクロール機能で記事を読み込みます（デフォルトはチェックあり）。チェックを外すと、同画面内の「1ページに表示する最大投稿数」で設定した件数ごとに続きを読み込むためのボタンが表示され、クリックすると同画面内で次の記事群を読み込みます。

❷無限スクロールで Google アナリティクスを使用
チェックをつけると、無限スクロールで読み込まれた部分までスクロールした際に、/page/2、/page/3のようにURLを変更させ、アナリティクスなどでカウントをする際に、区別することが可能です（デフォルトではチェックなし）。

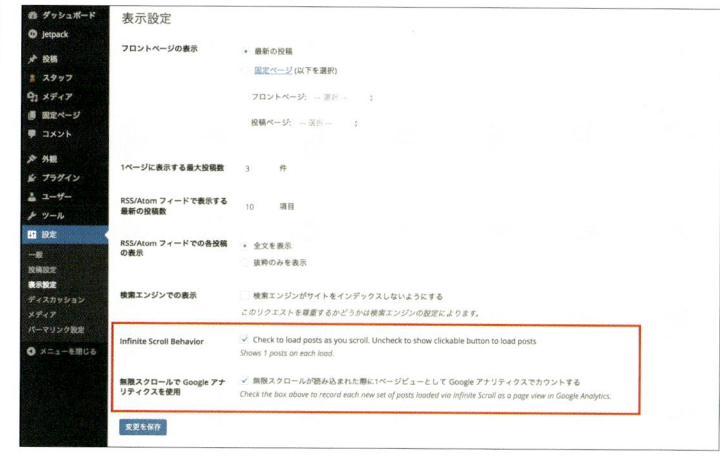

4-1 表示設定

まとめ

「Jetpack by WordPress.com」の無限スクロール（Infinite Scroll）を使えば、スクロールするだけで記事が次々と表示されるようになり、ユーザーがストレスを感じることなく、多くの記事を読むことができます。今回のサンプルテーマはレスポンシブに対応しているので、スマートフォンでも動作します。なお、テーマによってはレイアウトが崩れるためカスタマイズが必要なこともあります。ただ、ユーザーに沢山の記事を読んでもらうためには効果的な手法なので、ぜひ試してみてください。

011 メインビジュアルを スライドショーに

Part 3 多彩なカスタマイズ

WordPressのプラグインにはスライドショーを実装するものが多数あります。そのなかから使いやすくレスポンシブWebデザインに対応したスライドショーを紹介します。

スマートフォンにも対応したスライドショー

使用技術
PHP　CSS　プラグイン

制作のポイント
- ●プラグインの導入
- ●スライドショーの設置
- ●スマートフォン対応プラグイン

使用するテンプレート&プラグイン
- ●header.php
- ●Easing Slider
- ●WP Slider Plugin

▶プラグイン「Easing Slider」

1 「Easing Slider」 **1-1** は、スライドショーの作成が簡単にできるプラグインです。レスポンシブWebデザインに対応しており設置も簡単です。

プラグインをインストール、有効化すると管理画面に「Slides」メニューが表示されます。

1-1 Easing Slider
http://wordpress.org/plugins/easing-slider/

2 では「Easing Slider」でスライドショーを作成してみましょう。［Sliders］から、「Add New」をクリックします **2-1**。さらに「Add Sliders」をクリックすると画像のアップロード画面が表示されます **2-2**。ここで、スライドショーに追加したい画像を選択した上で、「Insert into Slider」をクリックします **2-3**。画像は新たにアップロードするほかに、アップロード済みのメディアライブラリより選択することができます。

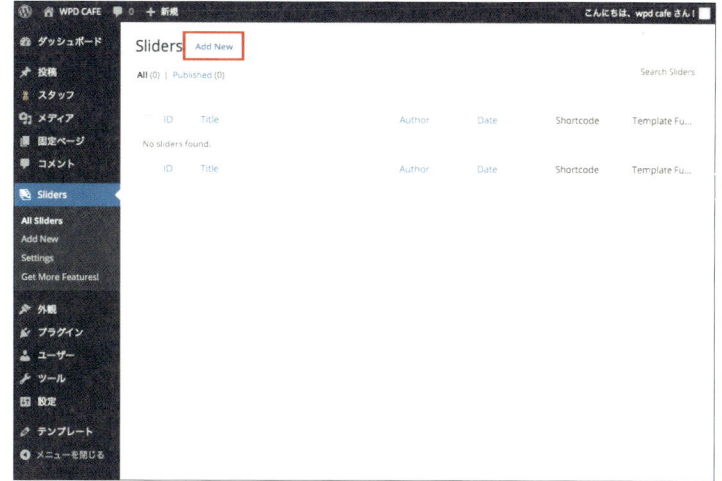

2-1 [Sliders]をクリック

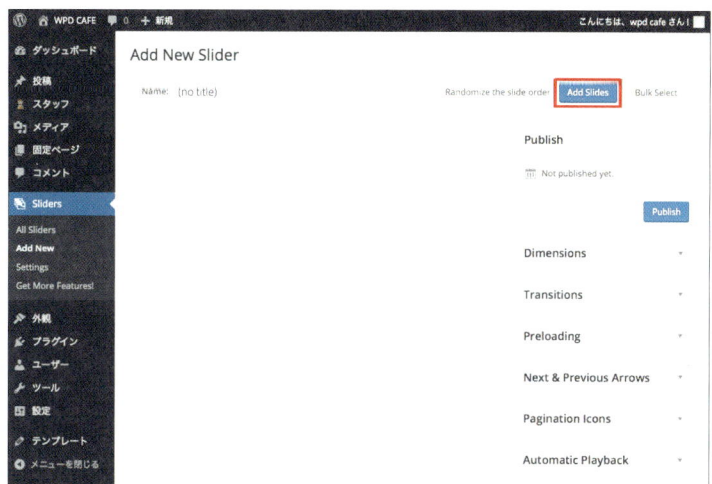

2-2 「Add Slides」をクリックしてアップロード画面に

> **MEMO**
> シフトキーを押しながらクリックすると複数登録できます。また、ここで画像サイズをそろえる必要はありません。

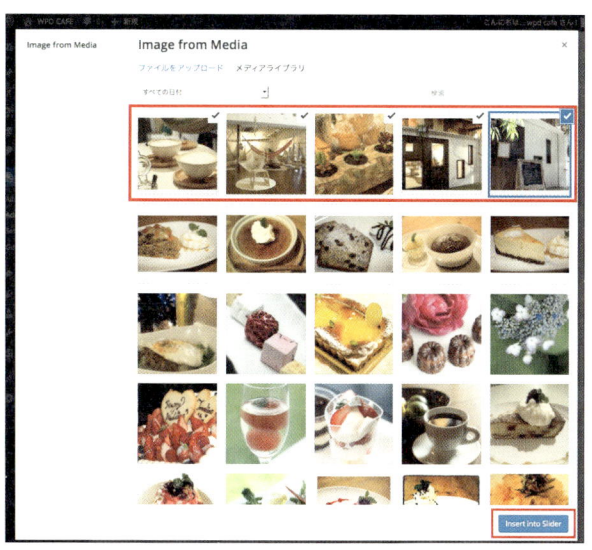

2-3 スライドショーに加えたい画像にチェックを入れ、「Insert into Slider」をクリック

3 続いて表示される画面で「Dimensions」に画像のサイズを入力します。すべての画像はDimensionsに指定したWidthとHeightに自動的にトリミングされます。レスポンシブWebデザインに対応したい場合は「Make 100% full width.」にチェックをいれます。最後に「Publish」をクリックします **3-1**。これでスライドショーが完成します。

MEMO
そのほかのオプションでは［次へ］［前へ］ボタンやページ送りボタンの画像を変更したり、境界線の設定を行うこともできます。また、画像をクリックすると、画像ごとにリンク先URLや画像のタイトル、Altテキストを入力することができます。

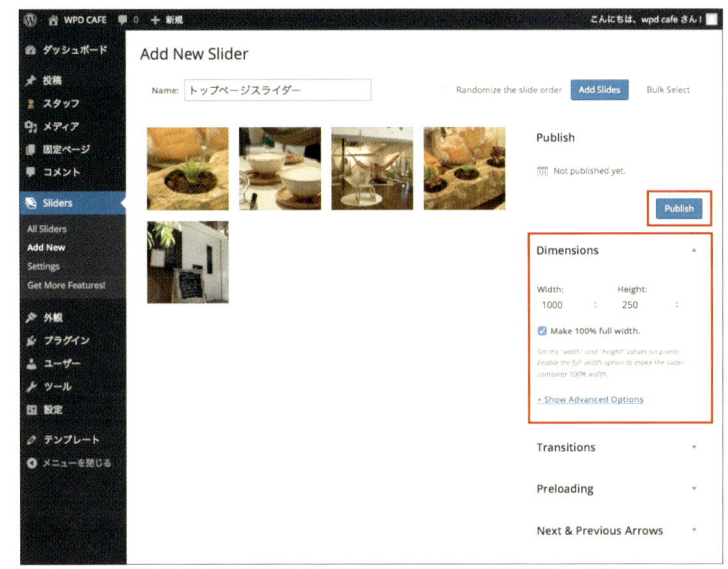

3-1「Dimensions」でWidth1000(px)、Height250(px)を入力

4 作成したスライドショーをテーマに設置するためには、設置したい箇所に **4-1** を記述します。今回のサンプルサイトでは、トップページのヘッダーの下にスライドショーを表示しています **4-2**。なお、記事にショートコード[easingslider]を挿入して使用することも可能です。

作成したスライダーを一覧で見るとショートコードとテンプレートタグが表示されていますので、コピー＆ペーストして利用します **4-3**。

```
<header>
  <!-- サイト名やナビゲーションを表示（省略） -->
</header>
<?php if ( is_home() || is_front_page() ) : ?>
  <div id="main-img">
    <div class="row">
      <div class="large-12 columns">
        <?php if ( function_exists( 'easingslider' ) ) { easingslider(
          2200 ); } ?>
      </div>
    </div>
  </div>
<?php endif; ?>
```

4-1 header.phpへの記述

4-2 選択した5枚の画像がスライドショーとして表示される

MEMO
「Easing Slider」では、コンテンツ領域の幅に合わせてスライドショーが表示されます。

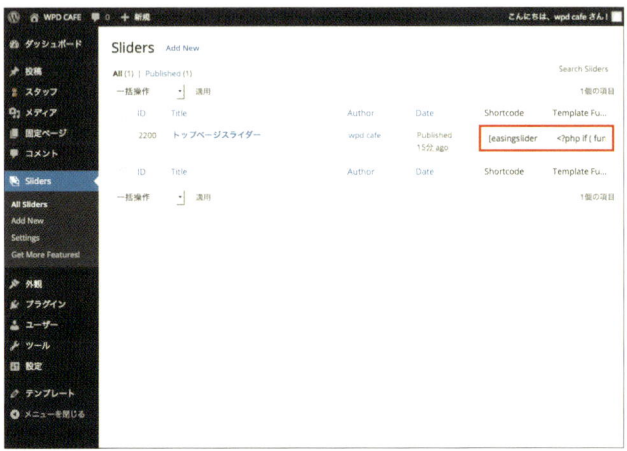

4-3 ショートコードとテンプレートタグが表示

▶スマートフォンに対応したプラグイン「WP Slider Plugin」

5 「WP Slider Plugin」 5-1 は、スマートフォンでのスワイプ操作に対応したスライドショー用のプラグインです。レスポンシブWebデザインにも対応しており、横幅がスクリーンいっぱいに広がる特徴があります。

プラグインをインストールして有効化すると管理画面に [WP Slider] メニューが表示されます。

5-1 WP Slider Plugin
https://ja.wordpress.org/plugins/simple-slider-ssp/

6 では「WP Slider Plugin」でスライドショーを作成してみましょう。[WP Slider] で「Add New」をクリックします 6-1 。次に表示した画面で「Add Slide」をクリックしスライドを追加します 6-2 。続いて表示された画面 6-3 で「Add Image」をクリックすると画像の挿入画面が表示されます。

6-1 「Add New」をクリック

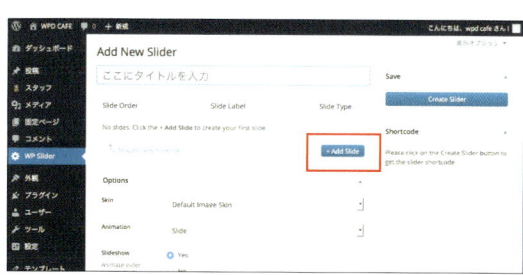

6-2 「Add Slide」をクリック

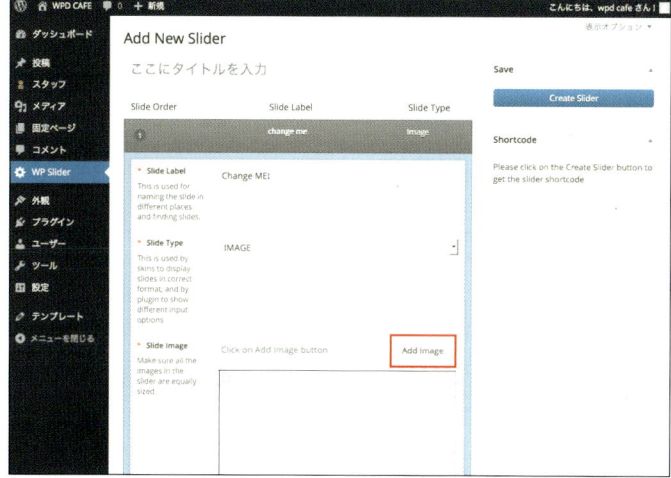

6-3 「Add Image」をクリック

011 メインビジュアルをスライドショーに 163

7 「Add Image」の画面で、画像をアップロード、またはメディアライブラリから選択し[投稿に挿入]をクリックします **7-1** 。これでスライド画像が追加されました。もし、続けてスライド画像を追加したい場合は[Add Slide]をクリックします **7-2** 。次にスライドのタイトルを入力し「Create Slider」をクリックします **7-3** 。

スライドショーが保存されると、ショートコードが表示されます。スライドショーを設置する際に必要ですのでコピーしておきましょう **7-4** 。

7-1 画像を選択し投稿に挿入する

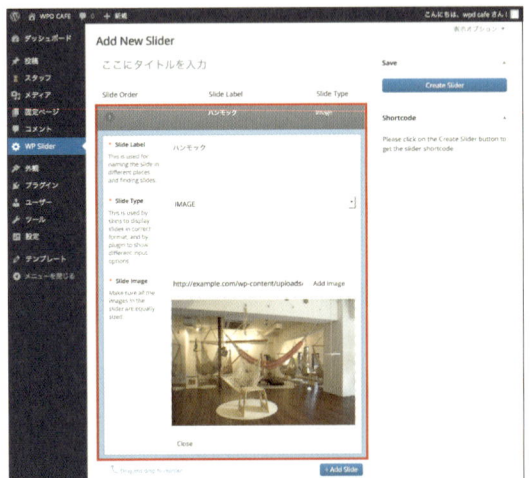

7-2 新しいスライドが追加

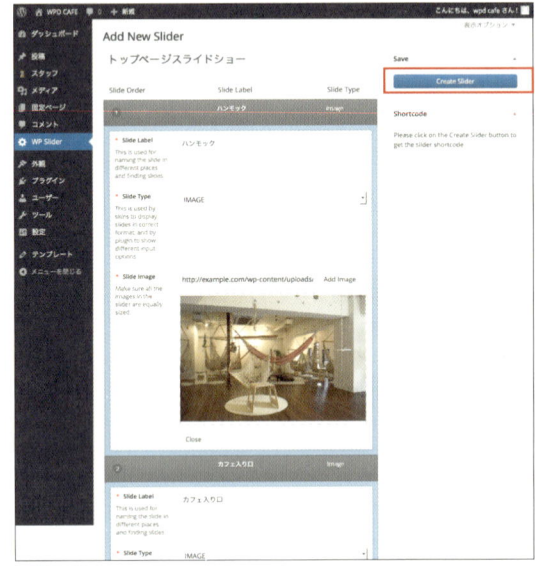

7-3 「Create Slider」をクリックして保存

7-4 右の「Shortcode」をコピー

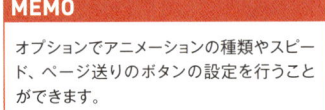

MEMO

オプションでアニメーションの種類やスピード、ページ送りのボタンの設定を行うことができます。

8 次に、スライドショーをテーマに設置します。

「WP Slider Plugin」はショートコード形式です。テーマ内でショートコードを実行するには、do_shortcode()を使います。パラメータとして、スライドショーを作成した際に表示されたコードを記述します。今回は、スクリーンの横幅いっぱいに表示したいのでヘッダー内に設置します **8-1** **8-2** 。なおスマートフォンでは **8-3** のように表示されます。

```php
<!-- サイト名やナビゲーションを表示(省略) -->
<?php if ( is_home() || is_front_page() ) : ?>
<div id="main-img">
  <div class="row">
    <div class="large-12 columns">
      <?php echo do_shortcode("[slider id='2296' name='トップページスライドショー ']") ; ?>
    </div>
  </div>
</div>
<?php endif; ?>
```

8-1 header.phpに記述

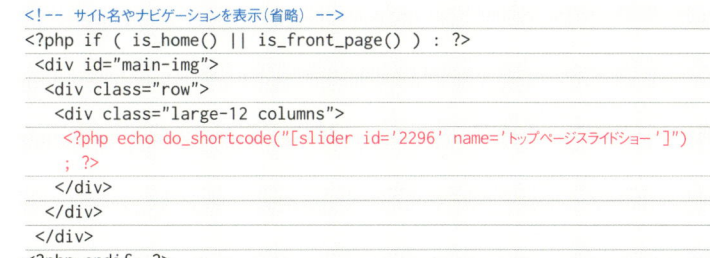

8-2 トップページにスライドショーを表示

MEMO

「WP Slider Plugin」では、以下のようなオプションが設定できます。
・Animation: スライドの表示方法
・Slideshow: 自動でスライドさせるか否か
・Height: スライドの高さを選択(レスポンシブ、固定)
・Width: スライダーの幅を選択(レスポンシブ、固定)
・Direction: スライドさせる方向(水平、垂直)
・Cycle speed: スライドの切り替わるまでの時間
・Animation speed: スライドの切り替る速度
・Navigation: ナビゲーションの表示を設定
　-Pagination: ページの切り替わり
　-Previous/Next: 前へ、次へを表示
　-Keyboard navigation: スライドの切り替えボタンを表示
　-Touch swipe: タッチスワイプするか
　-Caption Box: スライドごとにキャプションを表示
　-Linkable: リンクを設定
　-Pause on hover: マウスオーバーで一時停止
　-Thumbnail navigation- サムネイル画像を表示

8-3 スマートフォンでの表示

まとめ

何枚かの画像を自動送りで見せるスライドショーは、サイトの第一印象として目を引きます。画像にはリンクURLを設定することができるので、お店のイベントや新メニューを知らせるバナーとしての効果もあります。

012 タブインターフェイスを導入する

Part 3
多彩なカスタマイズ

最近のWebサイトではタブインターフェイスを利用するケースが増えています。ページ遷移の発生しないタブインターフェイスは、スマートフォンに対応したサイト制作に適しているといえるでしょう。

使用技術

PHP　　CSS　　プラグイン

制作のポイント

- プラグインのインストール&有効化
- プラグイン側でのセレクタ設定
- テンプレートでフォーマットにあわせてコンテンツ出力

使用するテンプレート&プラグイン

- front-page.php
- WP Easy Responsive Tabs to Accordion

▶プラグインの導入

1 WordPressに公式プラグインディレクトリから「WP Easy Responsive Tabs to Accordion」 **1-1** をインストールします。

このプラグインはタブで切り替えるだけでなく、ウィンドウサイズが狭い場合には自動的にアコーディオンに表示を切り替えてくれるので、レスポンシブのウェブサイトを作るのに非常に便利です。

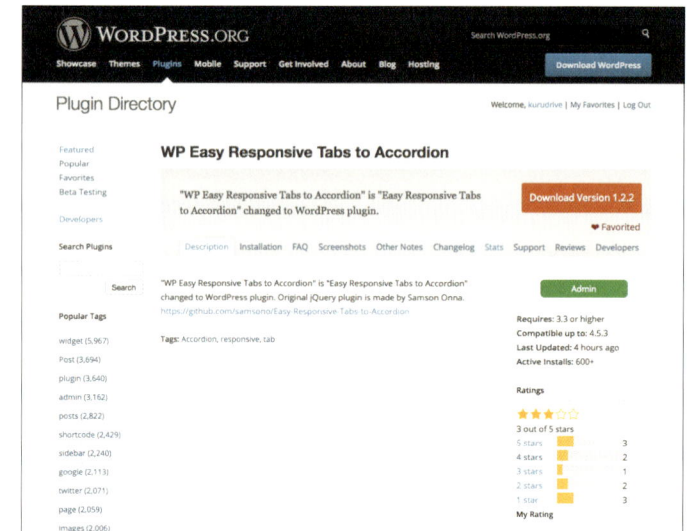

1-1 WP Easy Responsive Tabs to Accordion
http://wordpress.org/plugins/wp-easy-responsive-tabs-to-accordion/

▶タブインターフェイスの導入

2 プラグインを有効化した後、表示させたいテーマファイル（サンプルではfront-page.php）で、**2-1**のようなフォーマットのHTMLが出力されるように記述します。実際の記述については後述します。

```
<div id="tabArea">
    <ul class="resp-tabs-list">
        <li>タブの名前1</li>
        <li>タブの名前2</li>
    </ul>
    <div class="resp-tabs-container">
        <div>タブの内容1</div>
        <div>タブの内容2</div>
    </div>
</div>
```

2-1 タブインターフェイスのHTML

MEMO
タブにしたいエリアをdivなどで囲い、任意のid名やclass名をつけ、タブの部分のulにclass="resp-tabs-list"を、内容部分にclass="resp-tabs-container"をそれぞれ記述します。

3 各メニュー項目を上下に移動することで、ナビゲーション上での表示順序を入れ替えられます。また右に移動すると、上の項目の下階層のサブメニューとなります **3-1** 。「Input Target Selectors」に、先ほど記載したタブインターフェイス導入エリアをjQueryのセレクタで入力して変更を保存します。今回はid="tabArea"なので **3-2** のようになります。これでタブインターフェイスが実装されます **3-3** 。またスマートフォンなどの幅の狭い画面の場合は **3-4** のようになります。

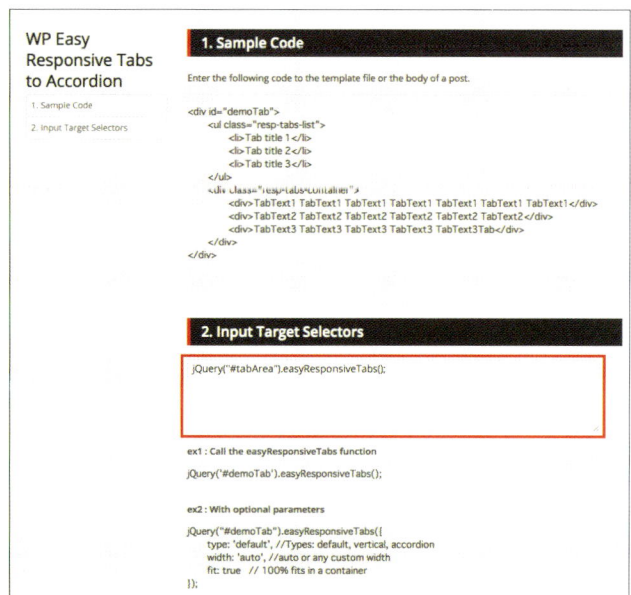

3-1 「Input Target Selectors」を入力したら「変更を保存」をクリック

```
jQuery('#tabArea').easyResponsiveTabs();
```
3-2 id="tabArea"で指定

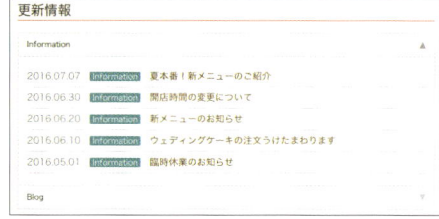

3-3 タブインターフェイス表示例

3-4 タブではなくアコーディオンで下に並ぶように表示

4 今回のテーマでは、タブでカテゴリーごとにコンテンツを切り替えられるようになっています。ここではfront-page.phpに、**4-1**のコードを記述しました。タブ用のCSSは**4-2**（style.cssに記述）、出力されるHTMLは**4-3**になります。

> **MEMO**
> サンプルテーマの配布状態では、カテゴリーを「blog」しか設けていないため、Informationの記事は表示されません。ここでは説明用にカテゴリー名「information」、スラッグ「info」のカテゴリーを作成して、記事をいくつか投稿して表示させています。

```php
<div class="front-news">
    <div class="row">
        <div class="large-12 columns">
            <h3>更新情報</h3>
            <div id="tabArea">
                <ul class="resp-tabs-list">
                    <li>Information</li>
                    <li>Blog</li>
                </ul>
                <div class="resp-tabs-container">
                    <div>
                        <?php $top_info = get_posts( array(
                            'category_name' => 'info',
                            // カテゴリーのスラッグが 'info'
                            'posts_per_page' => 5,
                            // 1ページでの表示件数が5件
                        ) ); ?>
                        <ul class="postList">
                        <?php if($top_info) : ?>
                            <?php foreach( $top_info as $post ) :
                            setup_postdata($post); ?>
                            <li>
                                <span class="postDate"><?php the_time( 'Y.m.d' ); ?></span>
                                <span class="postCategory"><?php the_category(' ') ?></span>
                                <span class="postTitle">
                                    <a href="<?php the_permalink(); ?>"><?php the_title();?></a>
                                </span>
                            </li>
                            <?php endforeach; ?>
                        <?php else : ?>
                            <li>お知らせはありません。</li>
                        <?php endif; ?>
                        </ul>
                        <?php wp_reset_postdata(); ?>
                    </div>
                    <div>
                        <?php $top_blog = get_posts( array(
                            'category_name' => 'blog',
                            // カテゴリーのスラッグが 'blog'
                            'posts_per_page' => 5,
                            // 1ページでの表示件数が5件
                        ) ); ?>
                        <ul class="postList">
                        <?php if($top_blog) : ?>
                            <?php foreach( $top_blog as $post ) :
                            setup_postdata($post); ?>
                            <li>
                                <span class="postDate"><?php the_time( 'Y.m.d' ); ?></span>
                                <span class="postCategory"><?php the_category(' ') ?></span>
                                <span class="postTitle">
                                    <a href="<?php the_permalink(); ?>"><?php the_title();?></a>
                                </span>
                            </li>
                            <?php endforeach; ?>
                        <?php else : ?>
                            <li>ブログの投稿がありません。</li>
                        <?php endif; ?>
                        </ul>
                        <?php wp_reset_postdata(); ?>
                </div><!-- [ /.resp-tabs-container ] -->
            </div><!-- [ /#tabArea ] -->
        </div><!-- [ /large-12 columns ] -->
    </div> <!-- /row -->
</div> <!-- /front-news -->
```

4-1 タブ部分のコード［front-page.php］
ここではサンプルテーマの「<div class="front-news">」〜「</div><!-- /front-news -->」のパートを書き換えている

```css
/* 記事リスト */
#tabArea ul.postList { margin-bottom:5px;margin-left:0; }
/* 記事リスト項目 */
#tabArea ul.postList li { list-style: none; border-bottom:1px dotted #999;padding:5px 0; }
/* 記事リスト項目の各日付・カテゴリ・記事名 */
#tabArea ul.postList li span { display: inline-block;margin-right:10px; }
/* 記事リスト項目のカテゴリー */
#tabArea ul.postList li .postCategory a { background-color: #339999;color:#fff; border-radius: 2px;padding:1px 5px; font-size:85.7%; }
```

4-2 追加したCSS［style.css］

```
<h3>更新情報</h3>
<div id="tabArea">
    <ul class="resp-tabs-list">
        <li>Information</li>
        <li>Blog</li>
    </ul>
    <div class="resp-tabs-container">
        <div>
            <ul class="postList">
            <li>
                <span class="postDate">2016.07.07</span>
                <span class="postCategory"><a href="http://sample.com/category/info/" rel="category tag">Information</a></span>
                <span class="postTitle"><a href="http://sample.com/info/summernewmenu/">夏本番!新メニューのご紹介</a></span>
            </li>
            <li>
                ⋮
            </li>
            </ul>
        </div>
        <div>
            <ul class="postList">
            <li>
                <span class="postDate">2016.07.07</span>
                <span class="postCategory"><a href="http://sample.com/category/blog/" rel="category tag">Blog</a></span>
                <span class="postTitle"><a href="http://sample.com/blog/girlsweets/">乙女におくるスイーツ</a></span>
            </li>
            <li>
                ⋮
            </li>
            </ul>
        </div><!-- [ /.resp-tabs-container ] -->
</div><!-- [ /#tabArea ] -->
```

4-3 出力されるHTML

COLUMN

スマートフォンでもタブで表示する場合

プラグイン「WP Easy Responsive Tabs to Accordion」を有効化するとタブ・アコーディオン部分のCSSファイルが自動的に読み込まれます。このCSSでは、スマートフォンの場合はタブではなく、下に並ぶようにアコーディオンで表示されます。スマートフォンでもタブで表示したい場合は、読み込むCSSファイル自体を差し替えます。手順は次の通りです。

❶タブ・アコーディオン用のCSSをコピーしてテーマディレクトリ内にアップ

もとのタブ・アコーディオン用のCSSファイルは、プラグインディレクトリ内のwp-easy-responsive-tabs-to-accordion/css/easy-responsive-tabs.cssにありますので、このファイルをコピーして、テーマディレクトリ内にアップします。

❷タブ・アコーディオン用CSSの差し替え

functions.phpに **01** のように記述すると、指定のCSSファイルと差し替えることができます。

❸切り替えポイントの変更

差し替えるCSSファイルの最後の方に **02** の記述があります。このmax-widthが切り替えポイントになります。ウィンドウサイズがmax-width以下の場合はアコーディオンになります。max-widthを0などの小さい数字にするか、@media以降の部分を削除すると、ウィンドウサイズが小さくてもタブのままのインターフェイスになります。なお、プラグインディレクトリ内のCSSファイルを直接書き換えても同様に動作しますが、プラグインのアップデートなどが行われた際に元の状態に戻ってしまうため、お勧めしません。

```
function change_easyResponsiveTabs_css(){
    $cssPath = get_stylesheet_directory_uri().'/easy-responsive-tabs.css'; // 差し替えるCSSファイルのパス
    return $cssPath;
}
add_filter('easyResponsiveTabs_css','change_easyResponsiveTabs_css');
```

01 functions.phpで読み込むCSSを変更

```
@media only screen and (max-width: 768px) {
```

02 この行の数値を変更するか以降を削除

まとめ

タブインターフェイスは情報をコンパクトにまとめられるという点では便利ですが、タブを選択しないと情報が表示されないというデメリットも存在します。せっかくの情報も見てもらえなければ意味がないので、たとえば最初のタブには全体のニュースの中で新しい情報や重要度の高い情報を掲載し、2つ目以降のタブにはカテゴリーごとに分類した情報を掲載するなど、情報の重要度を考えて効果的に活用しましょう。

013 Lightbox系プラグインで画像を見栄えよく表示

Part 3
多彩な
カスタマイズ

画像を拡大表示するインタフェースはオーバーレイ、ライトボックスなどの名称で呼ばれています。WordPressには、このような効果を提供するプラグインが多数あります。また、jQueryのライブラリも利用可能です。

使用技術

PHP　CSS　**プラグイン**

制作のポイント

● WordPressプラグインを活用

使用するテンプレート&プラグイン

● Easy FancyBox 他

Lightbox系のエフェクトをプラグインで

▶ WordPressプラグインを利用する

1 WordPressのLightbox系プラグインについて、使い方を簡単に説明します。なお、ここでは「Easy FancyBox」**1-1** を例にしていますが、そのほかのプラグインでも基本的な手順は同じです。

まずは、プラグインのインストールと有効化を行いましょう。

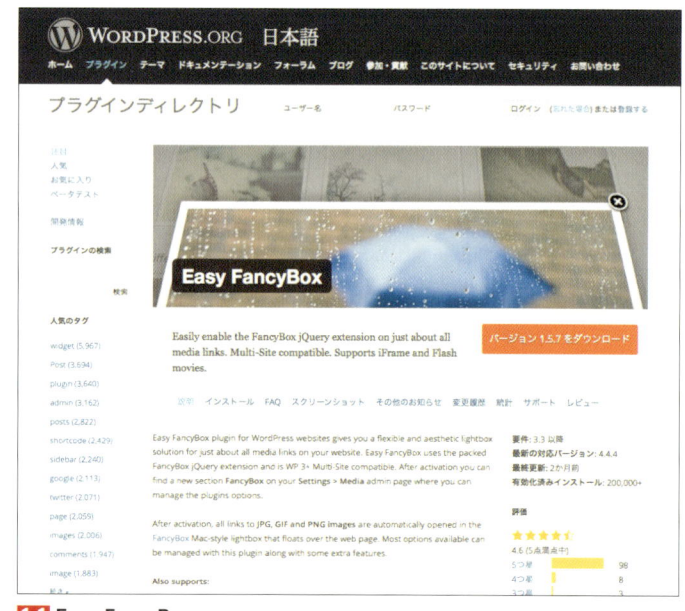

1-1 Easy FancyBox
https://ja.wordpress.org/plugins/easy-fancybox/

2 設置する際には、投稿記事にメディアを挿入します。挿入する時に「添付ファイルの表示設定」で「メディアファイル」を選択してください。他の項目を選ぶとLightboxが適用されないので気をつけましょう 2-1 。これだけで設置は完了です。

> **MEMO**
> WordPressのLightbox系プラグインの導入方法は、ほぼ同様の手順となります。どのプラグインにおいても「リンク先」に「メディアファイル」を選択することを忘れないでください。逆に、Lightboxをオフにしたい場合は「メディアファイル」ではなく「添付ファイルのページ」などを選択しましょう。

2-1 メディアを挿入

▶ WordPressのLightbox系プラグイン例

3 次に、Lightbox系プラグインのなかから、比較的新しくて人気のあるプラグインを紹介します。これらのプラグインは、対応機能や設定項目の差があるだけです。オプションが少ないながらもすぐに使えるシンプルなものや、豊富なオプションでカスタマイズできるもの、レスポンシブWebデザインに対応したものもあります。用途に合わせて選んでみてください 3-1 ～ 3-5 。

公式サイト	https://ja.wordpress.org/plugins/wp-lightbox-2/
適用箇所	投稿記事内でメディアにリンクされた画像、ギャラリーのサムネイル
スライドショー	○（挿入画像またはギャラリーに対して）
レスポンシブWebデザイン	○
オプション	[WP Lightbox 2]メニュー ・背景の透明度 ・アニメーションの速度 ・表示サイズを画面に合わせる など

3-1 WP Lightbox 2

> **MEMO**
> シンプルかつ軽量に動作します。アニメーションの表示速度や画像のダウンロードリンクの有無など、細かな設定も可能です。

公式サイト	http://wordpress.org/plugins/simple-lightbox/
適用箇所	ホームページ、投稿ページ、アーカイブページなど
スライドショー	○（挿入画像またはギャラリーに対して）
レスポンシブWebデザイン	○
オプション	[外観＞Lightbox]メニュー
	・有効化するページ（ホームページ、投稿ページ、アーカイブページなど）
	・スライド表示を行う
	・背景の色、濃さ、スライドショーを自動開始

3-2 Simple Lightbox

MEMO

LightBoxが適用される箇所を以下から選ぶことができます。
・すべてのページ
・フロントページ
・固定ページ
・アーカイブページ
・ウィジェット

公式サイト	http://wordpress.org/plugins/wp-jquery-lightbox/
適用箇所	メディアにリンクされた画像、ギャラリーのサムネイル（オプションの設定による）
スライドショー	○（挿入画像またはギャラリーに対して）
レスポンシブWebデザイン	○（オプションの設定による）、スワイプ
オプション	[設定＞jQuery Lightbox]メニュー
	・画像のタイトル、キャプションを表示
	・ダウンロードリンクを表示
	・スクリーンサイズに合わせて画像を縮小

3-3 WP jQuery Lightbox

MEMO

デフォルトではメディアにリンクしたすべての挿入画像に対して適用されます。[jQuery Lightbox]設定画面の「自動的に画像（イメージリンク）にLightbox効果を適応する」のチェックを外すことでLightBoxの自動化を無効にします。この場合は、大きな画像へのアンカータグにrel="lightbox"の属性を追加することで、部分的にLightBoxが適用されます。

公式サイト	http://wordpress.org/plugins/easy-fancybox/
適用箇所	メディアにリンクされた画像、ギャラリーのサムネイル
スライドショー	○（挿入画像またはギャラリーに対して）
レスポンシブWebデザイン	○
オプション	[設定＞メディア]メニュー
	・利用するメディアファイル（画像、動画、PDFなど）
	・オーバーレイ表示する際の背景色、透明度、スピード
	・ウィンドウスクロール時の位置調整

3-4 Easy FancyBox

> **MEMO**
>
> ギャラリーのショートコードを利用する場合は[gallery link="file"]と記述します。スライドショーを表示しながらライトボックスが有効になります。

公式サイト	https://wordpress.org/plugins/responsive-lightbox/
適用箇所	メディアにリンクされた画像、ギャラリーのサムネイル
スライドショー	○（挿入画像またはギャラリーに対して）
レスポンシブWebデザイン	○
オプション	[設定＞レスポンシブLightbox]メニュー
	・利用するjQueryのプラグイン
	・背景の透明度
	・画像サイズ など

3-5 Responsive Lightbox by dFactory

> **MEMO**
>
> SwipeBox、FancyBoxなどjQueryのLightBox系プラグインから選択ができるので、それぞれの特徴をいかしながら手軽に導入することができます。選択するプラグインによってスワイプ対応可能です。また、タイル表示などにも対応した有料のアドオンもあります。

まとめ

LightBoxはページ遷移がなく、コンテンツ幅にとらわれることもなく、大きな画像を見せることができます。半透明の背景にふわっと浮き出るようなアニメーションも、画像を強調するテクニックとして人気があります。ここで紹介したもの以外にも、Lightbox系のプラグインは数多くあるので、いろいろ探してみてください。

Part 3
多彩な
カスタマイズ

014 おしゃれな写真ギャラリーを設置

プラグイン「Jetpack by WordPress.com」を利用して、おしゃれな写真ギャラリーを設置します。このプラグインにはさまざまな設定があるので、サイトのデザインに応じて使い分けましょう。

さまざまなスタイルのギャラリーを設置

使用技術

PHP　　CSS　　**プラグイン**

制作のポイント

- ●標準のギャラリー機能の設定
- ●Jetpackの導入
- ●ギャラリー形式の選択

使用するテンプレート＆プラグイン

- ●Jetpack by WordPress.com

▶WoedPressに標準のギャラリー機能

1 WordPressには標準でギャラリー機能があります。
　管理画面の［投稿＞新規追加］で「メディアを追加」をクリックします **1-1** 。表示された「メディアを挿入」画面で表示する画像をアップロードします。なお、すでにメディアライブラリにアップロードされている画像から選択することもできます。アップロードが終わったら「ギャラリーを作成」をクリックします **1-2** 。

1-1 新規投稿

1-2 メディアを挿入

「ギャラリーを作成」画面で表示する画像を選択します。なお、この段階で画像キャプションを入れることも可能です。選択が終わったら「ギャラリーを作成」をクリックします 1-3 。

1-3 ギャラリーを作成

2 次に「ギャラリーを編集」画面で設定を行います。標準の場合、ドラッグ＆ドロップによる画像の並べ替え、表示カラム数、ランダム表示の設定が可能です。設定が終わったら「ギャラリーを挿入」をクリックします 2-1 。するとギャラリーが挿入された投稿画面が表示されます 2-2 。タイトルをつけてプレビューしてみましょう 2-3 。

2-1 ギャラリーを挿入

2-2 ギャラリーが挿入された投稿

2-3 表示例

ATTENTION

今回の表示例は、サンプルテーマにおける表示です。ギャラリーのレイアウトはテーマによって異なります。

▶プラグイン「Jetpack by WordPress.com」を利用する

3 標準の機能でも写真ギャラリーは表示されます。ただしタイル状に並んでいるだけなので、ちょっと味気ない感じがします。そこで、プラグイン「Jetpack by WordPress.com」 3-1 を使って写真ギャラリーをもっとオシャレにしてみます。

まずはプラグインをインストールし有効化します。すると管理画面のメニューに「Jetpack」が現れます 3-2 。

なお、「Jetpack」の機能をすべて使うにはWordPress.comとの連携が必要です。まず「WordPress.comとの連携」をクリックします。次の画面 3-3 でWordPress.comアカウントにログインし「Jetpackの認証」ボタンをクリックします。すると 3-4 のように表示されます（P135参照）。

連携が終わったら「カルーセル」と「タイルギャラリー」を有効化します。

3-1 http://jetpack.me

3-2 Jetpackの管理画面

3-3 Jetpackの認証

MEMO
WordPress.comのアカウントを持っていない場合は、3-3 で「アカウントが必要ですか？」をクリックし、新規で作成します。なお、WordPress.comアカウントは、WordPressを使用する上では、ほぼ必須と言えます。

⚠ ATTENTION
Jetpack by WordPress.comは、MAMPやXAMPPなどのローカル環境上で使用している場合は、正しく使用できません。以降の解説内容は、インターネット上のサーバーに設置したうえで効果をお試しください。

3-4 認証後のJetpack管理画面
「カルーセル」と「タイルギャラリー」を有効化する

---

4 では「Jetpack」で追加された機能をみてみましょう。まず、標準のギャラリー設置と同様の手順で「ギャラリーを編集」に進みます。すると「種類」の項目が追加されていることがわかります 4-1 。ここでギャラリーのレイアウトを変更することができます。

4-1 「種類」の項目が追加される

5 新規で追加された種類について説明しましょう。

「タイルモザイク」は 5-1 のように表示されます。「タイルカラム」の場合は 5-2 のようにタイルモザイクよりも小さめに表示されます。

正方形タイルの場合は 5-3 、丸型の場合は 5-4 となります。

また、Jetpackの「カルーセル」を有効化している場合、画像をクリックすると自動で拡大表示されます 5-5 。

5-1 タイルモザイク

5-2 タイルカラム

TIPS Jetpackの「ショートコード埋め込み」機能を有効化していると、4-1 ドロップダウンから「スライドショー」も設置できます。

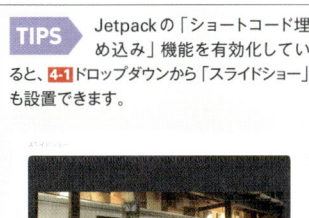

5-3 正方形タイル

5-4 丸型

5-5 拡大表示

まとめ

　ギャラリーは写真を効果的に見せるために有効なテクニックです。WordPressには今回紹介した「Jetpack」以外にも、さまざまなギャラリー用のプラグインがあります（有名なものとしては「NextGEN Gallery（http://wordpress.org/plugins/nextgen-gallery/）。これらのプラグインにはスライドショーなどの機能が備わっているものも多いので、いろいろ試してみましょう。

015 上部固定ナビゲーション

Part 3
多彩な
カスタマイズ

スクロール時に、上部にナビゲーションが常に表示されるようにします。スマートフォンの場合、ページが長くなるとメニューに戻るのが大変なので、このような設定をしておくと便利です。

使用技術

PHP　　CSS　　プラグイン

制作のポイント

- jQueryでスクロール量に応じてクラスを付加
- CSSで付加したクラスにposition:fixedを指定

使用するテンプレート&プラグイン

- header.php
- style.css

▼ ナビゲーションを上部固定

▶上部固定ナビゲーションのしくみ

1 まず、ここで作成する上部固定ナビゲーションの仕組みについて簡単に説明します。通常、画面をスクロールするとメインナビゲーションは画面の外に消えてしまいます 1-1 。これをスクロールしても常にページの上部に表示されるように設定すると、ほかのページに移動する際に便利です 1-2 。

単純に上部固定するだけなら、CSSでfixedを設定するだけで作成できます。ただ、その場合は常に上部固定されてしまうため 1-3 のような表示になってしまいます。そこでJavaScriptを利用します。

MEMO
ナビゲーションが最上部に配置されるデザインであれば、fixedの指定だけで上部固定ナビゲーションを設定しても問題ありません。

1-1 通常時
スクロールするとメインナビゲーションが画面外に消える

1-2 上部固定ナビ設定時
スクロールしても常に上部にメインナビゲーションが表示される

1-3 fixedのみの設定
ナビゲーションが上部に固定されてしまうため、ヘッダーのロゴ部分が隠れてしまう

▶ JavaScript の設定

2 一般的な上部固定ナビゲーションの場合、ページがスクロールされてメインナビゲーションが隠れはじめる瞬間に jQuery でクラスを付加し、そのクラスに対して CSS で配置を fixed に指定します。

まずは header.php でナビゲーション部分を出力しているコードを確認してみます 2-1 。このコードのうち、ナビゲーション全体を囲んでいる nav 要素にクラス .fixed を付加することにしましょう。

jQuery のコードは 2-2 になります。1行ずつ説明していきましょう。

4行目:var navfit = $('.navigation-main')
class 名 "navigation-main" がついた要素を「navfit」とします。ナビゲーション全体を囲んでいる nav 要素のクラスです。

5行目:var navtop = navfit.offset().top;
ページ上で「navfit 」が最初に表示された時の上からの位置を変数「navtop」に格納しています。

6行目:$(window).scroll(function () {
スクロールが発生するたびに以下の処理を行います。

7行目:if($(window).scrollTop() > navtop) {
スクロール量を示す scrollTop() が navtop より数値が大きい場合、つまり、スクロールでメインナビゲーションが隠れるかどうかを判定する条件分岐です 2-3 。隠れる場合は下記の処理を行います。

8行目:navfit.addClass('fixed');
navfit に指定された要素にクラス名 "fixed" を追加します。

10行目:else {
7行目の条件分岐が偽の場合、つまりスクロール量が小さく、メインナビゲーションが隠れない場合に下記の処理を行います。

11行目:navfit.removeClass('fixed');
navfit に指定された要素からクラス名 "fixed" を削除します。

このコードを header.php の＜head＞～＜/head＞内に記述します。

```
<nav id="site-navigation" class="navigation-main"
role="navigation">
    <h1 class="menu-toggle text-right">
        <div class="genericon genericon-menu">
        </div>
    </h1>
    <div class="row">
        <div class="large-12 columns">
            <?php wp_nav_menu( array(
            'theme_location' =>'primary' )
            ); ?>
        </div>
    </div>
</nav>
```

2-1 ナビゲーションを出力しているコード

```
<script type="text/javascript">
  (function($){
    $(function($) {
      var navfit = $('.navigation-main');
      var navtop = navfit.offset().top;
      $(window).scroll(function () {
      if($(window).scrollTop() > navtop) {
        navfit.addClass('fixed');
      }
      else {
        navfit.removeClass('fixed');
      }
      });
    });
  })(jQuery);
</script>
```

2-3 JavaScript の仕組み
offset().top ＜ scrollTop() の場合にクラス名 "fixed" を追加
offset().top ＞ scrollTop() の場合にクラス名 "fixed" を削除

2-2 ナビゲーションを上部固定する JavaScript
header.php の＜head＞～＜/head＞内に記述

▶ **CSSの設定**

3 次にCSSで.fixedの際に上部にとどまる設定をstyle.cssに記述します **3-1** 。以上で上部にとどまるナビゲーションの完成です **3-2** 。なおスマートフォンの場合は **3-3** のように表示されます。

.fixedのCSSをさらに調整し、高さを低くしてじゃまにならない程度の固定ナビゲーションにしたり半透明にすることなども可能です。

```
.fixed{
    position:fixed;
    top:0;
    z-index:100;
}
```

3-1 style.cssに記述

TIPS この手法をサイドバーの一部に用いることで、スクロールした際に固定されるサイドバーも制作できます。サイドバーにおいて最下部の固定したい範囲の class名をside-fixなどとし、追記するJavaScriptにおいて var navfit = $('.navigation-main')を var navfit = $('.side-fix')などとすればOKです。ただし、スマートフォンではきちんと表示されないので注意してください。

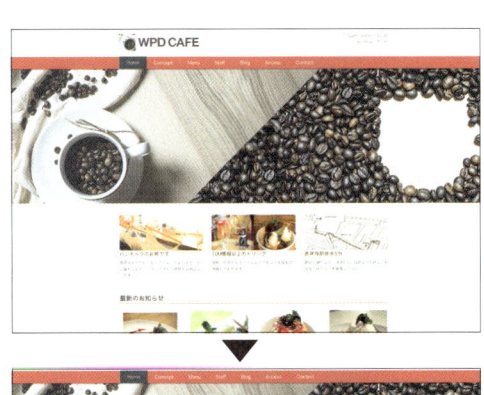

3-2 ナビゲーションの上部固定
画像をスクロールしても、ナビゲーションが上部に固定される

3-3 スマートフォンにおける表示
メニューボタンが上部に固定される

まとめ

記事が増えてページが長くなると、ほかのページに移動したい場合にナビゲーションが隠れてしまい不便になります。このテクニックを利用すれば、常にメインナビゲーションが上部に表示されているのでユーザビリティの点からみても効果的です。スマートフォンでも有効なので、ぜひ試してみてください。

016 Pinterest 風に画像を一覧表示

Part 3 多彩なカスタマイズ

「Pinterest（ピンタレスト）」は、写真共有とSNSが融合したサービスです。たくさんの写真を表示するのに、グリッド状のカスケードスタイルを利用しています。このようなレイアウトはWordPressでも簡単に実装することができます。

使用技術

PHP　CSS　プラグイン

制作のポイント

- 専用のテンプレートを用意
- Grid システムで一覧を表示
- jQuery Masonry でカスケードレイアウト

使用するテンプレート＆プラグイン

- functions.php
- category-blog.php
- front-page.php
- style.css
- jQuery Masonry

グリッドで隙間なく並べる

▶ FoundationのGridシステムとjQuery Masonryを使用

1 Pinterest風の一覧表示を行うには、3つの手順を踏みます。

❶ カテゴリー一覧を表示するためのテンプレートを用意
❷ Gridシステムでグリッド状の一覧を表示
❸ jQueryのプラグインでカスケードスタイルに

今回は、Gridシステムとして Foundation **1-1**、jQuery は Masonry **1-2** を使用します。

> **MEMO**
> Foundationは、今回のサンプルテーマを作成する際に使用したグリッドシステムです。詳細はP36をご参照ください。

> **MEMO**
> サイズが一定でないグリッドを並べようとすると、不均等な余白ができてしまいます。jQuery Masonryは、異なるサイズのグリッドを整列してくれるjQueryのプラグインです。縦方向、横方向にもぴったりとグリッドを配置してくれます。

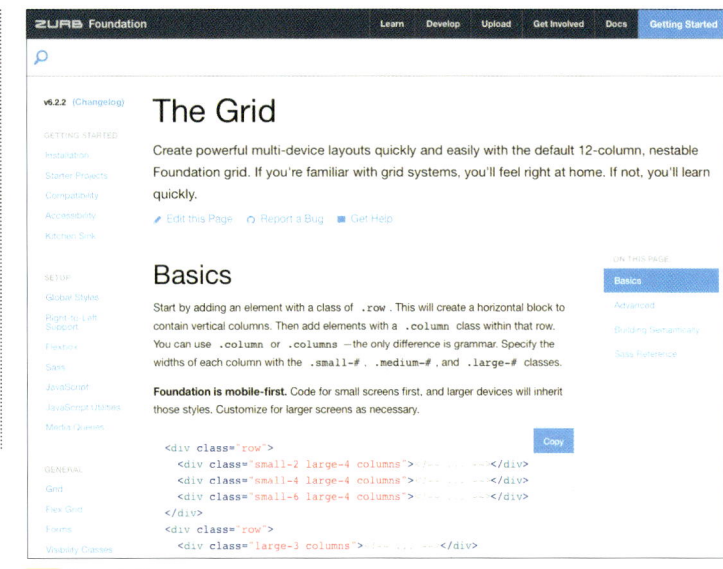

1-1 Foundation
http://foundation.zurb.com/docs/components/grid.html

1-2 Masonry
http://masonry.desandro.com

▶カテゴリー一覧を表示するためのテンプレートを用意

2 一般的に一覧を表示する場合に使用するテンプレートはアーカイブページで、名称は、archive.phpとなります。ここには、「お知らせ」などのカテゴリーやタグ、日付ごと、投稿者ごとの一覧を表示します。

アーカイブページに使うテンプレートには、ほかにもカテゴリーだけを表示するcategory.phpがあります。さらに特定のカテゴリーのみを表示するテンプレートを用意することもできます。

たとえば今回の「ブログ」というカテゴリーの一覧だけに適用したいテンプレートを作る場合は、category-(カテゴリーのスラッグ).phpというテンプレートファイルを用意します。これらを整理すると 2-1 のようになります。アーカイブやカテゴリーのためのテンプレートを用意しない場合は、一番優先度の低いindex.phpが適用されます。

ここで「お知らせ」カテゴリーの一覧を表示するためのテンプレートを用意します。「ブログ」カテゴリーのスラッグは"blog"ですので、category-blog.phpというテンプレートファイルを用意します。新規で用意する場合は、archive.phpをコピーしてから始めてもよいでしょう。

優先順位	ファイル名
1	category-(カテゴリーのスラッグ).php
2	category.php
3	archive.php
4	index.php

2-1 ファイルの優先順位

▶Gridシステムでグリッド状の一覧を表示する

3 今回は、投稿記事の一覧をグリッド表示にするためにFoundationのGridシステムを利用します。Gridでは、画面全体を12カラムに等分しグリッドごとに何列分を使うかを定義します。レスポンシブWebデザインで画面の幅が狭くなった際にもカラムの数と割合が保たれますので、自分で計算してCSSを書かなくてもよい利点があります。Gridを使うことで投稿記事の一覧を簡単にグリッド状に表示することができます。

では、具体的にソースを見て行きましょう 3-1 。

投稿記事の"columns"に"large-3"を付与します。"large-"はラージ・スクリーンの意味でおもにPCなど広い画面での表示に適用されます。ひとつの投稿記事で3カラム分の幅を使います。全体が12カラム分ありますので横4列に並ぶ構成になります 3-2 。

```
<div class="row">
    <?php while ( have_posts() ) : the_post(); /* ループ */ ?>
        <div class="large-3 small-6 columns">
            <!--  投稿記事  -->
            <div class="newspost">
                <!--  アイキャッチ、投稿タイトル、投稿日時を表示  -->
            </div>
        </div>
    <?php endwhile; ?>
</div>
```

3-1 category-blog.php（記事表示部分の構造）

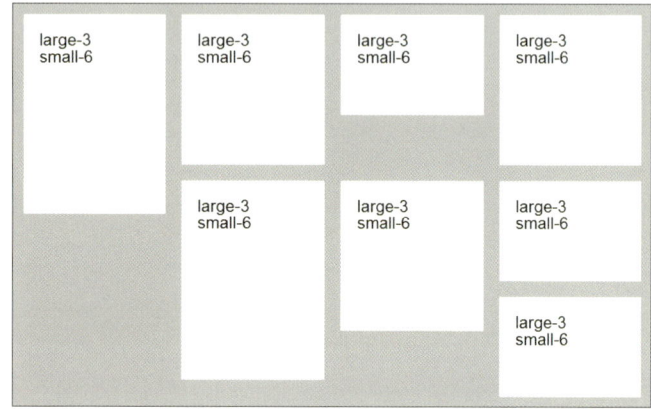

3-2 ラージ・スクリーンにおける表示

また、あわせて"small-6"を付与しておきます。"small-"はスモール・スクリーンの意味で、レスポンシブWebデザインで画面が狭い場合に適用されます。こちらはひとつの投稿記事で6カラム分の幅を使うので、横2列に並ぶ構成になります **3-3**。

　このように同一の"columns"に対してふたつのクラスを付与することで、PCでは"large-3"が適用され4列、タブレットやスマートフォンでは"small-6"が適用されて2列というレイアウトにFoudationが自動的に切り替えてくれます。

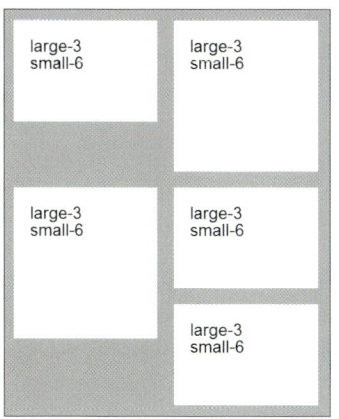

3-3 スモール・スクリーンにおける表示

> **MEMO**
> ここでは骨格部分がわかるように、投稿記事やサムネイルの表示コードは省略しています。省略部分の詳しいコードについては本記事用のサンプルデータにある「category-blog.php」を参照してください。

▶ jQuery Masonryでカスケードスタイルにする

4 　この段階では、高さの異なるグリッド同士が並んでいるため、隙間が発生しています。ここで「jQuery Masonry」というjQueryのライブラリを利用し、隙間を詰めたカスケードスタイルで表示します。なお、「jQuery Masonry」はWordPressに同梱されていますので、すぐに使うことができます。

　まず、「jQuery Masonry」が使うクラスを追加します。

　3-1 のループ内で、投稿記事の"columns"に"masonry-grid"を追加し、投稿記事を囲む"row"に"masonry-wrapper"というクラスを追加します **4-1**。あわせてCSSを記述します **4-2**。

```
<div class="row masonry-wrapper">
    <?php while ( have_posts() ) : the_post(); /* ループ */ ?>
        <div class="large-3 small-6 columns masonry-grid">
            <!-- 投稿記事 -->
            <div class="newspost">
                <!-- アイキャッチ、投稿タイトル、投稿日時を表示 -->
            </div>
        </div>
    <?php endwhile; ?>
</div>
```

4-1 category-blog.phpにクラスを追加

```
.masonry-wrapper .masonry-grid {
    padding: 0 10px 20px 10px;
}
.masonry-wrapper .masonry-grid .newspost {
    height: auto;
    background-color: #fff;
    border: solid 1px #E0D5B8;
    padding: 5px;
    margin: 0;
    border-radius: 5px;
    -webkit-border-radius: 5px;
    -moz-border-radius: 5px;
    overflow: hidden;
}
```

4-2 style.cssにスタイルを記述

5 続いて、JavaScriptでjQuery Masonryを適用します。5-1 のコードを記述したJavaScriptファイルを用意します。これをuse-masonry.jsという名前で保存し、[テーマのディレクトリ]/assets/js/に設置します。

```
jQuery(function() {

    jQuery(window).load(function() {
        jQuery('.masonry-wrapper').masonry({
            itemSelector: '.masonry-grid',
            isAnimated: true
        });
    });
});
```
5-1 use-masonry.js

ATTENTION

"masonry-wrapper"に囲まれたグリッド"masonry-grid"に対して、jQuery Masonryを適用するように指定しています。jQuery(window).load(function()) のタイミングで指定することがコツです。これで、各グリッドの高さが決まった後にjQuery Masonryで配置が行われます。この順番を間違うと、グリッドの高さが正しく計算できず重なってしまうことがあるので注意してください。

MEMO

jQuery Masonryを適用する際に、"masonry-wrapper"、"masonry-grid"というクラス名を使用していますが、4-1 で訂正したテンプレートとJavaScriptとで指定するクラス名を一致させておけば、好きな名前を使うことができます。

6 最後に作成した use-masonry.js と jQuery Masonryをテーマに読み込む設定を行います。

functions.phpに 6-1 を記述しましょう。

すると 6-2 のように、それぞれのグリッドが隙間なく配置されます。なお、スマートフォンでは 6-3 のように表示されます。

```
function _s_scripts() {
…中略…
    if ( is_archive() || is_front_page() ) {
        wp_enqueue_script( '_s-use-masonry', get_template_directory_uri()
        . '/assets/js/use-masonry.js', array( 'jquery-masonry', 'jquery' ),
        '1.0', true );
    }
}
add_action( 'wp_enqueue_scripts', '_s_scripts' );
```
6-1 functions.php

MEMO

JavaScript のライブラリを追加するには、"wp_enqueue_scripts"というアクションフックを使います。すでにfunctions.phpには記述してあるので追記しましょう。

6-2 jQuery Masonryの適用前(左)と適用後(右)

6-3 スマートフォンでの表示

7 このレイアウトは、ほかのページでも利用することができます。

たとえばトップページの下方に「最近のお知らせ」の一覧があります。ここにjQuery Masonryを適用するには、同じようにひとつの投稿記事に"masonry-grid"、投稿記事の集まりを囲む枠に"masonry-wrapper"とクラスを付与すればOKです 7-1 7-2 。

> **MEMO**
> これら以外のページで有効にする場合は、6-1のコードのif文にis_○○()を追加して、そのページでもMasonryを有効にしておく必要があります。6-1ではis_front_page()の記述もあるため、そのままでフロントページでもMasonryが有効になります。

```
<div class="front-news">
    <div class="row">
        <div class="large-12 columns">
            <h3>最新のお知らせ</h3>
            <div class="row masonry-wrapper">
                <?php query_posts( 'posts_per_page=8' );
                /* 最新のお知らせ8件を取得 */ ?>
                <?php if ( have_posts() ) :
                while ( have_posts() ) :
                the_post(); ?>
                    <div class="large-3 small-12 columns masonry-grid">
                        <!-- 投稿記事 -->
                        <div class="newspost">
                            <!-- アイキャッチ、
                            投稿タイトル、投稿日
                            時を表示 -->
                        </div>
                    </div>
                <?php endwhile; endif; ?>
                <?php wp_reset_query(); ?>
            </div>
        </div>
    </div> <!-- /row -->
</div> <!-- /front-news -->
```

7-1 front-page.phpに記述

7-2 **7-1** を反映した表示例

COLUMN Foundationを使わずにjQuery Masonryを利用するには？

Foundationを使わなくてもjQuery Masonryを利用することができます。たとえば、幅1000pxのコンテンツに320pxの投稿記事をグリッド状に並べる場合は、次のようになります。

❶記事一覧（archive.phpなど）にクラスを追加
❷style.cssにスタイルを記述
jQuery Masonryを適用するためのJavaScriptは **5-1** と同様です。

```
<ul id="masonry-wrapper">
<?php while ( have_posts() ) : the_post(); /* ループ */ ?>
    <li id="post-<?php the_ID(); ?>" <?php post_class("masonry-grid"); ?>>
        <!-- アイキャッチ、投稿タイトル、投稿日時などを表示 -->
    </li>
<?php endwhile; ?>
</ul>
```

01 テンプレートの記述例

```
ul#masonry-wrapper {
    width: 1000px;
    list-style: none;
    padding: 0;
    margin: 0 0 0 -20px;
    overflow: hidden;}

ul#masonry-wrapper li.masonry-grid {
    width: 320px;
    padding: 0;
    margin: 0 0 20px 20px;}
```

02 CSSの記述例

まとめ

jQuery Masonryを利用したレイアウトは、写真や記事が隙間なくぎっしりと並んだイメージとなります。表示順が一定とならない新鮮さもあり、写真やお店のメニューなどのビジュアルを重視したページに向いています。いっぽう、時系列がわかりづらくなるため、正確さを求める企業サイトやニュースサイトに使うには注意が必要です。ページの目的に合わせて部分的に適用してもよいでしょう。

017 ページトップへ戻るボタンを導入する

Part 3
多彩な
カスタマイズ

WordPressにはページトップに戻るボタンを設置してくれる便利なプラグインがいくつかあります。今回は導入が容易な「Smooth Page Scroll to Top」を使用してみましょう。

使用技術

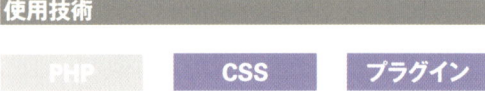

制作のポイント
- プラグインのインストール&有効化
- ボタン位置を調整
- ボタン画像などのカスタマイズ

使用するテンプレート&プラグイン
- Smooth Page Scroll to Top
- style.css

スマートフォンにも対応

▶ プラグインの設定

1 今回使用するプラグイン「Smooth Page Scroll to Top」 1-1 は、非常に簡単なプラグインです。

管理画面の「プラグイン」メニューの「新規追加」から「Smooth Page Scroll to Top」で「プラグインの検索」を行い、「いますぐインストール」からインストールします。

インストールが完了したら「インストール済みプラグイン」から「Smooth Page Scroll to Top」を有効化します。これだけで、すぐに使えるようになります。細かい設定は必要ありません。

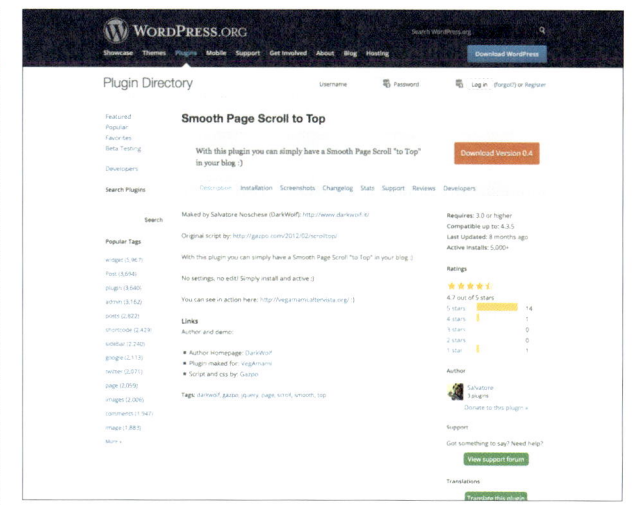

1-1 Smooth Page Scroll to Top
http://wordpress.org/plugins/smooth-page-scroll-to-top/

▶ 表示を確認する

2 プラグインの有効化が完了したら、実際に表示してチェックしてみましょう 2-1 。スクロールすると、右下に丸いボタンが表示されていることが確認できます。また、スマートフォンの場合は 2-2 のように表示されます。

2-1 PCでの表示

2-2 スマートフォンでの表示

MEMO

ページトップに戻るためのボタンを設置するプラグインは、ここで紹介している「Smooth Page Scroll to Top」以外にもいくつかあるので紹介しておきます。
・JCWP Scroll To Top
（http://wordpress.org/plugins/jcwp-scroll-to-top/）
・Dynamic To Top
（http://wordpress.org/plugins/dynamic-to-top/）

▶ボタン位置の調整

3 このままでもとくに問題はありませんが、ボタンの位置が少し中途半端なので、収まりが悪く感じられるかもしれません。そこで、CSSを変更して位置を調整してみましょう。

wp-content/plugins/smooth-page-scroll-to-top/files/smooth_scroll.cssを見ると、CSSは **3-1** のようになっています。ボタンの位置が「bottom:50px; right:100px;」に設定されているので **3-2** のように修正します。これでボタンの表示位置が **3-3** のように表示されます。スマートフォンの場合は **3-4** です。

```
.scrollup {
    width:40px;
    height:40px;
    opacity:0.3;
    position:fixed;
    bottom:50px;
    right:100px;
    display:none;
    text-indent:-9999px;
    background: url('icon_top.png') no-repeat;
    outline: none !important;
}
```

3-1 smooth_scroll.css

```
bottom:10px;
right:10px;
```

3-2 ボタン位置の調整

MEMO
ファイルを直接開いて変更するほかに、管理画面で［プラグイン>インストール済みのプラグイン］から「Smooth Scroll To Top」プラグインの「編集」をクリックしたあと、プラグイン編集画面で「smooth-page-scroll-to-top/files/smooth_scroll.css」のリンクをクリックしても **3-1** のCSSの表示と編集を行えます。

3-3 修正後のボタン位置（PC）

3-4 修正後のボタン位置（スマートフォン）

▶ボタン画像などの変更

4 もしボタン画像を変更したい場合はプラグインフォルダにあるsmooth-page-scroll-to-top/filesのicon_top.pngを差し替えましょう **4-1** 。

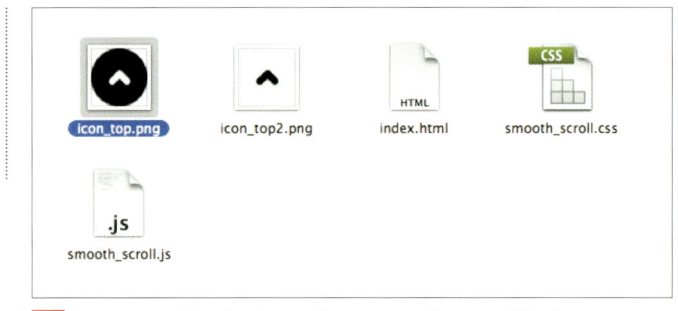

4-1 wp-content/plugins/smooth-page-scroll-to-top/files/

MEMO
プラグインフォルダにはicon_top.pngの他にicon_top2.pngというアイコン画像が用意されています。差し替える場合はファイル名をicon_top.pngにして入れ替えましょう。

また、ボタンが表示されるタイミングなどを変更したい場合は、同じフォルダにあるsmooth_scroll.jsを修正します **4-2**。たとえば、ページの最下部までスクロールした時にボタンを表示したい場合は❶を **4-3** に書き換えます。

```
jQuery(document).ready(function($){
  $(window).scroll(function(){
    if ($(this).scrollTop() > 100) {     ─❶
      $('.scrollup').fadeIn();
    } else {
      $('.scrollup').fadeOut();
    }
  });
  $('.scrollup').click(function(){
    $("html, body").animate({
      scrollTop: 0 }, 600);
    return false;
  });
});
```

TIPS 「if ($(this).scrollTop() > 100)」はページを下に100px以上移動したときにボタンを表示するという意味です。「$("html, body").animate({ scrollTop: 0 }, 600);」の箇所は、0はボタンを押した時に戻る位置（上から0px）で、600の数値が小さいほど早く戻ります。

4-2 smooth_scroll.css

```
if($(window).scrollTop() + $(window).height() > $(document).height() - 100) {
```

4-3 表示タイミングを変更

▶ Retina Display対応

5 プラグインで使用している画像はRetinaディスプレイ対応のデバイスで観覧した場合、ボケて表示されてしまいます。これを回避する方法についても紹介しましょう。

まずicon_top.pngがタテ×ヨコ40pxサイズなので、各2倍のタテ×ヨコ80pxサイズのボタン画像を制作します。また、ボタン画像のファイル名はicon_top_2x.pngとします。

続いてsmooth_scroll.cssに **5-1** の記述を追加します。Media Queriesを使用してdevice-pixel-ratio:2、min-resolution: 2dppx以上の場合に2倍の解像度の画像を読み込むように指定しています **5-2**。background-sizeでのサイズ指定では、通常の解像度で使用する場合と同じサイズである縦横40pxを設定しましょう。

```
@media (-webkit-min-device-pixel-ratio:2),
(min-resolution: 2dppx){
    .scrollup {
        background-image: url('icon_top_2x.png');
        background-size: 40px 40px;
    }
}
```

5-1 smooth_scroll.css

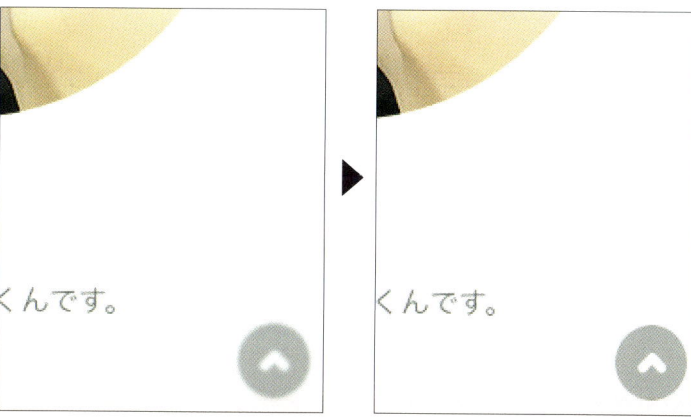

5-2 Retina対応の右側は円の縁がはっきり表示される

まとめ

ページトップへ戻るボタンを設置すると、スクロールの手間を省き、ワンクリックでページ上部に戻ることができます。コンテンツが多く、ページが縦に長い場合などにありがたい機能です。サイトの中での重要度はそれほど高くないでしょうが、設置する場合はきちんと動作確認をして、不具合の出ないようにしましょう。

018 Webフォントを利用する

Part 3
多彩な
カスタマイズ

ページのアクセントとしてアイコン画像を使う機会は多いでしょう。でも画像の準備やスマートフォンサイトでの表示など悩ましいものです。Webフォントを利用すれば、そうした悩みは一気に解決します。

使用技術
PHP　　CSS　　プラグイン

制作のポイント
- GenericonsのWebフォント
- Webフォントをカスタマイズ
- そのほかのWebフォント

使用するテンプレート&プラグイン
- functions.php
- header.php
- style.css

▶ GenericonsのWebフォントを利用

1 例として、サンプルサイトの右上部にある「Open: 10:00〜22:00」という文字の横に時計のアイコンを表示する手順を見てみましょう **1-1** 。

ここではGenericons（https://genericons.com/）というサイトにあるWebフォントを利用します。Genericonsのサイトにアクセスし、ダウンロードをクリックします **1-2** 。

1-1 Webフォントの設置箇所

MEMO
サンプルテーマの配布状態では、すでにアイコンのWebフォントは適用済みです。

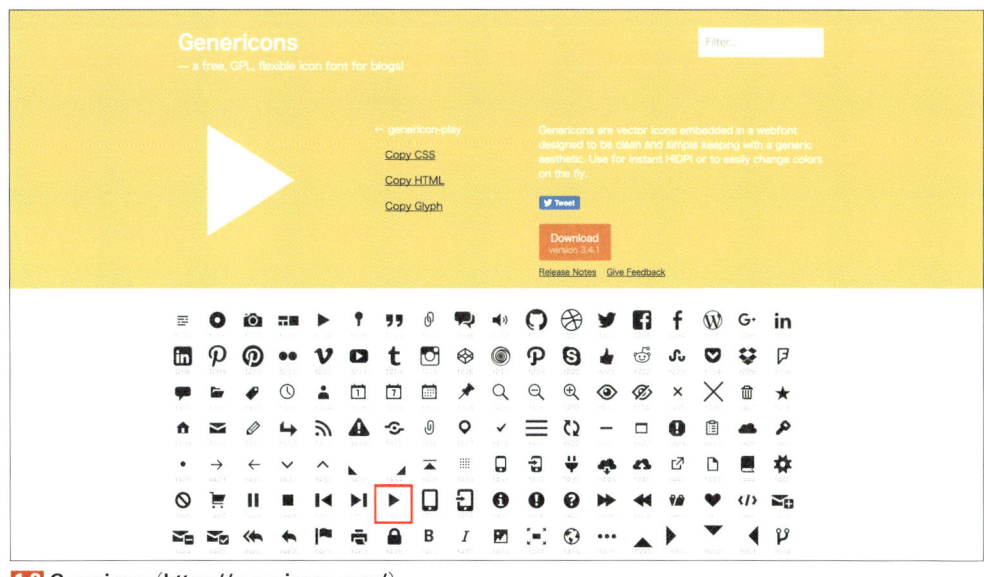

1-2 Genericons（https://genericons.com/）

> **MEMO**
> Genericonsは高解像度のディスプレイでも綺麗に表示されるようにデザインされ、ウェブサイトの作成でよく利用されるアイコンがたくさんつまったWebフォントです。なお、GenericonsのサイトもWordPressで制作されています。

2 サイトからダウンロードしたGenericons.zipを解凍し、genericons.cssとWebフォントファイルを利用しているWordPressテーマのディレクトリに配置します。

genericons.cssにおいて、フォントのあるフォルダへのパスの表記が4箇所あります **2-1**。これらについて、それぞれ配置しWebフォントのファイルとパスが合うように修正しましょう **2-2**。

なお、今回のサンプルテーマにはGenericonsを同梱してあり、最初から読み込まれた状態になっています。また、genericons.cssの内容はstyle.cssに追記してあり、assetsフォルダ内にfontフォルダを配置しています **2-3**。

```
src: url("./Genericons.eot");
src: url("./Genericons.eot?") format("embedded-opentype"),
     url("./Genericons.ttf") format("truetype"),
     url("./Genericons.svg#Genericons") format("svg");
```
2-1 初期のfontフォルダへのパス表記

```
src: url("./assets/font/Genericons.eot");
src: url("./assets/font/Genericons.eot?") format("embedded-opentype"),
     url("./assets/font/Genericons.ttf") format("truetype"),
     url("./assets/font/Genericons.svg#Genericons") format("svg");
```
2-2 本書のサンプルテーマにおけるパス表記

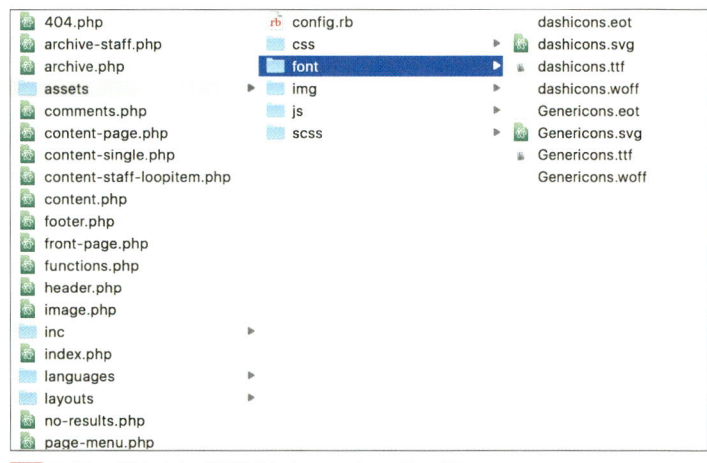

2-3 本サンプルにおいて同梱されたgenericonファイル

3 Genericonsのサイトに戻り、時計のアイコンをクリックします 3-1 。すると、大きく表示されているアイコンが時計のものに変わるので、「Copy HTML」をクリックして、表示に必要なHTMLコードを取得したら、表示したいテンプレートの場所にペーストします 3-2 。

サンプルサイトではheader.phpにある時間表示テキストの直前です 3-3 。これだけでGenericonsのアイコンが表示されます 3-4 。

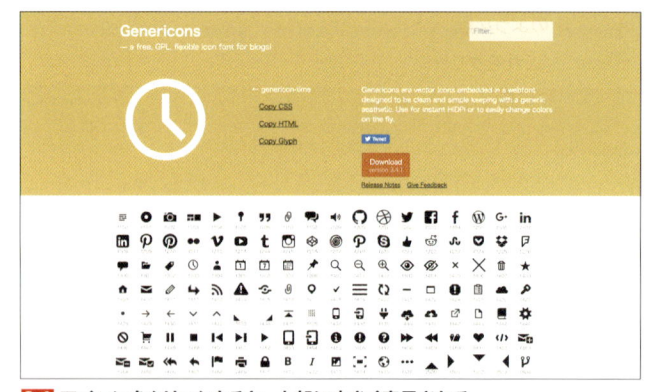

3-1 アイコンをクリックすると、上部に大きく表示される

```
<div class="genericon genericon-time"></div>
```

3-3 本書のサンプルテーマにおけるパス表記

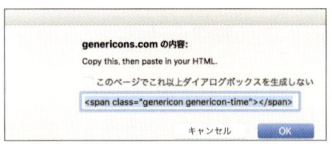

3-2 コードをコピーして表示したいテンプレートにペースト

3-4 アイコンフォントの表示例

▶アイコンの色を変える

4 次に、アイコンの色を変えてみましょう。style.cssに 4-1 のコードを追加します。このようにテキストの装飾を変えるのと同様のスタイルシートを書くだけで、アイコンの色を変えたりサイズやウェイトを変更することができます 4-2 。

```
.genericon-time:before {
color: #b83a3a;
font-weight: bold;
}
```

4-1 色、サイズ、ウェイトはCSSで変更

4-2 アイコンフォントの色が変わる

▶その他のWebフォント

5 GenericonsはWebフォントの一種です。ほかによく知られるWebフォントとして、「Google Fonts」があります。「Google Fonts」の使い方についても簡単に紹介しましょう。

まず「Google Fonts」のページで使いたいフォントの右上にある赤色の＋アイコンをクリックします 5-1 。

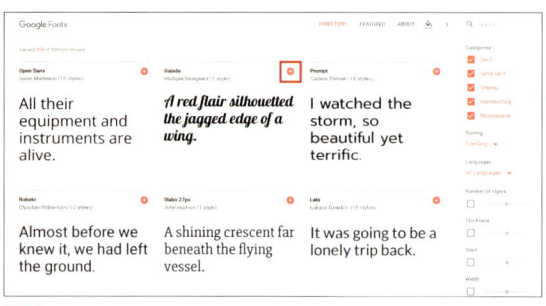

5-1 Google Fonts（https://fonts.google.com/）

画面下部に **5-2** のような黒いバーが表示されるので、これをクリックすると設定用のコードが表示されます **5-3** 。ここで表示されたコード **5-4** を header.php の＜head＞～＜/head＞内にコピー＆ペーストします。

続いて表示されている「Specify in CSS」を参考に記述した **5-5** を style.css に追記します。これで class="Galada" としたところに今回のフォントが適用されます。

試しに、Concept ページの見出しに利用してみましょう。編集画面の見出しの **5-6** となっている部分を **5-7** とするとWebフォントが適用されます **5-8** 。

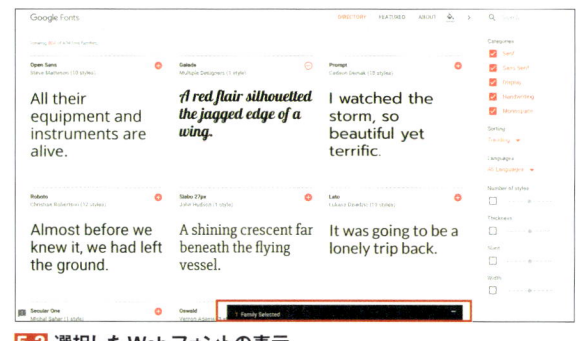

5-2 選択したWebフォントの表示

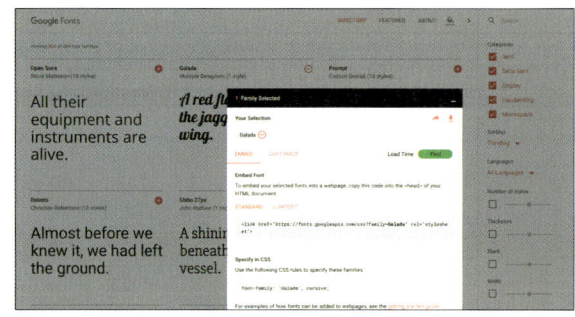

5-3 Embed Fontにあるものが設定用のコード

```
<link href="https://fonts.googleapis.com/css?family=Galada" rel="stylesheet">
```

5-4 設定用のコード

```
.Galada{
font-family: 'Galada', cursive;
}
```

5-5 Webフォントを適用するCSS

classにGaladaをつけた場合にこのフォントを利用する

```
<h2>Meet up</h2>
```

5-6 Webフォント適用前

```
<h2 class="Galada">Meet up</h2>
```

5-7 classを指定してWebフォントを適用

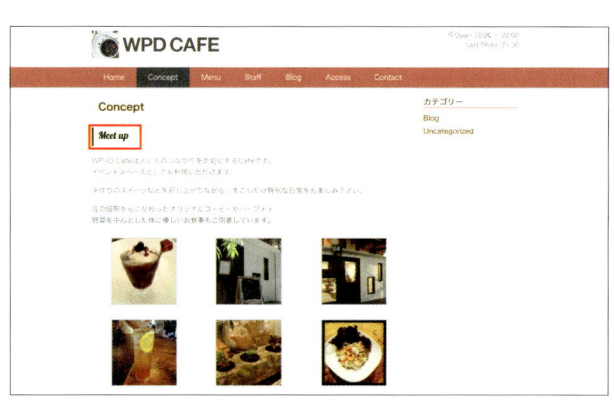

5-8 「Meet up」にWebフォントが適用

まとめ

Webフォントを利用すると、CSSでフォントを指定するだけで変更が可能となります。画像ではなく、テキストデータになるのでSEOの向上にもつながります。一方で、日本語のWebフォントは数がまだ少なく、またデータも重くなってしまうため、読み込みに時間がかかるという問題もあります。アイコンや欧文フォントであればデータも軽いので、用途に応じて使い分けてみましょう。

019 アイキャッチ画像を カッコよくする CSS

Part3
多彩な
カスタマイズ

投稿記事の一覧などで表示されるアイキャッチ画像をCSSで装飾する方法を紹介します。トリミングの形やマウスオーバーで表示が変わる効果など、見た目に格好いいものにしてみましょう。

使用技術

PHP　　CSS　　プラグイン

制作のポイント

- CSSでアイキャッチを装飾
- ロールオーバーで表示を変更する
- クラスを組み合わせることも可能

使用するテンプレート＆プラグイン

- content.php
- style.css

※画面は装飾の種類がわかりやすいように合成したものです

▶アイキャッチ画像を装飾するCSS

1 まず、アイキャッチを表示するテンプレートで、アイキャッチ画像にclassを付加します。たとえば、サンプルテーマのブログ記事一覧のページであれば、content.phpに **1-1** のような記述を追記します。なお、以降で指定スタイルを正しく適用する場合は、article .thumbnail imgというclassのcss指定を無効化しておく必要があります **1-2** 。

```
<?php the_post_thumbnail( 'top-thumb' , array('class' =>
'img-polaroid' ) ); ?>
```

1-1 アイキャッチを表示するテンプレートタグにクラスを付加
content.phpの10行目に追記する

```
/*
article .thumbnail img {
  -webkit-border-radius: 5px;
  border-radius: 5px;
}
*/
```

1-2 指定スタイルを適用する場合は上記を無効化
ここではコメントアウトしている

2 それでは、アイキャッチ画像を装飾するCSSについて、いくつか紹介していきましょう。

まず、ポラロイド風に周囲に白い縁取りをつけてみます **2-1** **2-2** 。

```
.img-polaroid {
  padding: 7px;
  background-color: #fff;
  border: 1px solid rgba(0, 0,
0, 0.2);
  -webkit-box-shadow: 0 1px
3px rgba(0, 0, 0, 0.1);
  -moz-box-shadow: 0 1px 3px
rgba(0, 0, 0, 0.1);
  box-shadow: 0 1px 3px
rgba(0,0, 0, 0.1);
}
```

2-1 ポラロイド風のCSS

2-2 img-polaroidの表示

3 画像の角を丸くして楕円形のようにトリミングします **3-1** 。縦横比率をそろえたアイキャッチ画像の使用を前提とするのであれば真円の画像として見せることが可能です **3-2** 。

```
.img-circle {
  -webkit-border-radius:
300px;
  -moz-border-radius: 300px;
  border-radius: 300px;
  }
```

3-1 楕円のCSS

3-2 img-circleの表示

4 ポラロイド風の処理とひかえめな影を追加します 4-1 4-2 。

3-1 で数値を調整すると四隅が角が丸くなった表示となります 4-3 4-4 。画像を回転させることも可能です。今回は通常時に回転し、マウスオーバー時に回転をしないように設定しています 4-5 4-6 。

MEMO

3-1 にある300pxを5pxに変更します。このようにサイズを変更することで、いろいろな形にすることができます。

MEMO

10行目から14行目までの数値(0deg)を変更すると、マウスオーバー時に画像が回転するようになります。

```
.img-style-photo {
    background: #ccc;
    border: 5px solid #fff;
    position:relative;
    box-shadow: 5px 5px 10px
    rgba(0, 0, 0, 0.12);
    -moz-box-shadow: 5px 5px
    10px rgba(0, 0, 0, 0.12);
    -webkit-box-shadow: 5px 5px
    10px rgba(0, 0, 0, 0.12);
}
```

4-1 影をつけた CSS

```
.round5 {
    -webkit-border-radius: 5px;
    -moz-border-radius: 5px;
    border-radius: 5px;
}
```

4-3 角丸の CSS

```
.img-style-rotate {
    transform: rotate(-2deg);
    -moz-transform: rotate
    (-2deg);
    -webkit-transform: rotate
    (-2deg);
    -o-transform: rotate(-2deg);
    -ms-transform: rotate
    (-2deg);
}

.img-style-rotate:hover {
    transform: rotate(0deg);
    -moz-transform:
    rotate(0deg);
    -webkit-transform:
    rotate(0deg);
    -o-transform: rotate(0deg);
    -ms-transform: rotate(0deg);
}
```

4-5 回転する CSS

4-2 img-style-photo

4-4 round5

4-6 img-style-rotate

▶ロールオーバーで表示を変更する

5 今度はロールオーバーで表示が変わるCSSについて紹介します。

画面にぼかし効果を与え、マウスオーバーでぼかしが消えるように指定します 5-1 5-2 5-3 。

```
.img-style-blur {
    filter: blur(5px);
    -webkit-filter: blur(5px);
    -moz-filter: blur(5px);
    -o-filter: blur(5px);
    -ms-filter: blur(5px);
}
.img-style-blur:hover {
    filter: blur(0px);
    -webkit-filter: blur(0px);
    -moz-filter: blur(0px);
    -o-filter: blur(0px);
    -ms-filter: blur(0px);
}
```

5-1 ぼかしの CSS

5-2 マウスオフ時のぼかし画像（img-style-blur）

5-3 マウスオーバー時の表示

6

画像をモノクロに変換します **6-1** **6-2** 。マウスオーバーで通常の画像（たとえば **5-3** ）を表示するようにします。

```css
.img-style-gray {
    filter: grayscale(1);
    -webkit-filter: grayscale(1);
    -moz-filter: grayscale(1);
    -o-filter: grayscale(1);
    -ms-filter: grayscale(1);
}

.img-style-gray:hover {
    filter: grayscale(0);
    -webkit-filter: grayscale(0);
    -moz-filter: grayscale(0);
    -o-filter: grayscale(0);
    -ms-filter: grayscale(0);
}
```

6-1 モノクロ表示のCSS

6-2 マウスオフ時のモノクロ画像（img-style-gray）

7

写真をセピア調に表示します。マウスオーバーで元のカラー写真が表示されます **7-1** **7-2** 。

```css
.img-style-sepia {
    filter: sepia(1);
    -webkit-filter: sepia(1);
    -moz-filter: sepia(1);
    -o-filter: sepia(1);
    -ms-filter: sepia(1);
}

.img-style-sepia:hover {
    filter: sepia(0);
    -webkit-filter: sepia(0);
    -moz-filter: sepia(0);
    -o-filter: sepia(0);
    -ms-filter: sepia(0);
}
```

7-1 セピア表示のCSS

7-2 セピア画像（img-style-sepia）

8

4-1、**4-5**、**6-1** のクラスをまとめて指定することもできます **8-1** 。これを表示したものが **8-2** です。このように、さまざまなスタイルを指定して、アイキャッチ画像を装飾していきましょう。

```php
<?php the_post_thumbnail( 'top-thumb' , array('class' => 'img-style-photo img-style-rotate img-style-gray') ); ?>
```

8-1 半角スペースで3つのクラスをまとめて指定

8-2 img-style-photo、img-style-rotate、img-style-grayを指定

まとめ

写真のフレームのような視覚効果などはインパクトも大きいため、写真が少々頼りなくても全体の雰囲気を持ち上げてくれます。なお、影や回転等を多用すると極端にパフォーマンスが落ちる場合もあるので、過度な装飾はしないよう注意しましょう。

020 レスポンシブ対応した動画の埋め込み

Part3
多彩な
カスタマイズ

WordPressでは、YouTubeなどの動画を投稿ページなどに埋め込むことができます。これをレスポンシブ対応する方法について紹介しましょう。

使用技術

PHP　**CSS**　プラグイン

制作のポイント

- ●投稿に動画を埋め込む
- ●投稿時にdivで囲む
- ●スマートフォン向けにCSSで調整

使用するテンプレート&プラグイン

- ●style.css

▶投稿に動画を埋め込む

1 まずは投稿にURLをコピー&ペーストし、普通にYouTubeの動画を埋め込んでみます 。

今回は、使用しているテーマはレスポンシブに対応してますが、ブラウザの幅が狭くなるようなスマートフォンで動画の貼り付けてあるページを見ると のように縦に間延びした印象になってしまいます。このような場合、簡単なCSSを記載するだけで対応することが可能です。

1-1 通常（PC）の表示

1-2 スマートフォン（iPhone）における表示

200

2 まず、記事に動画を埋め込むときに、**2-1** のようにdiv要素で囲んで記述して投稿します。出力されるHTMLは **2-2** のようになります。

次に、CSSで表示を調整します **2-3**。基本はCSSの「絶対配置」を使います。divの左上を座標の起点とし、表示位置を調整します **2-4**。

調整後、スマートフォンで表示すると **2-5** のように、縦の間延びすることなく表示されるようになります。

> **MEMO**
> 動画全体を囲むdiv要素（.moveWrap）を「position: relative;」で親にし、表示される動画（iframe）を「position: absolute;」にします。

```
<div class="moveWrap">
YouTubeの動画URL
</div>
```
2-1 URLをdiv要素で囲む

```
<div class="moveWrap">
<p><span class="embed-youtube" style="text-align:center; display:
block;"><iframe class="youtube-player" type="text/html" width="640"
height="390" src="http://www.youtube.com/embed/Mi-MSLl0t-o?version
=3&amp;rel=1&amp;fs=1&amp;showsearch=0&amp;showinfo=1&amp;iv_load_
policy=1&amp;wmode=transparent" frameborder="0"></iframe></span></p>
</div>
```
2-2 moveWrpがclassに付与される

```
.moveWrap {
    position: relative;
    width: 100%;
    padding-top: 56.25%;
}
.moveWrap iframe {
    position: absolute;
    top: 0;
    left: 0;
    width: 100%;
    height: 100%;
}
```
2-3 CSSの記述（style.css）

2-4 座標の起点を左上に設定し表示を調整

2-5 修正後のスマートフォン（iPhone）における表示

まとめ

WordPressでは、YouTubeやFlickrであれば共有のURLを貼り付けるだけで表示させることができます。埋め込み用のタグも必要ないので簡単です。そのままでも表示はされますが、きちんとCSSで調整してあげれば、よりレスポンシブサイトとしてしっくりとまとまります。

021 スマートフォン閲覧時の メニュー表示のバリエーション

Part 3
多彩な
カスタマイズ

サンプルテーマでは、スマートフォンで閲覧した際にメニューをボタンで開閉する形式にしています。ここではそのバリエーションとして、ページをスライドさせて横から表示させるメニューを設定してみましょう。

使用技術

PHP　　CSS　　プラグイン

制作のポイント
- プラグインの導入
- メニューの各種設定

使用するテンプレート&プラグイン
- WP Responsive Menu
- Mcl slidein Nav

スライドでメニューを表示

▶プラグイン「WP Responsive Menu」

1 横からスライドするメニューを実現するには、jQueryのライブラリなどをダウンロードしてきて自分で組み込む事もできますが、簡単に実装できるプラグインもいくつかありますので、今回はその中の「WP Responsive Menu」 **1-1** を使って実装します。

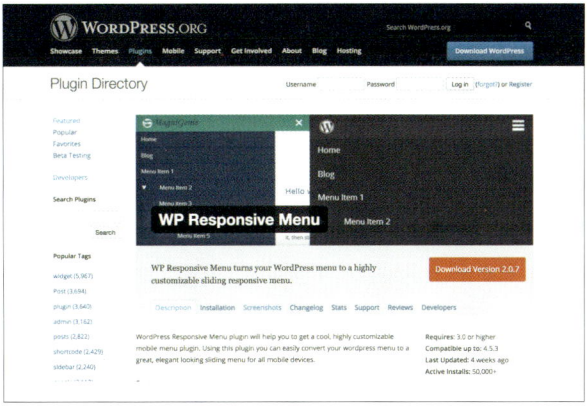

1-1 WP Responsive Menu
https://wordpress.org/plugins/wp-responsive-menu/

▶表示するメニューの設定

2 「WP Responsive Menu」を有効化すると管理画面のメニューに「WPR Menu」という項目が追加されるので、ここから各種設定を行います **2-1**。

スライドメニューに表示する項目はあらかじめ[外観 > メニュー]で登録しておく必要がありますが、PC版のメニューと同じ項目でよければ新規でメニューを作成する必要はありません **2-2**。

サイトを表示すると画面の上部にメニューバーが表示 **2-3** され、タップすると横からメニューが表示されます **2-4**。

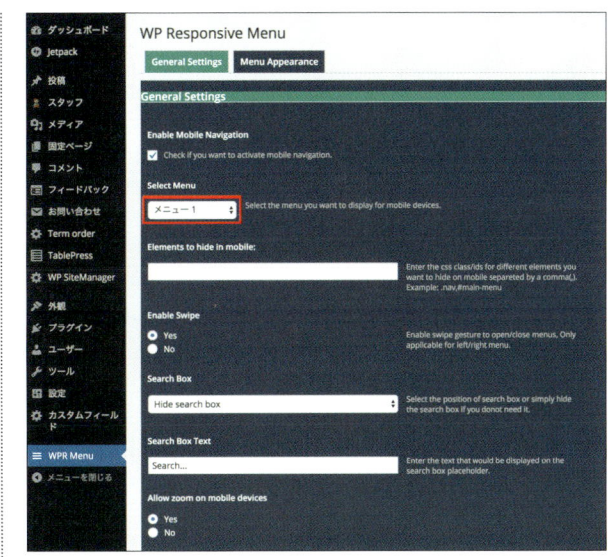

2-1 WP Responsive Menu の設定画面

2-2 スライドメニューの項目は[外観 > メニュー]から登録します

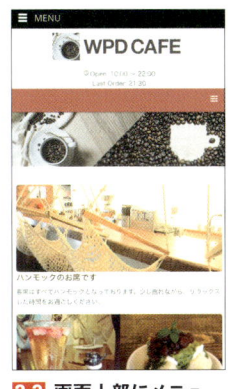

2-3 画面上部にメニューバーが表示される

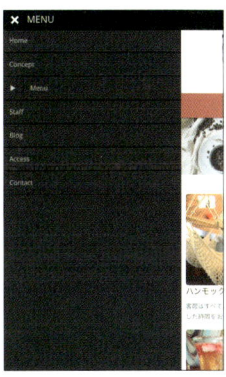

2-4 メニューをタップすると横からメニューが表示される

▶標準のメニューを隠す

3 サンプルテーマではスマートフォンで閲覧した際にはもともとスマートフォン用のメニューが表示されるようになっていますが、「WP Responsive Menu」を有効化する事によって「WP Responsive Menu」のメニューも表示されます。合計2つのメニューが表示されてしまうので、テーマで実装されているメニューを非表示にしましょう。まず、サンプルテーマのメニュー部分は、header.php では 3-1 のように書かれています。

id 名が「site-navigation」となっているので、「WP Responsive Menu」の設定画面の「Elements to hide in mobile:」の入力欄に #site-navigation と入力して 3-2 設定を保存し、サイトを表示するとサンプルテーマ標準のピンク色のメニューバーが非表示になります 3-3 。

```
<nav id="site-navigation" class="navigation-main" role="navigation">
    <h1 class="menu-toggle text-right">
        <div class="genericon genericon-menu"></div>
    </h1>
    <div class="row">
        <div class="large-12 columns">
            <?php wp_nav_menu( array( 'theme_location' =>'primary' ) ); ?>
        </div>
    </div>
</nav>
```

3-1 header.php に書かれているメニューのソースコード

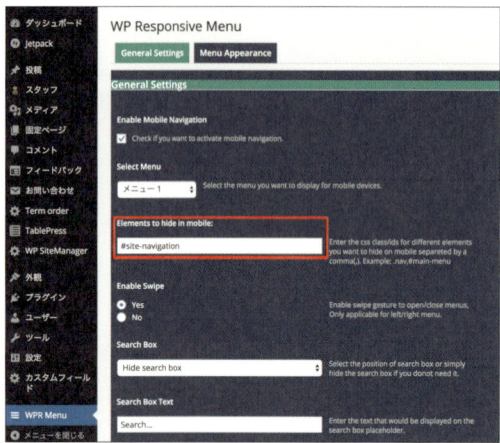

3-2 スマートフォンで閲覧したときに隠したい要素を入力します

3-3 サンプルテーマ標準のメニューバーが非表示

▶メニューボタンを好きな位置に配置しやすい「Mcl slidein Nav」

4 「WP Responsive Menu」はメニューを上から展開したり、メニューバーの背景色や文字色を変更するなど、さまざまなオプション項目がありますが、ボタンは画面上部に固定のバーになってしまいます。しかし、画面の狭いスマートフォンにおいてメニュー展開のボタンにあまりスペースをとりたくない場合もあるでしょう。

「WP Responsive Menu」と同じくスライドするメニューを実装できるプラグイン「Mcl slidein Nav」 4-1 では、ボタンの部分だけを画面の任意の場所に固定表示することができます。

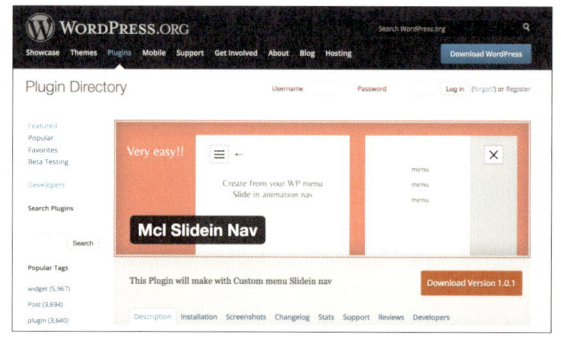

4-1 Mcl Slidein Nav　https://wordpress.org/plugins/mcl-slidein-nav/

5 「Mcl slidein Nav」を有効化したら［設定＞Mcl slidein Nav］から各種設定をします 5-1 。「Mcl slidein Nav」では、どれくらいの画面サイズまでメニューボタンを表示するかをpxで指定します 5-2 。

次に、サンプルテーマのデフォルトのメニューバーについて、画面が狭い時には表示されないように、5-3 のようにCSSを記述します。

これでサイトを確認すると、「Mcl slidein Nav」のメニューボタンが画面左上に表示されるのが確認できます 5-4 。タップすると画面左からメニューがスライドインして 5-5 のようになります。ボタンの位置は、右側に設定したり、位置を細かく指定することもできます。

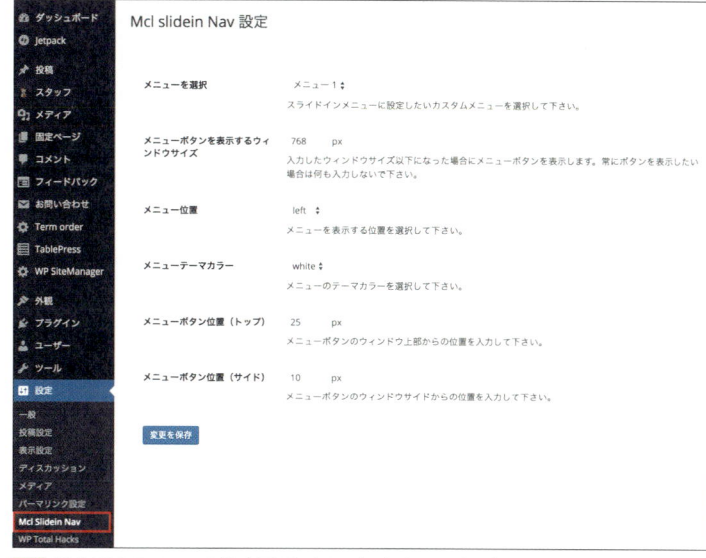

5-1 Mcl Slidein Nav の設定画面。シンプルな上に日本語なのでわかりやすい

```
@media (max-width: 1024px){
/* メニューボタンを表示させるウィンドウサイズと
同じの時 */
  #site-navigation { display:
none; }  /* サンプルテーマの標準の
メニューを非表示にする */
}
```

5-3 ボタンを表示させるサイズの記述

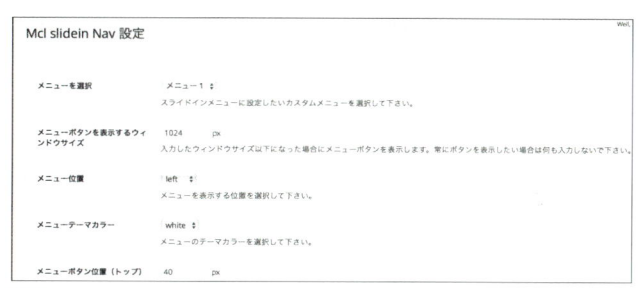

5-2 スライドメニューを表示させる画面サイズを指定

5-4 「Mcl slidein Nav」のメニューボタンが画面左上に表示される

5-5 メニューが展開された状態

まとめ

近年は表示端末や実装技術の進歩・多様化によってさまざまなナビゲーションが見られるようになりました。しかし、あまり凝り過ぎると、端末によって動作不良が発生したり、処理が重くなる原因となってしまいます。何より使い勝手が悪くなっては本末転倒です。誰が見てもわかりやすく、動作の軽いナビゲーションを実装するように心がけましょう。

022 レスポンシブ対応の表組みを作成する

Part 3
多彩な
カスタマイズ

レスポンシブWebデザインで構築する場合、意外に制作者の頭を悩ませる存在となっているのがテーブルです。PCやスマートフォンなど、表示領域の異なるさまざまな環境で閲覧されても問題ないように対策をしましょう。

使用技術

PHP　CSS　プラグイン

制作のポイント
- プラグインの導入
- テーブルの作成
- エクステンションでスマートフォンでも見やすくする

使用するテンプレート&プラグイン
- TablePress

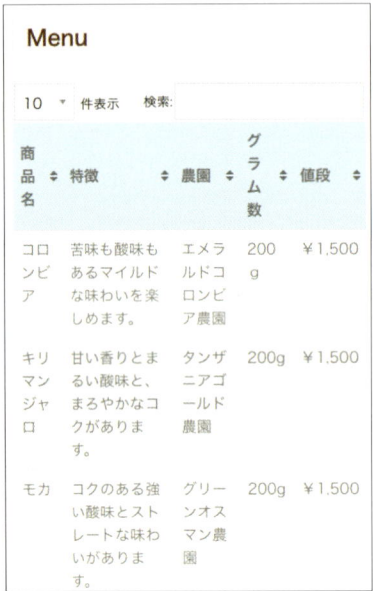

レスポンシブに対応したテーブル

▶プラグイン「TablePress」

1 WordPressでテーブルを作成できるプラグインの「TablePress」 1-1 には、テーブルをレスポンシブに対応させるための拡張プラグインがあります。今回はこれを用いて対策をしましょう。まずは「TablePress」をインストールして有効化しておきます。

MEMO
サンプルテーマにはすでに「Table Press」プラグインが含まれています。

1-1 TablePress
http://wordpress.org/plugins/tablepress/

▶テーブルの作成

2 管理画面の［TablePress＞新しいテーブルを追加］で新規テーブルを作成します 2-1 。 2-2 を参考に設定を入力し、最後に「テーブルを追加」ボタンをクリックします。テーブルの内容を入力する画面になりますので、値を入力しましょう 2-3 。入力が終わったら下にある「変更を保存」ボタンをクリックします。

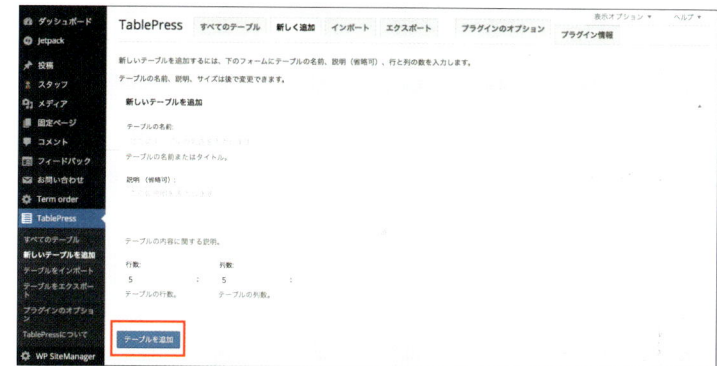

2-1 テーブルの追加画面

項目	内容
テーブルの名前	テーブルのタイトル（TablePressメニューの「すべてのテーブル」に表示される）
説明	テーブルの説明（TablePressメニューの「すべてのテーブル」に表示される
行数	テーブルの行数
列数	テーブルのカラム数

2-2 Tableの設定項目

TIPS リンクや画像の挿入、セルの結合、追加、複製、削除などは「テーブルの操作」ボックス、セルの着色、テーブルタイトル位置の調整などは「テーブルのオプション」ボックスで行います。「DataTables JavaScriptライブラリの機能」ボックスではJSによるテーブルの装飾などが設定できます。

2-3 テーブルの入力画面

022 レスポンシブ対応の表組みを作成する

3 次に編集画面に表示されているショートコードをコピーします **3-1**。

なお、「すべてのテーブル」ページではテーブルの名前にカーソルを合わせると「ショートコードを表示」の項目が表示されるので、そこからショートコードを表示してコピーすることもできます **3-2**。

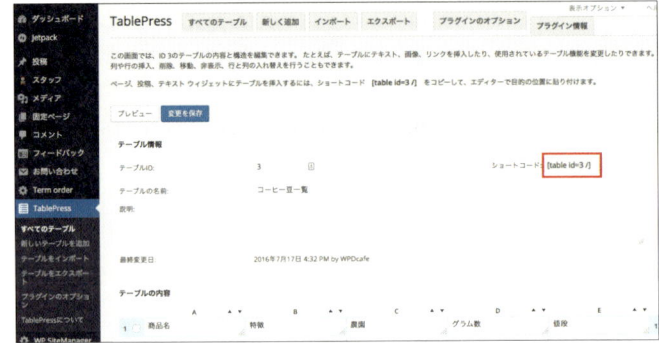

3-1 テーブルの編集画面

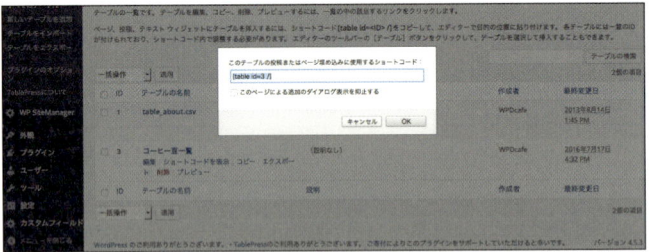

3-2 ショートコードを表示

4 テーブルを表示したいページにショートコードをペーストします **4-1**。ペーストしたら公開、またはプレビューで設置された状態を確認してみましょう **4-2**。

TablePressでは **4-3** のようにテーブルにクラスが付けられます。またテーブルのHTMLは **4-4** のようになります。テーブルを装飾したい場合は、これらを利用するとよいでしょう。

4-1 ショートコードをペースト
ここではMenuの固定ページにペーストしている

4-2 テーブルが表示される

```
<table id="tablepress-2"
class="tablepress tablepress-
id-2">
```

4-3 テーブルのclass。数字はショートコードで表示されているid

```
<td class="column-1 ">コロンビア
</td>
<td class="column-2 ">苦味も酸味
もあるマイルドな味わいを楽しめます。</td>
<td class="column-3 ">エメラルドコ
ロンビア農園</td>
<td class="column-4 ">200g</
td>
<td class="column-5 ">¥1,500</
td>
```

4-4 テーブルのHTML

> ⚠️ **ATTENTION**
>
> TablePressでは **4-4** にあるように、セルごとにcolumnというclassが付与されます。ただし、サンプルテーマでは、このclassは競合してしまうため、回避するために次のようなCSSをstyle.cssに追記しています。Foundationのようなグリッドシステムを利用するとよくあるケースなので注意してください。
>
> ```
> .tablepress [class*="column"] +
> [class*="column"]:last-child {
> float: none; }
> ```
>
> ```
> .tablepress [class*="column"] +
> [class*="column"].end {
> float: none; }
>
> .tablepress{
>   margin: 20px 0;
> }
> .tablepress-responsive-phone tbody tr
> {
> vertical-align: top;
> }
> ```

TIPS テーブルの上部にある「表示件数」と「検索窓」は設定項目の「DataTables JavaScriptライブラリの機能」で表示、非表示を変更できます。

▶「tablepress-responsive-tables」の導入

5 レスポンシブに対応するため、「TablePress」の機能を拡張をする「tablepress-responsive-tables」 5-1 をダウンロードします。

ダウンロードした「tablepress-responsive-tables.zip」を解凍して「plugins」ディレクトリに設置してください。

続いて管理画面の「インストール済みプラグイン」から「TablePress Extension: Responsive Tables」を有効化します（本書のサンプルではインストール済みです）。

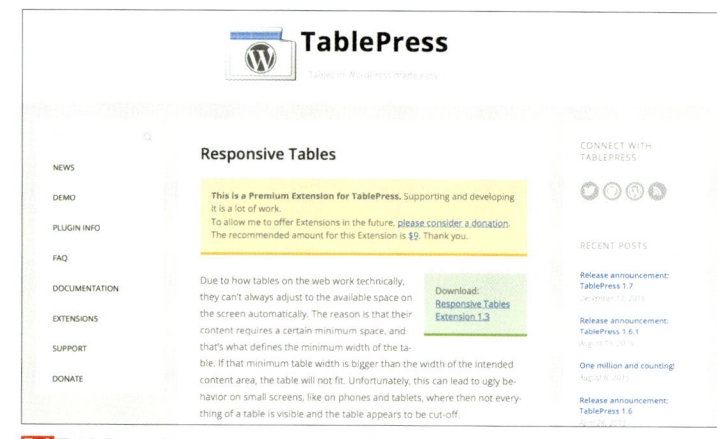

5-1 TablePress Extention: Responsive Tables
http://tablepress.org/extensions/responsive-tables/

---

6 プラグインを有効化すると、先述したショートコードに 6-1 のような指定を追記できるようになります。

レスポンシブ対応のテーブルでは縦横の項目が入れ替わり、内容がスクロールできるようになります 6-2 。

スマートフォン（768pxより小さい画面幅）に適用
`[table id=1 responsive="phone" /]`

タブレット（980pxより小さい画面幅）に適用
`[table id=1 responsive="tablet" /]`

PC（1200pxより小さい画面幅）に適用
`[table id=1 responsive="desktop" /]`

すべての画面幅に適用
`[table id=1 responsive="all" /]`

6-1 画面幅の指定

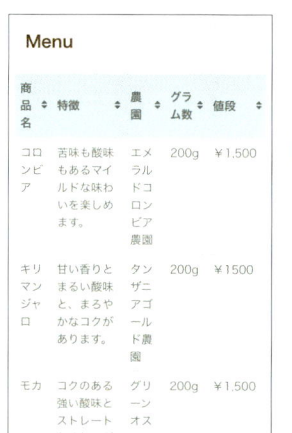 

6-2 スマートフォンにおける表示例
レスポンシブ対応前（左）、対応後（右）はスワイプで内容を確認できる

まとめ

「TablePress」では、CSV、HTML、JSON形式でデータのインポートとエクスポートが可能です。エクセルデータなどを読み込むことが可能なので非常に便利です。設定項目が多いので一見するとハードルが高いように感じますが、実際に触ってみると設定自体はシンプルでわかりやすいので、いろいろ試してみてください。

よく使うテンプレートタグリファレンス

おもなテンプレートタグ

テンプレートタグは、ブログのデータを動的に表示したり、カスタマイズしたりするときに、テンプレートの中で使います。下記は、WordPressで使える一般ユーザー向けタグの機能別一覧です。

一覧・ドロップダウンタグ（他タグとの重複あり）

タグ名	概要	ループ	パラメーター
wp_list_authors	ブログの作成者一覧を表示。投稿があれば作成者アーカイブへのリンク付き	—	投稿数、管理者除外、表示名、未投稿者、フィードリンク
wp_list_categories	リンク付きカテゴリーリストを表示／取得	—	表示／取得, ソート順ほか多数
wp_list_pages	固定ページ一覧を表示／取得	—	表示／取得、ソート順、除外／表示ページ、表示階層の深さ、サブページ指定、日付表示、見出し有無
wp_list_comments	現在の投稿に対する全てのコメントを表示	—	アバターが表示される大きさ／コメントリストの表示形式／各コメントの表示に使用するカスタム関数名
wp_get_archives	月別アーカイブリスト等、日付に基づくリンク付きアーカイブリストを表示。月別・日別・週別、最近の投稿 n 件	—	種別、件数、リスト形式、前後の文字、投稿数の表示
wp_page_menu	固定ページをリンクとしてリスト表示	—	アルファベット順でソート／ページ順でソート／投稿日時でソート／最終更新日時でソート／ページIDでソートほか多数
wp_dropdown_pages	固定ページ一覧をセレクトボックス（ドロップダウンメニュー）で表示	—	ページの階層レベルを設定／ページIDを値としてそのページのサブページを表示／ページリストを表示するか、PHPで使うためにHTMLテキストとして返す
wp_dropdown_categories	セレクトボックス（ドロップダウンメニューなど）を使ったカテゴリーリストを表示／取得	—	表示／取得、ソート順ほか多数
the_widget	任意のウィジェットをテンプレートの任意の位置に表示	—	表示したいウィジェット、前後の文字、各ウィジェットのパラメータ

作成者タグ

タグ名	概要	ループ	パラメーター
the_author	現在の投稿の作成者名（公開用）を表示。取得するには get_the_author	ループ中	—
the_author_meta	現在の、または指定した投稿の作成者・登録ユーザーの各種情報を表示。取得するには get_the_author_meta	—	表示したい項目、ユーザーID
the_author_link	現在の投稿の作成者名（公開用）をウェブサイトへのリンク付きで表示	ループ中	—
get_the_author_link	現在の投稿の投稿者のウェブサイトへのリンクを返す	—	—
the_author_posts	現在の投稿の作成者の投稿数を表示。取得するには get_the_author_posts	ループ中	—
the_author_posts_link	現在の投稿の作成者名（公開用）を作成者アーカイブへのリンク付きで表示	ループ中	—
get_author_posts_url	現在の投稿の作成者ページのURLを取得	—	作成者ID、作成者名（公開用）
wp_list_authors	ブログの投稿者一覧を表示。投稿があれば作成者アーカイブへのリンク付き	—	投稿数、管理者除外、表示名、未投稿者、フィードリンク

カテゴリータグ

タグ名	概要	ループ	パラメーター
the_category	現在の投稿が属する全カテゴリーを、そのカテゴリーアーカイブへのリンク付きで表示	ループ中	区切り文字、親カテゴリーの併記

タグ名	概要	ループ	パラメーター
get_the_category	現在の投稿が属する各カテゴリーの情報を取得。カテゴリーID・カテゴリー名・カテゴリースラッグ・カテゴリー概要・親カテゴリーが配列に格納されるので、好きに取り出して使う	ループ中	パラメータはID
get_the_category_by_ID	指定したカテゴリーのカテゴリー名を取得	—	カテゴリーID
get_the_category_list	HTMLリストまたはカスタム形式のカテゴリー一覧を取得	—	区切り文字、親カテゴリーの表示法、投稿ID
in_category	条件分岐タグ：現在の投稿がパラメータで指定したカテゴリーに属するときTRUEを返す	ループ中／ループ外	カテゴリー（ID、name、slugなど）
get_category_parents	現在の または 指定したカテゴリーと、そこから最上位までの各カテゴリーを取得	—	カテゴリーID、カテゴリースラッグほか
get_category_link	指定したカテゴリーのURLを取得	—	カテゴリーID
category_description	指定したカテゴリーの概要を取得	—	カテゴリーID
the_category_rss	（フィード用）	—	フィードの種類
single_cat_title	現在のカテゴリーアーカイブページのカテゴリー名を表示／取得	—	表示／取得、接頭辞
wp_dropdown_categories	セレクトボックス（ドロップダウンメニューなど）を使ったカテゴリー一覧を表示／取得	—	表示／取得、ソート順ほか多数
wp_list_categories	リンク付きカテゴリー一覧を表示／取得	—	表示／取得、ソート順ほか多数
get_the_archive_title	クエリの内容に基づいてアーカイブのタイトルを取得。ターム（カテゴリー、タグ、カスタムタクソノミー）、日付、投稿タイプ、投稿フォーマット、作成者などのアーカイブページが対象	—	—
term_description	指定されたタームの説明を返す。 タームID とタクソノミーをパラメータとして渡すことができるが、タームIDを省いた場合は現在クエリされているターム（例えば投稿のカテゴリーやタグ）の説明を返す	—	タームID、タクソノミー

作成者タグ

タグ名	概要	ループ	パラメーター
コメント表示			
wp_list_comments	現在の投稿に対する全てのコメントを表示	—	max_depth、style、callback、typeなどを配列で指定、表示するコメント
comment_author	コメント投稿者名を表示。取得するにはget_comment_author	ループ中	コメントID
comment_author_email	コメント投稿者のメールアドレスを表示。取得するにはget_comment_author_email	ループ中	—
comment_author_email_link	コメント投稿者へメールを送るリンクを表示。取得するにはget_comment_author_email_link	ループ中	リンクラベルテキスト、前後テキスト
comment_author_link	コメント投稿者名と、もしあればサイトへのリンクを表示。取得するにはget_comment_author_link	ループ中	—
comment_author_IP	コメント投稿者のIPアドレスを表示。取得するにはget_comment_author_IP	ループ中	—
comment_author_url	コメント投稿者のサイトURLを表示。取得するにはget_comment_author_url	ループ中	—
comment_author_url_link	コメント投稿者のサイトへのリンクを表示。取得するにはget_comment_author_url_link	ループ中	リンクラベルテキスト、前後テキスト
comment_class	各コメントのclass属性を表示／取得。取得するにはget_comment_class	—	—
comment_date	コメント投稿日時を表示。取得するにはget_comment_date	ループ中	出力形式
comment_excerpt	コメント概要を表示。取得するにはget_comment_excerpt	ループ中	—
comment_ID	コメントのIDを表示。取得するにはget_comment_ID	ループ中	—
get_comment_link	コメントのURLを取得	—	—
comments_link	現在の投稿に対するコメントのURLを表示。取得するにはget_comments_link	ループ中	—
comments_number	投稿のコメント・トラックバック・ピンバックの合計数を表示。取得するにはget_comments_number	ループ中	コメント数表示テキスト
comment_text	コメント本文を表示。取得するにはget_comment_text	ループ中	—
comment_time	コメント投稿日時を表示。取得するにはget_comment_time	ループ中	出力形式
comment_type	フィードバックの種類を出力。取得するにはget_comment_type	ループ中	表示テキスト

タグ名	概要	ループ	パラメーター
コメント表示			
get_avatar	ユーザーIDもしくは電子メールアドレスからユーザーのアバターを取得	—	作者のユーザーIDか電子メールアドレス／アバターのサイズを指定
コメント投稿フォーム			
comments_open	現在の投稿がコメントを受け付けているか否かを判定	—	—
pings_open	現在の投稿がトラックバック・ピンバックを受け付けているか否かを判定	—	—
comment_form	標準化したコメント投稿欄（フォーム）を出力	—	—
comments_popup_script	ポップアップコメントフォーム（次項）用のJavaScriptを出力	ループ外	ポップアップウィンドウサイズ
comments_popup_link	コメントフォームのポップアップへのリンクを表示	ループ中	コメント数表示テキスト、CSSクラス
comment_reply_link	既存コメントに返信するためのリンクを表示。取得するには get_comment_reply_link	—	連想配列でデフォルトを上書き、返信するコメント、コメントを表示する投稿
post_reply_link	取得するには get_post_reply_link	—	—
cancel_comment_reply_link	既存コメントへの返信を止める（コメント投稿欄を通常に戻す）ためのリンクを表示。取得するには get_cancel_comment_reply_link	—	—
comment_id_fields	取得するには get_comment_id_fields	—	—
comment_form_title	コメント投稿欄の見出しを表示	—	—
フィード用			
comment_author_rss	フィード用形式でコメント投稿者名を表示	ループ中	—
comment_text_rss	フィード用形式でコメント本文を表示	ループ中	—

日付タグ

タグ名	概要	ループ	パラメーター
the_date_xml	現在の投稿の投稿日を YYYY-MM-DD フォーマットで表示	ループ中	—
the_date	現在の投稿の投稿日時を表示／取得。フォーマットを指定しなければ一般設定「日付のフォーマット」で表示。1ページに同一投稿日の投稿があれば、その最初の投稿にのみ出力。全投稿に表示するには the_time、3.0以降は get_the_date も利用可能	ループ中	日時フォーマット、前後の文字、表示／取得
get_the_date	現在の投稿の投稿日時を取得。the_date とは異なり常に日時を取得できる	ループ中	日時フォーマット
the_time	現在の投稿の投稿日時を表示。フォーマットを指定しなければ一般設定「時間のフォーマット」で表示	ループ中	日時フォーマット
get_the_time	現在の、または指定した投稿の投稿日時を取得	—	日時フォーマット、投稿ID
the_modified_date	現在の投稿の最終更新日時を表示／取得。フォーマットを指定しなければ一般設定「日付のフォーマット」で表示。取得するには get_the_modified_date	ループ中	日時フォーマット、前後の文字列、表示／取得
single_month_title	現在のページの年月タイトルを表示／取得。月別アーカイブでのみ動作	—	表示／取得、前テキスト
wp_get_archives	月別アーカイブリスト等、日付に基づくリンク付きアーカイブリストを表示。月別・日別・週別、最近の投稿 n 件	—	種別、件数、リスト形式、前後の文字、投稿数の表示
get_calendar	カレンダーを表示。投稿のある日付は日別アーカイブへリンク	—	曜日表示形式

Generalタグ

タグ名	概要	ループ	パラメーター
サイト情報			
bloginfo	設置した WordPress の各種情報（主に管理画面の一般設定やユーザープロフィールの項目）を表示。値を取得するには get_bloginfo。sidebar.php や header.php でよく使われる	—	表示したい項目（ブログ名、URL、RSS、文字コード、設置ディレクトリURL、ほか）
bloginfo_rss	フィード用にフォーマットされた形式で、ブログに関するさまざまな情報を出力	—	表示したい項目（ブログ名、URL、RSS、文字コード、設置ディレクトリURL、ほか）
get_bloginfo	bloginfo と同様の項目の値を取得	—	取得したい項目（ブログ名、URL、RSS、文字コード、設置ディレクトリURL、ほか）
wp_title	ウェブページの題名を取得／表示。<title> 要素などに使用	—	表示／取得、区切り文字

タグ名	概要	ループ	パラメーター
feed_links	サイト全体のフィードへのリンクを表示	—	—
feed_links_extra	その他のフィード（カテゴリー等）へのリンクを表示	—	—
ログイン／ログアウト			
wp_register	ユーザー登録／サイト管理リンクを表示	—	前後テキスト
wp_loginout	ログイン／ログアウトリンクを表示	—	リダイレクト
ナビゲーションメニュー			
wp_page_menu	ホームへのリンク付き（任意）で固定ページ一覧を表示／取得	—	多数
wp_list_pages	固定ページ一覧を表示／取得	—	表示／取得、ソート順、除外／表示ページ、表示階層の深さ、サブページ指定、日付表示、見出し有無
wp_dropdown_pages	固定ページ一覧をセレクトボックス（ドロップダウンメニュー）で表示	—	多数
その他			
the_search_query	現在の検索文字列を表示。取得するには get_search_query	—	—
rss_enclosure	投稿の音声・動画ファイルへのリンクを RSS フィード内に挿入（ポッドキャスト向け）	—	—

リンクタグ

タグ名	概要	ループ	パラメーター
編集画面へのリンク			
edit_post_link	現在また指定した投稿の編集リンクを表示。編集画面の URL を取得するには get_edit_post_link	—	リンク・前後の文字列、投稿 ID
edit_comment_link	現在のコメントの編集リンクを表示。編集画面の URL を取得するには get_edit_comment_link	ループ・コメントループ中	リンク・前後の文字列
edit_tag_link	タグ編集画面へのリンクを表示。編集画面の URL を取得するには get_edit_tag_link	—	リンク文字列、前後の文字列、タグ
アーカイブページへのリンク			
get_year_link	任意の年別アーカイブページの URL を取得	—	年
get_month_link	任意の月別アーカイブページの URL を取得	—	年・月
get_day_link	任意の日別アーカイブページの URL を取得	—	年・月・日
get_search_link	検索結果ページの URL を取得	—	クエリ文字列
フィードへのリンク			
the_feed_link	指定したフィード種別のパーマリンクを表示	—	リンク文字列、フィード種別
get_feed_link	指定したフィード種別のパーマリンク URL を取得	—	フィード種別
post_comments_feed_link	現在または指定した投稿のコメントフィードのパーマリンクを表示	—	リンク文字列、投稿 ID、フィード種別
get_post_comments_feed_link	現在または指定した投稿のコメントフィードの URL を取得	—	投稿 ID、フィード種別
get_author_feed_link	指定した投稿者の投稿者アーカイブページのフィード URL を取得	—	投稿者 ID（ユーザー ID）、フィード種別
get_category_feed_link	指定したカテゴリーのカテゴリーアーカイブページのフィード URL を取得	—	カテゴリー ID、フィード種別
get_tag_feed_link	指定したタグのタグアーカイブページのフィード URL を取得	—	タグ ID、フィード種別
get_search_feed_link	検索結果のフィード URL を取得	—	検索クエリ、フィード種別
get_search_comments_feed_link	検索結果のコメントフィード URL を取得	—	検索クエリ、フィード種別
前後ページへのリンク			
next_posts_link	アーカイブページで次のページ（通常は古い投稿）へのリンクを表示。取得するには get_next_posts_link、URL を取得するには next_posts	—	リンク文字列、最大ページ数
previous_posts_link	アーカイブページで前のページ（通常は新しい投稿）へのリンクを表示。取得するには get_previous_posts_link、URL を取得するには previous_posts	—	リンク文字列、最大ページ数
posts_nav_link	index・カテゴリー・アーカイブページなどで前後のページへのリンクを表示。取得するには get_posts_nav_link	—	前後リンク間の区切り文字、リンク文字列
the_posts_navigation	アーカイブページで前後ページへのリンクをセットで表示。取得するには get_the_posts_navigation	—	前ページのリンク文字列、次ページのリンク文字列、見出しラベル
the_posts_pagination	アーカイブページで前と次のページへリンクするページ番号のセットを表示。取得するには get_the_posts_pagination	—	ナビゲーション表示数、前ページのリンク文字列、次ページのリンク文字列、見出しラベル

タグ名	概要	ループ	パラメーター
next_comments_link	単体ページでコメントを改ページする場合に、次ページへのリンクを表示。取得するには get_next_comments_link	—	リンク文字列、最大ページ
previous_comments_link	単体ページでコメントを改ページする場合に、前ページへのリンクを表示。取得するには get_previous_comments_link	—	—
paginate_comments_links	単体ページでコメントを改ページする場合に、ページ番号リンクを表示／取得	—	—
サイト・ディレクトリへのリンク			
home_url	現在のブログのホームURLを返す	—	ホームURLからの相対パス、URLスキーム
site_url	現在のブログのサイトURLを取得する	—	サイトURLに追加する相対パス、URLスキーム
get_site_url	サイトのURLを返す	—	ブログID、サイトURLの相対パス、サイトURLコンテキストのスキーム
短縮リンク			
the_shortlink	現在の投稿の短縮リンクを表示	ループ中	リンク文字列、title属性の値、前後の文字列

ナビゲーションメニュー・タグ

タグ名	概要	ループ	パラメーター
wp_nav_menu	ナビゲーションメニューを表示	—	多数

パーマリンクタグ

タグ名	概要	ループ	パラメーター
the_permalink	現在の投稿のパーマリンクURLを表示	ループ中	—
get_permalink	指定した投稿のパーマリンクURLを取得。ループ中でパラメータなしで使うと、現在の投稿のパーマリンクURLを取得	—	記事の数字ID
permalink_anchor	現在の投稿へのアンカータグ（<a id=""....）を出力	ループ中	投稿ID

投稿タグ

タグ名	概要	ループ	パラメーター
the_ID	現在の投稿のIDを表示。取得するには get_the_ID	ループ中	—
the_title	現在の投稿のタイトルを表示／取得	ループ中	表示／取得、前後テキスト
the_title_attribute	現在の投稿のタイトルを表示／取得。HTMLタグ除去・文字実体参照に変換	ループ中	表示／取得、前後テキスト
single_post_title	単体投稿ページのときに投稿タイトルを表示／取得	—	表示／取得、前テキスト
the_title_rss	フィード用にフォーマットされた形式で記事のタイトルを出力	—	—
the_content	現在の投稿の本文を表示。投稿中に<!--more-->がある場合、単体投稿ページ以外ではそれより前の部分を表示し「続きを読む」リンクを添える	ループ中	「続きを読む」の文言
the_excerpt	現在の投稿の抜粋文を表示。HTMLタグや画像は除外。「抜粋表示オプション」が空なら最初の120語を出力	—	—
get_the_excerpt	現在の投稿の概要を"[…]"テキストを最後に付けた状態で返す	—	—
the_excerpt_rss	フィード用にフォーマットされた形式で記事の概要を出力	—	—
body_class	ページ種類に応じたclass属性を表示。body要素で使用。取得するには get_body_class	—	class属性に追加したい文字列
post_class	各投稿に応じたclasss属性を表示。取得するには get_post_class	—	class
post_password_required	投稿がパスワードを必要とするか、また正しいパスワードが入力されたかを確認	—	多数
wp_link_pages	改ページ（<!--nextpage-->）されている投稿に各ページへのリンクを表示	ループ中	前後の文字列、ページ番号／次頁、リンクフォーマット、リンク表示先

タグ名	概要	ループ	パラメーター
カスタムフィールド			
the_meta	現在の投稿のメタ情報（カスタムフィールドの「キー：値」の組）を番号なし箇条書きリストで表示	ループ中	—
紐付けメディア			
the_attachment_link	添付、ファイルまたはページへのHTMLリンクを返す（画像の場合、フルサイズ画像またはサムネイル。画像以外の場合は、テキストで添付のタイトル）	—	現状の投稿ID、画像の表示、画像の縦横最大値、添付ファイル・画像への直リンク
wp_get_attachment_link	以下のいずれかを含んだ、添付ファイルまたはページへのHTMLリンクを返す（画像添付についてはいくつかの指定されたサイズ。添付を意味する指定されたメディアアイコン。テキスト形式での添付タイトル。自分自身で決めたテキスト）	—	添付のID、画像のサイズ、画像への直リンク
wp_attachment_is_image	添付ファイルが存在し、画像である場合にTRUEを返	—	投稿ID
wp_get_attachment_image	添付されている画像を取得	—	所望する添付のID、メディアアイコン他
wp_get_attachment_image_src	添付された画像ファイルの "url"、"width"、"height" 属性を配列として返す	—	所望する添付のID、メディアアイコン他
前後の投稿へのリンク			
next_post_link	個別投稿ページで次の投稿へのリンクを表示	ループ中	表示フォーマット、リンク文字列、同一カテゴリー、除外カテゴリー
previous_post_link	個別投稿ページで前の投稿へのリンクを表示	ループ中	表示フォーマット、リンク文字列、同一カテゴリー、除外カテゴリー
the_post_navigation	個別投稿ページで前後の投稿へのリンクをセットで表示。取得するには get_the_post_navigation	ループ中	前後リンク文字列、見出しラベル、同一ターム、除外ターム、タクソノミー

投稿サムネイルタグ

タグ名	概要	ループ	パラメーター
the_post_thumbnail	現在の投稿の投稿サムネイルを表示	ループ中	サイズ、属性
get_the_post_thumbnail	現在または指定した投稿の投稿サムネイルを取得	—	投稿ID、サイズ、属性
has_post_thumbnail	現在または指定した投稿に投稿サムネイルがあるか判定	—	投稿ID
get_post_thumbnail_id	現在または指定した投稿の投稿サムネイルIDを取得	—	投稿ID

タグ用タグ

タグ名	概要	ループ	パラメーター
the_tags	現在の投稿のタグ一覧を表示	ループ中	前・後・区切り文字
get_the_tags	現在の投稿のタグ情報を配列で取得	ループ中	投稿ID
get_the_tag_list	現在の投稿のタグを HTML 文字列に整形して取得	ループ中	前・後・区切り文字
single_tag_title	現在のタグアーカイブページのタグ名を表示／取得	—	表示／取得、接頭辞
get_tag_link	指定したタグ ID の正しい URL を PHP の値として返す	—	リンクを返すタグのID
tag_description	タグの説明を返す	—	説明を返すタグID
wp_tag_cloud	タグクラウドを表示	—	文字サイズ、表示数・順序・形式、除外／対象タグ
wp_generate_tag_cloud	タグクラウドの HTML を文字列や配列で取得	—	多数

クエリタグ

タグ名	概要	ループ	パラメーター
get_posts	マルチループ（複数ループ）作成時の条件指定	—	多数
query_posts	ループの前に書くことで、ページに表示する投稿をコントロール	ループ前	カテゴリー、投稿者、投稿、日時、ソート順、表示数、改ページ、オフセット
rewind_posts	ループの投稿情報を巻き戻す	—	—
wp_reset_query	$wp_query とグローバルなポストデータを元のメインクエリーのものに復帰させる	—	—

おもなインクルードタグ

インクルードタグは、あるテンプレートファイルの中で、ほかのテンプレートファイルの HTML や PHP を実行するために使います。PHP にはこの用途の include() 文がありますが、以下にあるWordPressテンプレートタグを使えば、子テーマ機能を損なうことなく特定ファイルを読み込むことができます。

ドロップダウンタグ

読み込むファイル	使い方	概要
ヘッダテンプレート	`<?php get_header(); ?>`	現在のテーマディレクトリから header.php または header-{name}.php ファイルを読み込む
フッタテンプレート	`<?php get_footer(); ?>`	現在のテーマディレクトリから footer.php または footer-{name}.php ファイルを読み込む
サイドバーテンプレート	`<?php get_sidebar(); ?>`	現在のテーマディレクトリから sidebar.php または sidebar-{name}.php ファイルを読み込む
カスタムテンプレート	`<?php get_template_part(); ?>`	現在のテーマディレクトリから、ヘッダー、サイドバー、フッター以外のテンプレートパーツ {slug}.php または {slug}-{name}.php ファイルを読み込む
検索フォームテンプレート	`<?php get_search_form(); ?>`	現在のテーマディレクトリから searchform.php ファイルを読み込む
コメントテンプレート	`<?php comments_template(); ?>`	現在のテーマディレクトリから comments.php ファイルを読み込む

おもな条件分岐タグ

条件分岐タグは、テンプレートファイル内で表示される内容や、特定のページ内容を表示する条件を判定するのに使います。たとえば、ブログのホームページの上部に短い文を表示させたい場合、is_home()を使えば、簡単に実現できます。

条件	タグ名	条件の判定（TRUE）値が返される場合）
メインページ	is_home()	メインブログページが表示されている場合
フロントページ	is_front_page()	サイトのフロントページが表示されている場合（投稿・固定ページにかかわらず）
管理パネル	is_admin()	ダッシュボードまたは管理パネルが表示されている場合
個別投稿ページ	is_single()	個別投稿のページ（または添付ファイルページ・カスタム投稿タイプの個別ページ）が表示されている場合。固定ページには適用されない
	is_single('17')	ID 17 の投稿が表示されている場合
	is_single('Irish Stew')	"Irish Stew" というタイトルの投稿が表示されている場合
先頭固定表示の投稿	is_sticky()	投稿編集ページで「この投稿を先頭に固定表示」のチェックボックスがついている投稿が表示されている場合
	is_sticky('17')	ID 17 の投稿が先頭固定表示の場合
固定ページ	is_page()	固定ページが表示されている場合
	is_page('42')	ID 42 の固定ページが表示されている場合
	is_page('About Me And Joe')	'About Me And Joe' というタイトルの固定ページが表示されている場合
	is_page('about-me')	'about-me' という投稿スラッグの固定ページが表示されている場合

条件	タグ名	条件の判定（TRUE）値が返される場合
ページテンプレート	is_page_template()	ページテンプレートが使われている場合
	is_page_template('about.php')	'about' というページテンプレートが使われている場合
カテゴリーページ	is_category()	あるカテゴリーのアーカイブページが表示されている場合
	is_category('9')	カテゴリー ID 9 のアーカイブページが表示されている場合
タグページ	is_tag()	タグのアーカイブページが表示されている場合
	is_tag('mild')	'mild' というスラッグのついたタグのアーカイブページが表示されている場合
	is_tag(array('sharp', 'mild', 'extreme'))	'sharp' または 'mild' または 'extreme' というスラッグのついたタグのアーカイブページが表示されている場合
タクソノミーページ	is_tax()	タクソノミーのアーカイブページが表示されている場合
	is_tax('flavor')	'flavor' というスラッグのついたタクソノミーのアーカイブページが表示されている場合
	is_tax('flavor', array('sharp', 'mild', 'extreme'))	'sharp' または 'mild' または 'extreme' というスラッグのついた 'flavor' タクソノミーのアーカイブページが表示されている場合
作成者ページ	is_author()	作成者のアーカイブページが表示されている場合
	is_author('4')	ID 4 の作成者のアーカイブページを表示している場合
	is_multi_author()	サイト上に一人以上投稿を公開しているユーザーがいる場合
日付別ページ	is_date()	日付別のアーカイブページのいずれかが表示されている場合 (例：月別、年別、日別、時間別)
	is_year()	年別のアーカイブページが表示されている場合
	is_month()	月別のアーカイブページが表示されている場合
	is_day()	日別のアーカイブページが表示されている場合
	is_time()	毎時別、毎分別、毎秒別のアーカイブページが表示されている場合
	is_new_day()	投稿の日付が新しい日の場合。ループ内で使う
アーカイブページ	is_archive()	各アーカイブページが表示されている場合
	is_paged()	表示中のアーカイブページが 2 ページ目以降である場合
検索結果ページ	is_search()	検索結果のページが表示されている場合
404 Not Found ページ	is_404()	HTTP 404: Not Found エラーページが表示されている場合
添付ファイルページ	is_attachment()	添付ファイルが表示されている場合
シングルページ (固定ページ、個別投稿ページ、添付ファイルページ)	is_singular()	is_single()、is_page()、is_attachment() のいずれかが真である場合
	is_singular('book')	'book' というカスタム投稿タイプの投稿を表示している場合
	is_singular(array('newspaper', 'book'))	'newspaper' または 'book' というカスタム投稿タイプの投稿を表示している場合
フィード	is_feed()	Syndication（フィード）がリクエストされた場合
プレビュー	is_preview()	未公開モードで固定リンクページを表示している場合
抜粋あり	has_excerpt()	投稿に (手動で書かれた) 抜粋がある場合
	has_excerpt('42')	投稿 ID 42 の投稿に抜粋がある場合
カテゴリー所属	in_category('9')	現在の投稿が ID 9 のカテゴリーに属している場合
	in_category(array('sharp', 'mild', 'extreme'))	現在の投稿が 'sharp' または 'mild' または 'extreme' というスラッグ、もしくは名前のカテゴリーに属している場合
タグ所属	has_tag('mild')	現在の投稿が 'mild' というスラッグ、もしくは名前のタグを有している場合
	has_tag(array('sharp', 'mild', 'extreme'))	現在の投稿が 'sharp' または 'mild' または 'extreme'というスラッグ、もしくは名前のタグに属している場合
タクソノミー所属	has_term('mild', 'flavor')	現在の投稿が 'mild' というスラッグ、もしくは名前の 'flavor' というスラッグのタクソノミーを有している場合
	has_term(array('sharp', 'mild', 'extreme'), 'flavor')	現在の投稿が 'sharp' または 'mild' または 'extreme'というスラッグ、もしくは名前に 'flavor' というスラッグのタクソノミーを有している場合

INDEX
用語索引

記号・数字

_s（Underscores） 032
404.php 019,021,080

A

add_shortcode() 152
Advanced Custom Fields
.... 016,100,108
Advanced Custom Fields:
Repeater Field 016,100
archive-staff.php
.... 019,021,108
archive.php 018,019,021
Auto Post Thumbnail 085

C

category-ID.php 018,019
category-slug.php 018,019
category.php 018,019,184
comments_open 087
comments_template()
.... 021,086
comments.php 021
Compass 021,040
config.rb 021,040
Contact Form 7 010,088
content-page.php 019,021
content-single.php ... 019,020
content-staff-loopitem.php
.... 019,21,116
content.php ... 018,019,020,021
CSSフレームワーク 036
CSSメタ言語 040
Custom Post Type UI 111
custom-header.php ... 021,054
custom.modernizr.js 021
customizer.js 021
customizer.php 021

D

date_i18n 070
do_shortcode() 165
dynamic_sidebar() 064

Dynamic To Top 189

E

Easing Slider 160
Easy FancyBox 170
esc_attr 071
esc_html 071
esc_url 071
extras.php 021

F

Facebook（プラグイン） 150
Facebook for developers
.... 148
Flamingo 097
footer.php 018,019,021
foreach 132
foundation-ie.min.css 021
Foundation 036
front-page.php
.... 018,019,021,028
functions.php 021

G

Genericons 021,192
genericons.css 021,193
get_field() 106
get_footer() 020,021,045
get_header() 020,021,045
get_post() 046
get_search_form 021,075
get_sidebar 021
get_sub_field() 106
get_template_part() ... 021,045
get_the_term_list() 113
Google Fonts 197
Google Map APIキー 098
Google Static Maps 099

H

has_post_thumbnail() 083
has_sub_field() 106
have_posts() 045

header.php 019,020,021
hidden属性 079
home_url 071
home.php 028
html5.js 021

I

image.php 019,021
index.php 018,019,021,028
Infinite-Scroll 156
is_active_sidebar() 064
is_search() 075
is_tax() 117

J

ja.mo 021
JCWP Scroll To Top 189
Jetpack by Wordpress.com
.... 010,134,142,144,156
jetpack.php 021
jQuery Masonry 183

K

keyboard-image-navigation.js
.... 021

L

Less 040

M

Mcl slidein nav 204
mt_rand() 155

N

navigation.js 021,051
NextGEN Gallery 177
no-results.php 019,020

O

oEmbed機能 099
OGP（Open Graph Protocol）
.... 120,134

218

P

page-menu.php	021,105
Password Generator	118
page.php	018,019,021
Pinterest	182
placeholder	075,090
Post Types Order	116
post_custom()	113
pre_get_posts	060
Prepros	041
PS Taxonomy Expnder	010,069,114

Q

query_posts()	046

R

reCAPTCHA	094
register_nav_menu	048
register_post_type()	111
register_sidebar()	062
register_taxonomy	112
Responsive Lightbox by dFactory	173
rtl.css	021

S

Sass	040
scout	041
SCSS(SassyCSS)	040
Search Everything	078
search.php	018,019,021
searchform.php	021
SEO	120
set_post_thumbnail_size	082
shortcode_atts()	153
sidebar.php	019,020,021
Simple Lightbox	172
Simple Map	010,098
single_term_title()	117
single-staff.php	019,021
single.php	018,019,021
SMO	120
Soomth Page Scroll to Top	189
style.css	021
Stylus	040

T

TablePress	010,207
tablepress-responsive-tables	010,209
taxonomy-staff-cat.php	019
template-tags.php	021
the_content()	045
the_post_thumbnail()	045
the_sub_field()	106
the_title()	045
Twitter Cards	121
Twitter Developers	121

W

Webフォント	192
WordPress Codex	018
WordPress Importer	010
WordPress.com	134
WP Easy Responsive Tabs to Accordion	166
WP jQuery Lightbox	172
WP SiteManager	010,58,120
Wp Slider Plugin	160
WP Social Bookmark Light	138
wp_comments_post.php	087
wp_enqueue_scripts	051,186
wp_get_attachment_image()	103
wp_head()	051,136
wp-head-callback	055
wp_list_categories()	069,114
wp_nav_menu	048
WP Responsive Menu	203
wp_reset_postdata()	046
wp_reset_query()	047

あ

エスケープ処理	071

か

カスタムタクソノミー	112
カスタム投稿タイプ	031
カスタムフィールド	038,108
カスタム分類	069,112
カスタムヘッダー	054
カスタムメニュー	048
カスタムリンク	049
繰り返しフィールド	101
グリッドシステム	036
固定ページ	029
コメントプラグインのコードジェネレーター	148

さ

サブクエリ	046
サブループ	046
条件分岐タグ	055
スターターテーマ	032

た

ターム	112
テンプレートファイル	018
テンプレートタグ	020

は

パブリサイズ	136,145
パーマリンク設定	014
パンくずリスト	058
プレースホルダー	075,090
ページナビ	061

INDEX
WordPressプラグイン索引

A

Advanced Custom Fields 016,100,108
Advanced Custom Fields:
Repeater Field 016,100
Auto Post Thumbnail 085

C

Contact Form 7 010,088
Custom Post Type UI 111

D

Dynamic To Top 189

E

Easing Slider 160
Easy FancyBox 170

F

Facebook（プラグイン）..................... 150
Flamingo 097

J

JCWP Scroll To Top 189
Jetpack by Wordpress.com
.... 010,134,142,144,156

M

Mcl slidein nav 204

N

NextGEN Gallery 177

P

Post Types Order 116
PS Taxonomy Expnder 010,069,114

R

Responsive Lightbox by dFactory 173

S

Search Everything 078

Simple Lightbox 172
Simple Map 010,098
Soomth Page Scroll to Top 189

T

TablePress 010,207
tablepress-responsive-tables 010,209

W

WordPress Importer 010
WordPress.com 134
WP Easy Responsive Tabs to Accordion 166
WP jQuery Lightbox 172
WP SiteManager 010,058,120
Wp Slider Plugin 160
WP Social Bookmark Light 138
WP Responsive Menu 203

INDEX
目的別索引

記号・数字

404ページを設置 …………………………… 080

C～G

copyrightの設定 …………………………… 070
Facebookのボタンを設置 ………………… 140
Facebookのウィジェットを設置 ………… 143
Facebookとコメントを連携 ……………… 148
Google Fontsを利用 ……………………… 194
Google Mapを設置 ………………………… 098
Google+のボタンを設置 ………………… 141

I～R

Infinite Scrollを組み込む ………………… 156
Lightboxの設置 …………………………… 170
Masonryの組み込み ……………………… 185
OPGの設定 …………………………… 123,133
Pinterest風の画像一覧表示 ……………… 182
reCAPTCHAと連携する 94

S～W

SEO対策 ……………………………………… 120
SNSへ同時投稿 …………………………… 144
Twitter Cardsを設定 ……………………… 121
Twitterのボタンを設置 …………………… 141
Twitterのウィジェットを設置 …………… 143
WordPressのバックアップ ……………… 042

あ

アイキャッチ画像を登録 ………………… 084
アイキャッチ画像を装飾 ………………… 196
アイキャッチを設定 ……………………… 082
アイキャッチを投稿一覧に表示 ………… 085
アイコンをWebのフォントで表示 ……… 192
ウィジェットを追加 ……………………… 065
ウィジェットを表示 ……………………… 064
ウィジェットを登録 ……………………… 063
ウィジェットを有効化 …………………… 062

か

カスタム投稿タイプを追加 ……………… 110
カスタム投稿タイプの投稿を一覧表示 … 115
カスタムフィールドを作成 ……………… 100
カスタムフィールドを表示 ……………… 105
カスタム分類を追加 ……………………… 112
カスタム投稿タイプの投稿一覧を表示 … 115
カスタムヘッダーを利用 ………………… 054
カスタムメニューを作成 ………………… 048
ギャラリーを設置 ………………………… 174
グーグルマップを設置 …………………… 098
検索結果を表示 …………………………… 076
検索範囲を限定 …………………………… 079
検索範囲を拡張 …………………………… 078
検索フォームの設置 ……………………… 074
コメント欄の処理 ………………………… 086
コメントをFacebookと連携 ……………… 148

さ

最新記事をトップページに表示 ………… 130
サイドバーにカスタム分類のリストを表示 … 114
サイトマップの設置 ……………………… 072
サブクエリでコンテンツを表示 ………… 046
サブナビゲーションの設置 ……………… 066
ショートコードを作成 …………………… 152
スライドショーを設置 …………………… 160
スライドメニューを設置 ………………… 202
ソーシャルボタンを設置 ………………… 138

た

タブインターフェイスを作成 …………… 168
テンプレート内で検索フォームを表示する … 076
問い合わせフォームを設置 ……………… 088
動画埋め込みでレスポンシブ対応 ……… 200
投稿記事ごとのメタ情報を設定 ………… 122
トップへ戻るボタンの設置 ……………… 188

な～ま

ナビゲーションを設定 …………………… 048
ナビゲーションを上部固定 ……………… 178
はてなブックマークボタンを設置 ……… 141
パーマリンクを設定 ……………………… 014
パンくずリストの設置 …………………… 058
表をレスポンシブ対応 …………………… 206
プレースホルダーの設定 ………………… 075
ページナビの設置 ………………………… 061
メインクエリでコンテンツを表示 ……… 045

Profile
著者プロフィール ［50音順］

相原 知栄子（あいはら・ちえこ）
プライム・ストラテジー株式会社　WordPressエンジニア

演奏家・フリーランスでのウェブ制作活動の後、プライム・ストラテジーに入社。現在はプロジェクトマネジャーとしてお客様により良い価値を提供するために日々奮闘中。2児の母。

石川 栄和（いしかわ・ひでかず）
株式会社ベクトル 代表取締役

テーマ「Lightning」や複数のプラグインをWordPress公式ディレクトリに登録する傍ら、WordPressイベントでの登壇・実行委員など、WordPressの普及に努める。
[URL] http://www.vektor-inc.co.jp

大串 肇（おおぐし・はじめ）
WP-D発起人／株式会社mgn代表

Webサイト制作ディレクション業を主な仕事とし、一般企業や開発会社と一緒にプロジェクトを円滑に効率的に進めるためのお手伝いをしています。
[URL] http://m-g-n.me/

大曲 仁（おおまがり・ひとし）
プライム・ストラテジー株式会社　技術責任者

WordPressインテグレーションサービスを提供するプライム・ストラテジー所属。PS Auto SitemapほかプラグインをWordPress.ORGにて公開中。WordPress日本語フォーラム世話役。
[URL] http://www.warna.info/

北村 崇（きたむら・たかし）
TIMING Design 代表

広告・ディスプレイ等の制作会社を経て2006年 TIMING設立。グラフィックデザイン全般からWebディレクター・デザイナーとしても活動し、WordPress等のCMS構築まで一貫した制作を行っている。
[URL] http://timing.jp/

後藤賢司（ごとう・けんじ）
よつばデザイン

よつばデザイン代表。相談・企画・設計・Web・グラフィックデザインまで行う。大分と東京2拠点で活動。中小企業アドバイザー。CPIエバンジェリスト。子供服情報サイト「COCOmag」運営。あんこ好き。
[URL] http://yotsuba-d.com/

土肥牧人（とひ・まきと）
プライム・ストラテジー株式会社 シニアWebディレクター

雑誌、広告のデザイン会社から、Web制作会社を経て2016年に独立。企画からデザイン、構築までWebサイト制作に関わるお仕事全般を担当。フリーランスとしても1児の父としても1年目でいろいろ勉強中。

鳥山優子（とりやま・ゆうこ）
株式会社ベクトル 企画・デザイン部

WordPress公式ディレクトリでテーマ、プラグインを公開中。1996年より運営するブログ「お菓子の虜」で、いままでに食べたお菓子は2000種以上。
[URL] http://www.sysbird.jp/

服部久純（はっとり・ひさよし）
8bitOdyssey.com

サラリーマン Lv.15。WordPress日本語版作成チームにも棲息中。WP 4.4 リリースリーダー。1児の父。ゲーマー。ドット絵ラブ。この本が出てしばらくしたらFF15をプレイしているはず。
[URL] http://8bitodyssey.com/

星野邦敏（ほしの・くにとし）
株式会社コミュニティコム 代表取締役

Webサービス運営やCMS構築を行う株式会社コミュニティコム代表取締役。埼玉県さいたま市の大宮駅近くにあるコワーキングスペース7F・貸会議室6F・シェアオフィス6Fの運営代表者。大宮経済新聞の編集長。
[URL] http://www.communitycom.jp/

松田千尋（まつだ・ちひろ）
ITかあさん/フリー

フリーランスSEで2児の母。サーバー設計からフロントエンド、バックエンドまで全部こなす超雑食。WordPressプラグインのBuddyPressを使ったWEBサービスを日夜研究中。200人規模のJavaScript勉強会「JavaScript祭」の発起人。
[URL] http://www.kaasan.info/

吉澤富美（よしざわ・よしみ）
デジパ株式会社所属&D-77.LLC 代表
ディレクタ、マークアップエンジニア

D-77.LLCおよびデジパにて、ディレクタ、マークアップエンジニア職に従事。ゲーマー。X、LUNASEA、BUCK-TICKなどのバンドをこよなく愛する。
[URL] http://d-77.jp/

吉田裕介（よしだ・ゆうすけ）
株式会社コミュニティコム プログラマー

株式会社コミュニティコム プログラマー。WordPressイベントでの登壇・実行委員など、WordPressの普及に努める。WordBench埼玉モデレーター。テーマ「saitama」やプラグインを公式ディレクトリで公開しています。

〈監修〉
WP-D
Web-Developer Dictionary Discussion

WP-Dは、現役で活動中のWordPressがキッカケで集まったディレクター・デザイナー・アフィリエイター・プログラマーたちが共同執筆しているブログサイトです。
[URL] http://wp-d.org/

〈テーマテンプレート素材提供店〉
mahika mano　マヒカマノ
~ hammock cafe + 　gallery　mahika mano ~

マヒカマノはハンモックのショールームを兼ねており、客席がハンモックのカフェです。
多くの皆様にハンモックの心地よさを体感していただき、ご購入の際の参考にしていただければと思っております。
[URL] http://mahikamano.com/
[Facebook] https://www.facebook.com/mahikamano

●制作スタッフ

[装丁・本文デザイン]　米谷 テツヤ（PASS）

[編集]　小関 匡（株式会社三馬力）
[DTP]　佐藤理樹（アルファデザイン）

[担当編集]　後藤孝太郎

現場でかならず使われている
WordPressデザインのメソッド
[アップデート版]

2016年9月11日　初版第1刷発行

[監修]　WP-D
[著者]　相原知栄子、石川栄和、大串 肇、大曲 仁、北村 崇、後藤賢司、土肥牧人、鳥山優子
　　　　服部久純、星野邦敏、松田千尋、吉澤富美、吉田裕介
[発行人]　藤岡 功
[発行]　株式会社エムディエヌコーポレーション
　　　　〒101-0051　東京都千代田区神田神保町一丁目105番地
　　　　http://www.MdN.co.jp/
[発売]　株式会社インプレス
　　　　〒101-0051　東京都千代田区神田神保町一丁目105番地
[印刷・製本]　大日本印刷株式会社

Printed in Japan
©2016 WP-D. All rights reserved.

本書は、著作権法上の保護を受けています。著作権者および株式会社エムディエヌコーポレーションとの書面による事前の同意なしに、本書の一部あるいは全部を無断で複写・複製、転記・転載することは禁止されています。
定価はカバーに表示してあります。

【カスタマーセンター】
造本には万全を期しておりますが、万一、落丁・乱丁などがございましたら、送料小社負担にてお取り替えいたします。お手数ですが、カスタマーセンターまでご返送ください。

◎落丁・乱丁本などのご返送先
〒101-0051　東京都千代田区神田神保町一丁目105番地
株式会社エムディエヌコーポレーション カスタマーセンター
TEL:03-4334-2915

◎書店・販売店のご注文受付
株式会社インプレス　受注センター
TEL:048-449-8040／FAX:048-449-8041

●内容に関するお問い合わせ先
株式会社エムディエヌコーポレーション カスタマーセンター メール窓口

info@MdN.co.jp

本書の内容に関するご質問は、Eメールのみの受付となります。メールの件名は「WordPressデザインのメソッド[アップデート版]　質問係」、本文にはお使いのマシン環境（使用ブラウザ、WordPressのバージョン、URLなど）をお書き添えください。電話やFAX、郵便でのご質問にはお答えできません。ご質問の内容によりましては、しばらくお時間をいただく場合がございます。また、本書の範囲を超えるご質問に関しましてはお答えいたしかねますので、あらかじめご了承ください。

ISBN978-4-8443-6605-8　C3055

発行 エムディエヌコーポレーション　発売 インプレス